检测技术与传感器应用实践

主　编　蒲云刚　王媛波　贾　铮
副主编　王鹤澄　李　丽　赵兴鹏　张劲松

东北师范大学出版社
长　春

图书在版编目（CIP）数据

检测技术与传感器应用实践 / 蒲云刚，王媛波，贾铮主编. —长春：东北师范大学出版社，2024.8.
ISBN 978-7-5771-1676-1

Ⅰ. TP212

中国国家版本馆 CIP 数据核字第 2024CK7878 号

□责任编辑：丁静璇　　□封面设计：创智时代
□责任校对：徐　莹　　□责任印制：侯 建 军

东北师范大学出版社出版发行
长春净月经济开发区金宝街 118 号（邮政编码：130117）
电话：0431—84568023
网址：http：//www.nenup.com
东北师范大学音像出版社制版
吉林省良原印业有限公司印装
长春市净月小合台工业区（邮政编码：130117）
2024 年 8 月第 1 版　2024 年 8 月第 1 次印刷
幅面尺寸：185mm×260mm　印张：14.25　字数：345 千

定价：39.80 元

前 言

工程科学技术在推动人类文明的进步中一直起着发动机的作用。随着知识经济时代的到来，科学技术突飞猛进，我国现代制造业面临着多种因素的挑战。如何提高我国制造业的科技含量，提高制造业从业者的职业水平，把我国从制造大国转变成为制造强国，是摆在我们面前的重要任务。要完成这个任务，职业教育从业者有着义不容辞的责任，也对职业教育提出了更高的要求，职业教育的发展也因此面临着新的机遇和挑战。

迄今为止，我国职业教育已培养了数千万的技能人才，为经济的发展做出了巨大的贡献。但是，我国制造业从业人员的水平还不高，尤其是具有职业素养、职业能力和创新意识的人才还相当匮乏，与我国制造产业的需要形成很大的反差，这说明符合企业需要的技能型人才，特别是自动化技能方面的人才市场供给严重不足。在此形势下，教育部与人社部近年来批准组建了一批以培养技能型人才为主的示范校和骨干校，对职业教育的办学思想和发展定位做出了整体规划。在这种形势下，职业院校必须加大教学改革的力度，不断提高职业教育水平，以适应现代制造业用人的需求。随着现代工业的发展，生产过程自动化已成为必不可少的重要部分，其中温度、压力、物位、位移、液位等物理参数是实现生产过程自动化的基础，各种常见物理量的检测方法是自动化类专业学生必须掌握的一项专业技能。在此背景下，目前各个职业院校电气自动化和机电一体化专业都开始把检测技术作为其专业基础课。

编者根据我国自动化类专业的培养目标和要求，结合多年的教学经验和工作经验，编写了本书，旨在满足当前职业教育的需要以适应自动化类专业对信号检测和转换技能的新要求，满足高素质、强能力的技能人才培养的需要。

本书是根据国家级高技能人才培训基地建设项目，以国家职业标准为依据，以校企联合培养为途径，联动构建基于工业机器人维保岗位工作过程的课程体系构建与核心课程建设需要编写的，体现了"淡化理论，够用为度，培养技能，重在运用"的指导思想，培养具有"创造性、实用性"的适应社会需求的人才。针对中职学生的理论基础相对薄弱，在校理论学习时间相对较少的特点，本书压缩了大量的理论推导，重点放在实用技术的掌握和运用上。本书在编写过程中结合各位老师多年的教学经验，并参阅大量有关文献资料，精选内容，突出技术的实用性，加强了项目实训及应用案例的介绍。本书在编写过程中注重项目教学的特点，既符合教育教学的规律，又满足企业的岗位需求。全书共分八个教学项目，每个项目分为项目描述、知识目标、技能目标、任务等四个部分。项目描述中提出实施的具体项目的目的，让学生带着目的和兴趣去学习；知识目标中对项目实施所用到的相关知识进行详细的介绍，为项目目标的学习打下理论基础；技能目标让学生了解自己在学完本项目后能具有的实践能力；任务是每个项目的核心，从多角度介绍各种传感器，让学生实现项目的测量任务。

本书在内容编写方面，注重难点分散、循序渐进；在文字叙述方面，注重言简意赅、突出重点；在实例选取方面，注重选用最新传感器及检测系统，实用性强、针对性强。本书以传感器的应用为目的，突出了现代新型传感器及检测技术，给出了较多的应用实例。本书适当插入了一些传感器实物照片和工作现场照片，增加了内容的直观性和真实感。

本课程的参考课时数为50～68学时，各学校可根据专业与具体情况做适当调整。

章节	教学内容	课时分配
项目一	认识传感器与检测技术	2～4
项目二	力与压力的检测	6～8
项目三	位移与位置的检测	16～18
项目四	速度与振动的检测	8～10
项目五	液位与流量的检测	8～10
项目六	环境量的测量	6～10
项目七	自动检测技术的新发展	2～4
项目八	检测技术的综合应用	2～4
课时合计		50～68

本书由辽宁丰田金杯技师学院蒲云刚（项目一）、王媛波（项目三）、贾铮（统稿与项目八）任主编，王鹤澄（项目四）、李丽（项目五）、赵兴鹏（项目六）、张劲松（项目二与项目七）任副主编。辽宁丰田金杯技师学院葛岳副教授在百忙之中审阅了全书，并提出了许多宝贵的意见和建议，在此表示诚挚的谢意！

由于编者的学术水平和实践经验有限，书中仍可能存在疏漏之处，恳请有关专家和广大读者批评指正。

编　者
2023 年 11 月

目 录

项目一　认识传感器与检测技术

项目描述

　　自动化生产线在很大程度上可以说是现代工业的生命线，不仅仅是因为它具有非常高的生产效率，更是因为它具有非常广泛的应用空间。机械制造、电子信息、石油化工、轻工纺织、食品制药、汽车生产以及军工工业等现代化工业的发展都离不开自动化生产线，其在整个工业及其他领域也有着重要的地位。

　　自动化生产线是在流水线和自动化专机的功能基础上逐渐发展形成的自动工作的机电一体化的装置系统。通过自动化输送及其他辅助装置，按照特定的生产流程，将各种自动化专机连接成一体，并通过气动、液压、电机、传感器和电气控制系统使各部分的动作联系起来，使整个系统按照规定的程序自动工作，连续、稳定地生产出符合技术要求的特定产品。自动化生产线的广泛应用，为现代工业的发展提供了坚实的技术基础。

　　本项目要求简要认识自动化生产线系统中的传感器与检测系统的功能，了解传感器的概念、检测系统的组成以及测量误差的表示方法等基本知识。

知识目标

　　1. 掌握传感器的概念，了解传感器的基本特性；
　　2. 掌握传感器的结构组成，了解传感器的发展趋势；
　　3. 掌握自动检测系统的结构组成，了解自动检测技术的发展趋势。

技能目标

　　了解测量误差的概念，掌握误差的表达方式，能正确选择仪表进行测量。

任务一　认识检测系统

一、检测的基本概念

　　检测就是人们借助仪器、设备，利用各种物理效应，采用一定的方法，将客观世界的有关信息通过检查与测量获取定性或定量信息的认识过程。检测包含检查与测量两个方面，检查往往是获取定性信息，而测量则是获取定量信息。用于检测的仪器和设备的核心部件就是传感器，传感器是感知被测量（多为非电量），并把它转化为电量的一种器件或装置。

二、自动检测系统

现代的自动检测系统常常以信息流的过程来划分各个组成部分，一般可分为信息的获得、信息的转换、信息的处理和信息的输出等几个部分。作为一个完整的自动检测系统，首先应获得被测量的信息，并通过信息的转换把获得的信息变换为电量，然后进行一系列的处理，再用指示仪或显示仪将信息输出，或由计算机对数据进行处理等。

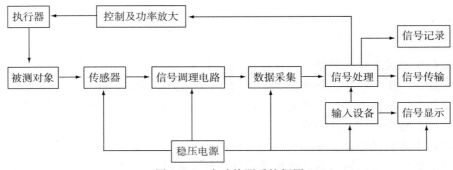

图 1-1 自动检测系统框图

1. 传感器

传感器是把被测的非电量变换成电量的装置，因此是一种获得信息的手段，它在自动检测系统中占有重要的位置。传感器是检测系统与被测对象直接发生联系的器件或装置。

2. 信号调理电路

信号调理电路在检测系统中的作用是对传感器输出的微弱信号进行检波、转换、滤波和放大等，以方便检测系统后续环节进行处理或显示。对信号调理电路的一般要求：能准确转换、稳定放大、可靠地传输信号，信噪比高，抗干扰性能要好。

3. 数据采集

数据采集在检测系统中的作用是对信号调理后的连续模拟信号进行离散化并转换成与模拟信号电压幅度相对应的一系列数值信息，同时以一定的方式把这些转换数据及时传递给微处理器或依次自动存储。数据采集系统通常以 A/D 转换器为核心，辅以模拟多路开关、采样/保持器、输入缓冲器、输出锁存器等。

4. 信号处理

信号处理模块是现代检测系统进行数据处理和各种控制的中枢环节，通常以单片机、微处理器为核心，或直接采用工业控制计算机，对检测的结果进行处理、运算、分析，对动态测试结果做频谱分析、幅值谱分析、能量谱分析等。

5. 信号输出

信号输出包括信号显示、信号传输和信号记录。信号显示是把转换来的信号显示出来，便于人机对话，显示方式有模拟显示、数字显示、图像显示等，显示器是检测系统与人联系的主要环节之一。检测系统在信号处理器计算出被测参量的瞬时值后除送至显示器进行实时显示外，通常还需要把测量值及时传送给控制计算机、可编程序控制器或其他执行器，有时还需要打印机打印等。

6. 输入设备

输入设备主要用于输入设置参数、有关命令等。最常用的输入设备包括各种键盘、条码阅读器等。近年来，随着工业自动化、办公自动化和信息化程度的不断提高，通过网络或各种通信总线利用其他计算机或数字化智能终端实现远程信息和数据输入的方式愈来愈普遍。

上述各部分不是所有的检测系统全都具备，并且对有些简单的检测系统来说，各环节之间的界限也不是十分清楚，必须根据具体情况进行分析。

三、检测技术的发展趋势

随着世界各国现代化步伐的加快，对检测技术的需求与日俱增。而科学技术，尤其是大规模集成电路技术、微型计算机技术、机电一体化技术、微机械和新材料技术的不断进步，则大大促进了现代检测技术的发展。目前，现代检测技术总的发展趋势大体有以下几个方面。

1. 提高检测系统的性能

随着科学技术的不断发展，人们对检测系统的测量精度要求也相应地在提高。近年来，人们研制出许多高精度和大量程的检测仪器以满足各种需要。人们还对传感器的可靠性和故障率的数学模型进行了大量的研究，使得检测系统的可靠性及寿命有了大幅度的提高。现在，许多检测系统可以在极其恶劣的环境下连续工作数十万个小时。目前，人们正在不断努力进一步提高检测系统的各项性能指标。

各行各业随着自动化程度的不断提高，其高效率的生产更依赖于各种检测、控制设备的安全可靠。努力研制在复杂和恶劣测量环境下能满足用户所需精度要求且能长期稳定工作的检测仪器和检测系统将是检测技术的发展方向之一。例如，对于数控机床的检测仪器，要求在振动的环境中也能可靠地工作；在人造卫星上安装的检测仪器，不仅要求体积小、重量轻，而且既要能耐高温，又要能在极低温和强辐射的环境下长期稳定工作。

2. 重非接触式检测技术研究

在检测过程中，把传感器置于被测对象上，直接测量被测参量的变化，这种接触式检测方法通常较直接、可靠，测量精度较高。但在某些情况下，因传感器的加入会对被测对象的工作状态产生干扰，而影响测量的精度。在有些被测对象上，根本不允许或不可能安装传感器，如测量高速旋转轴的振动、转矩等。因此，各种可行的非接触式检测技术的研究越来越受到重视。目前已商品化的光电式传感器、电涡流式传感器、超声波检测仪表、红外检测仪表等正是在这些背景下不断发展起来的。今后不仅需要继续改进和克服非接触式检测仪器（传感器）易受外界干扰及绝对精度较低等问题，而且相信对于一些难以采用接触式检测或无法采用接触方式进行检测，尤其是那些具有重大军事、经济或其他应用价值的非接触检测技术课题的研究将会不断增加，非接触检测技术的研究、发展和应用步伐都将明显加快。

3. 检测系统智能化

近十年来，由于包括微处理器、单片机在内的大规模集成电路的成本和价格不断降低，功能和集成度不断提高，使得许多以单片机、微处理器或微型计算机为核心的现代检测仪器（系统）实现了智能化，这些现代检测仪器通常具有系统故障自测，自诊断，自调零，自校准，自选量程，自动测试，自动分选功能，自校正功能，强大数据处理和统计功能，远距离数据通信和输入、输出功能，可配置各种数字通信接口，传递检测数据和各种操作命令等，可方便地接入不同规模的自动检测、控制与管理信息网络系统。与传统检测系统相比，智能化的现代检测系统具有更高的精度和性价比。如智能楼宇，为使建筑物成为安全、健康、舒适、温馨的生活、工作环境，并能保证系统运行的经济性和管理的智能化，在楼宇中应用了许多检测技术，包括闯入监测、空气监测、温度监测、电梯运行状况监测等。

4. 检测系统网络化

总线和虚拟仪器的应用，使得组建集中和分布式测控系统比较方便，可满足局部或分系统的测控要求，但仍然满足不了远程和范围较大的检测与监控的需要。近十年来，随着网络技术的高速发展，网络化检测技术与具有网络通信功能的现代网络检测系统应运而生。例如，基于现场总线技术的网络化检测系统，由于其组态灵活、综合功能强、运行可靠性高，已逐步取代相对封闭的集中和分散相结合的集散检测系统。又如，面向Internet 的网络化检测系统，利用 Internet 丰富的硬件和软件资源，实现远程数据采集与控制、高档智能仪器的远程实时调用及远程监测系统的故障诊断等功能。

任务二　让测量更准确

测量可以分为两类。按照测量结果的获得方法来分，可将测量分为直接测量和间接测量两类；而从测量条件是否相同来分，又可分为等精度测量和不等精度测量。

测量是人们借助专门的技术和设备，通过实验的方法，把被测量与单位标准量进行比较，以确定被测量是标准量的多少倍数的过程，所得的倍数就是测量值，测量结果可用一定的数值表示，也可以用一条曲线或某种图形表示，但无论其表现形式如何，测量结果应包括两部分：数值和测量单位，测量过程的核心就是比较。

一个被测物理量，除了用数值和单位来表征它外，还有一个很重要的表征它的参数，这便是对测量结果可靠性的定量估计，这个重要参数却往往容易被人们所忽视。设想如果得到一个测量结果的可靠性几乎为零，那么这种测量结果还有什么价值呢？因此，从表征被测量这个意义上来说，对测量结果可靠性的定量估计与其数值和单位至少具有同等的重要意义，三者是缺一不可的。

一、测量方法

实现被测量与标准量比较得出比值的方法为测量方法。针对不同测量任务进行具体分析以找出切实可行的测量方法，对测量工作是十分重要的。

1. 直接测量和间接测量

直接测量就是把待测量与标准量直接比较得出结果。如用米尺测量物体的长度、用天平称量物体的质量、用电流表测量电流等，都是直接测量。

间接测量借助函数关系由直接测量的结果计算出待测的物理量。例如，已知路程和时间，根据速度、时间和路程之间的关系求出速度就是间接测量。

一个物理量能否直接测量不是绝对的。随着科学技术的发展，测量仪器的改进，很多原来只能间接测量的量，现在可以直接测量了。比如电能的测量本来是间接测量，现在也可以用电能表来进行直接测量。物理量的测量，大多数是间接测量，但直接测量是一切测量的基础。

2．等精度测量和非等精度测量

等精度测量是指在同一（相同）条件下进行的多次测量，如同一个人，用同一台仪器，每次测量时周围环境条件相同，等精度测量每次测量的可靠程度相同。

若每次测量时的条件不同，或测量仪器改变，或测量方法、条件改变，这样所进行的一系列测量叫作非等精度测量。非等精度测量的结果，其可靠程度自然也不相同。

物理实验中大多采用等精度测量。应该指出：重复测量必须是重复进行测量的整个操作过程，而不是仅仅重复读数。

3．测量仪器

测量仪器是进行测量的必要工具。熟悉仪器性能、掌握仪器的使用方法及正确进行读数，是每个测量者必备的基础知识。下面将简单介绍仪器精密度、准确度和量程等基本概念。

仪器精密度是指仪器的最小分度相当的物理量。仪器最小的分度越小，所测量物理量的位数就越多，仪器精密度就越高。对测量读数最小一位的取值，一般来讲应在仪器最小分度范围内再估读出一位数字。如具有毫米分度的米尺，其精密度为 1 毫米，应该估读到毫米的十分位；螺旋测微器的精密度为 0.01 毫米，应该估读到毫米的千分位。

仪器准确度是指仪器测量读数的可靠程度。它一般标在仪器上或写在仪器说明书上。如电学仪表所标示的级别就是该仪器的准确度。对于没有标明准确度的仪器，可粗略地取仪器最小的分度数值或最小分度数值的一半，一般对连续读数的仪器取最小分度数值的一半，对非连续读数的仪器取最小的分度数值。在制造仪器时，其最小的分度数值是受仪器准确度约束的。不同的仪器准确度是不一样的。例如，对于测量长度的常用仪器来说，米尺、游标卡尺和螺旋测微器的仪器准确度依次提高。

量程是指仪器所能测量的物理量最大值和最小值之差，即仪器的测量范围（有时也将所能测量的最大值称为量程）。测量过程中，超过仪器量程使用仪器是不允许的，轻则仪器准确度降低，使用寿命缩短，重则损坏仪器。

二、测量误差的概念和分类

1．测量技术中的部分名词

（1）等精度测量

在同一条件下所进行的一系列重复测量为等精度测量。

（2）非等精度测量

在多次测量中，对测量结果精确度有影响的一切条件不能完全维持不变的测量为非等精度测量。

（3）真值

被测量本身所具有的真正值为真值。真值是一个理想的概念，一般是不知道的，但在某些特定情况下，真值又是可知的，如一个整圆圆周角为 360°等。

（4）实际值

误差理论指出，在排除系统误差的前提下，对于精密测量，当测量次数无限多时，测量结果的算术平均值极接近于真值，因而可将它视为被测量的真值。但是测量次数是有限的，故按有限测量次数得到的算术平均值，只是统计平均值的近似值，而且由于系统误差不可能完全被排除，因此通常只能把精度更高一级的标准器具所测得的值作为真值。为了强调它并非真正的真值，故把它称为实际值。

（5）标称值

测量器具上所标出来的数值。

（6）示值

由测量器具读数装置所指示出来的被测量的数值。

（7）测量误差

用测量器具进行测量时，所测量出来的数值与被测量的实际值（或真值）之间的差值。

2．误差的分类

按照误差出现的规律，可把误差分为系统误差、随机误差（也称为偶然误差）和粗大误差三类。

（1）系统误差

在同一条件下，多次测量同一量值时绝对值和符号保持不变，或在条件改变时按一定规律变化的误差为系统误差，简称系差。

引起系统误差的主要因素有：材料、零部件及工艺的缺陷，标准量值、仪器刻度的不准确，环境温度、压力的变化，其他外界干扰。

（2）随机误差

在同一测量条件下，多次测量同一量值时，绝对值和符号以不可预定的方式变化的误差为随机误差。

随机误差是由很多复杂因素的微小变化的总和引起的，如仪表中传动部件的间隙和摩擦、连接件的弹性变形、电子元器件的老化等等。随机误差具有随机变量的一切特点，在一定条件下服从统计规律，可以用统计规律描述，从理论上估计对测量结果的影响。

（3）粗大误差

超出规定条件下预期的误差为粗大误差，简称粗差，或称寄生误差。

粗大误差值明显歪曲测量结果。在测量或数据处理中，如果发现某次测量结果所对应的误差特别大或特别小时，应判断是否属于粗大误差，如属于粗差，则此值应舍去不用。

3．精度

反映测量结果与真值接近程度的量，称为精度。精度可分为：

（1）准确度

反映测量结果中系统误差的影响程度。

（2）精密度

反映测量结果中随机误差的影响程度。

（3）精确度

反映测量结果中系统误差和随机误差综合的影响程度，其定量特征可用测量的不确定度（或极限误差）表示。

对于具体的测量，精密度高的准确度不一定高，准确度高的精密度不一定高；如果精确度高，则精密度和准确度都高。

三、测量误差与数据处理

测量误差的表示方法有以下几种。

1. 绝对误差

绝对误差是指测量值与真值之间的差值，它反映了测量值偏离真值的多少，即

$$\Delta x = A_x - A_0 \qquad (1-1)$$

式（1-1）中 A_0 为被测量真值，A_x 为被测量实际值，由于真值的不可知性，在实际应用时，常用实际真值（或约定真值）A 代替 A_0，即用被测量多次测量的平均值或上一级标准仪器测得的示值作为实际真值，故有

$$\Delta x = A_x - A \qquad (1-2)$$

通常以此值代表绝对误差。

在实际工作中，经常使用修正值。为了消除系统误差，用代数法加到测量结果上的值被称为修正值，常用 C 表示。将测得示值加上修正值后可得到真值的近似值，即

$$A_0 = A_x + C \qquad (1-3)$$

由此得

$$C = A_0 - A_x \qquad (1-4)$$

在实际工作中，可以用实际值 A 近似真值 A_0，则式（1-4）变为

$$C = A - A_x = -\Delta x \qquad (1-5)$$

修正值与误差值大小相等、符号相反，测得值加修正值可以消除该误差的影响。但必须注意，一般情况下难以得到真值，而用实际值 A 近似真值 A_0。因此，修正值本身也有误差，修正后只能得到较测量值更为准确的结果。修正值给出的方式不一定是具体的数值，也可以是曲线、公式或数表。

2. 相对误差

相对误差能够反映测量值偏离真值的程度，相对误差通常比其绝对误差能更好地说明不同测量的精确程度，它有以下 3 种常用形式。

（1）实际相对误差

实际相对误差是指绝对误差 Δx 与被测真值的比值（常用百分数表示），用 γ_A 表示，即

$$\gamma_A = \frac{\Delta x}{A_0} \times 100\% \qquad (1-6)$$

（2）示值（标称）相对误差

示值相对误差是指绝对误差 Δx 与被测量实际值的比值（常用百分数表示），用 γ_x 表示，即

$$\gamma_x = \frac{\Delta x}{A_x} \times 100\% \qquad (1-7)$$

（3）引用（满度）相对误差

相对误差可用以说明测量的准确度，但不能评价指示仪表的准确度。对一个指示仪表的某一量限来说，标尺上各点的绝对误差相近，指针指在不同刻度上读数不同，所以各指示值的示值相对误差差异很大，无法用示值相对误差评价该仪表。为了划分指示仪表的准确度级别，选择仪表的测量上限，即满度值作为基准，由满度相对误差评价指示仪表的准确度。

满度相对误差 γ_n 又被称为引用相对误差，是用绝对误差 Δx 与器具的满度值 xn 的百分比值百分数表示的相对误差。记为

$$\gamma_n = \frac{\Delta x}{x_n} \times 100\% \tag{1-8}$$

由于仪表各指示值的绝对误差大小不等，其值有正有负，因此，国家标准规定仪表的准确度等级 a 是用最大允许误差确定的。指示仪表的最大满度误差不准超过该仪表准确度等级的百分数，即

$$\gamma_{nm} = \frac{\Delta x_m}{x_n} \times 100\% \tag{1-9}$$

γ_{nm} 为仪表的最大满度误差（最大引用误差），Δx_m 为仪表示值中的最大绝对误差的绝对值，x_n 为仪表的测量上限，a 为准确度的等级指数。式（1-9）是判别指示仪表是否超差，以及应属于哪个准确度级别的主要依据。

从使用仪表的角度出发，只有仪表示值恰好为测量上限时，测量结果的准确度才等于该仪表准确度等级的百分数。在其他示值时，测量结果的准确度均低于仪表准确度等级的百分数，因为

$$\Delta x_m \leqslant a\% x_n \tag{1-10}$$

当示值为 x 时，可能产生的最大相对误差为

$$\gamma_m = \frac{\Delta x_m}{x} \leqslant a\% \frac{x_n}{x} \tag{1-11}$$

式（1-11）表明，用仪表测量示值为 x 的被测量时，比值 $\frac{x_n}{x}$ 越大，测量结果的相对误差越大。由此可见，选用仪表时要考虑被测量的大小，其数值越接近仪表上限越好。为了充分利用仪表的准确度，选用仪表前要对被测量有所了解，其被测量的值应大于仪表测量上限的 $\frac{2}{3}$。

由于满度相对误差是用绝对误差 Δx 与一个常量（量程上限）的比值所表示的，所以实际上给出的是绝对误差的范围，这也是应用最多的表示方法。为统一和方便使用，国家标准 GB776-76《电测量指示仪表通用技术条件》规定，测量指示仪表的精度等级 S 分为 0.1、0.2、0.5、1.0、1.5、2.5、5.0 七个等级，这也是工业检测仪器（系统）常用的精度等级。例如，用 5.0 级的仪表测量，其绝对误差的绝对值不会超过仪表量程的 5%。满度相对误差中的分子、分母均由仪表本身性能所决定，所以它是衡量仪表性能优劣的一种简便实用的指标。

3. 随机误差

（1）正态分布

随机误差是以不可预测的方式变化着的误差，但在一定条件下服从统计规律，可以

用统计规律描述。对随机误差做概率统计处理，是在完全排除系统误差的前提下进行的。在实际工作中，随机误差大部分是按正态分布的，其正态分布的概率密度 $f(\delta)$ 曲线如图 1 - 2 所示，其数学表达式为

$$f(\delta) = \frac{1}{\sigma\sqrt{2\pi}}e^{-\frac{\delta^2}{2\sigma^2}} \tag{1 - 12}$$

式中，y 为概率密度，δ 为随机误差，σ 为标准差（均方根误差），e 为自然对数的底。

分析图 1 - 2 所示的曲线，可以发现正态分布的随机误差具有以下特点：

① 对称性，绝对值相等的正误差和负误差出现的次数相等；

② 单峰性，绝对值小的误差比绝对值大的误差出现的次数多；

③ 有界性，在一定的测量条件下，随机误差的绝对值不会超过一定界限；

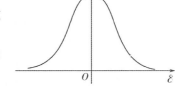

图 1 - 2　正态分布概率密度曲线

④ 抵偿性，随着测量次数的增加，随机误差的算术平均值趋于零。

（2）随机误差的评价指标

由于随机误差大部分是按正态分布规律出现的，具有统计意义，故通常以正态分布曲线的两个参数算术平均值 $\overline{x}$ 和标准差 σ 作为评价指标。

① 算术平均值 $\overline{x}$

对某一量进行一系列等精度测量，由于存在随机误差，其测量值皆不相同，应以全部测得值的算术平均值作为最后测量结果。

设对某一量做一系列等精度测量，得到一系列不同的测量值 x_1，x_2，…，x_n，这些测量值的算术平均值 $\overline{x}$ 定义为

$$\overline{x} = \frac{x_1 + x_2 + \cdots + x_n}{n} = \sum_{i=1}^{n}\frac{x_i}{n} \tag{1 - 13}$$

并设各测量值与真值的随机误差为 δ_1，δ_2，…，δ_n，则

$$\delta_1 = x_1 - A_0，\delta_2 = x_2 - A_0，\cdots，\delta_n = x_n - A_0 \tag{1 - 14}$$

即

$$\sum_{i=1}^{n}\delta_i = \sum_{i=1}^{n}x_i - nA_0 \tag{1 - 15}$$

由随机误差的对称性规律可以推出，当 $n \to \infty$ 时，有

$$\sum_{i=1}^{n}\delta_i = 0 \tag{1 - 16}$$

所以

$$\sum_{i=1}^{n}x_i = nA_0 \tag{1 - 17}$$

即

$$A_0 = \frac{\sum_{i=1}^{n}x_i}{n} = \overline{x} \tag{1 - 18}$$

式（1-18）表明，当测量次数为无限次时，所有测量值的算术平均值即等于真值。事实上不可能达到无限次测量，即真值难以达到。但是，随着测量次数的增加，算术平均值也就越来越接近真值。因此，以算术平均值作为真值是既可靠又合理的。

② 标准差 σ

由于随机误差的存在，等精度测量列中各个测量值一般不相同，它们围绕着该测量列的算术平均值有一定的分散，此分散度说明了测量列中单次测量值的不可靠性，必须用一个数值作为其不可靠性的评定标准，即测量列中单次测量的标准差。

由式（1-12）可知，正态分布的概率密度函数是一个指数函数，它是随着随机误差 δ 和标准差 σ 的变化而变化的。图 1-3 表示标准差和正态分布曲线的关系。从图中可以明显地看出 σ 与曲线的形状和分散度有关。σ 值越小，曲线形状越陡，随机误差的分布越集中，测量精密度越高；反之，σ 值越大，曲线形状越平坦，随机误差分布越分散，测量精密度越低。因此，标准差 σ 是表征同一被测量的 n 次测量的测量值分散性的参数，可作为测量列中单次测量不可靠性的评定标准。

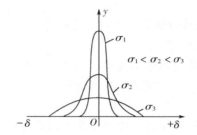

图 1-3 3 种不同 σ 值的正态分布曲线

4. 系统误差

系统误差的发现及修正方法有以下几种。

① 理论分析及计算

因测量原理或使用方法不当引入系统误差时，可以通过理论分析和计算的方法加以修正。

② 实验对比法

实验对比法通过改变产生系统误差的条件进行不同条件的测量，以发现系统误差，这种方法适用于发现恒定的系统误差。在实际工作中，生产现场使用的量块等计量器具需要定期送法定的计量部门进行检定，即可发现恒定系统误差，并给出校准后的修正值（数值、曲线、表格或公式等），利用修正值可在相当程度上消除恒定系统误差的影响。

③ 残余误差观察法

残余误差观察法通过分析测量列的各个残余误差的大小和符号变化规律，直接由误差数据或误差曲线图形判断有无系统误差，这种方法主要适用于发现有规律变化的系统误差。

5. 粗大误差

判别粗大误差最常用的统计判别法是"3σ 准则"：如果对某被测量进行多次重复等精度测量的测量数据为

$$x_1, \ x_2, \ \cdots, \ x_d, \ \cdots, \ x_n$$

其标准差为 σ，如果其中某一项残差 v_d 大于 3 倍标准差，即

$$|v_d| > 3\sigma \tag{1-19}$$

则认为 v_d 是粗大误差，与其对应的测量数据 x_d 是坏值，应从测量列测量数据中剔除。

需要指出的是，剔除坏值后，还要对剩下的测量数据重新计算算术平均值和标准差，再按式（1-19）判别是否还存在粗大误差，若存在粗大误差，剔除相应的坏值，再重新计算，直到产生粗大误差的坏值全部剔除为止。

任务三　认识传感器

人类社会在发展过程中，需要不断地认识自然与改造自然，而认识与改造必然伴随着对各种信号的感知和测量，这些都需要应用传感器技术。传感器技术运用在自动检测和控制系统中，对系统运行的各项功能起着重要的作用。系统的自动化程度越高，对传感器的依赖性就越强。如图 1-4 所示生产环节中，可利用传感器进行产品计数。

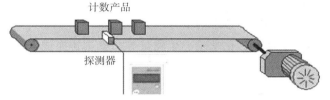

图 1-4　检测生产线中通过产品的数量

传感器技术遍布各行各业、各个领域，如工业生产、科学研究、现代医学、现代农业生产、国防科技、家用电器等领域，甚至儿童玩具也少不了传感器。日常生活中也在大量使用各种传感器，如全自动洗衣机、音响设备、计算机、打印机等。电视机遥控器就是利用红外光（红外线）接收、发射传感器来控制电视的。传感器的种类繁多，从外观上看千差万别。如图 1-5 所示为部分常用传感器的外观形状，不过，这只是成千上万种传感器中的一小部分。

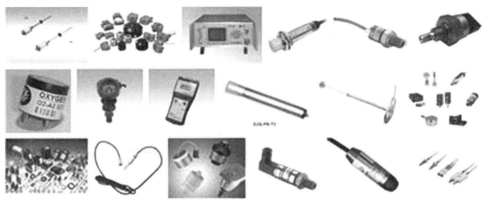

图 1-5　各式传感器

一、传感器的定义、组成和分类

1. 传感器的定义

传感器是能感受规定的被测量并按照一定的规律转换成可用输出信号的器件或装置。它获取的信息可以为各种物理量、化学量和生物量，而转换后的信息也可以有各种形式。目前传感器转换后的信号大多为电信号，因而从狭义上讲，传感器是把外界输入的非电信号转换成电信号的装置。一般也称传感器为变换器、换能器和探测器，其输出的电信号陆续输送给后续配套的测量电路及终端装置，以便进行电信号的调理、分析、记录或显示等。

2. 传感器的组成

我们生活的世界是由物质组成的，一切都处在永恒不停地运动之中，物质的运动形式很多，它们通过化学现象或物理现象表现出来。表征物质特性或其运动形式的参数很多，根据物质的电特性，可分为电量和非电量两种。电量是指物理学中的电学量，如电流、电压、电阻、电容、电感等；非电量是指除电量之外的一些参数，如压力、流量、尺寸、位移、重量、力、速度、加速度、转速、温度、浓度、酸碱度等。由于一般电工仪器和电工仪表要求输入的是电信号，因此非电量需要转换成与非电量有一定关系的电量，再进行测量。实现这种转换技术的器件就是传感器。

传感器是一种能将物理量、化学量、生物量等非电量转换成电量的器件。其组成框图如图1-6所示。

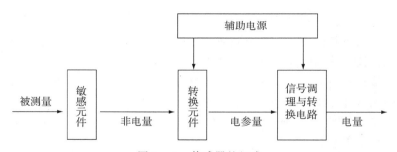

图1-6 传感器的组成

图1-6中，敏感元件直接感受被测量的变化，并输出与被测量成确定关系的某一物理量，是传感器的核心；转换元件将敏感元件输出的物理量转换成适合于传输或测量的电信号；测量电路则将转换元件输出的电信号进行进一步的转换和处理，如放大、线性化、补偿等，以获得更好的品质特性，便于后续电路实现显示、记录、处理及控制等功能。输出量有不同形式，如电压、电流、频率、脉冲等，能满足信息传输、处理、记录、显示、控制要求，是自动检测系统和自动控制系统中不可缺少的元件。

3. 传感器的分类

传感器的种类名目繁多，分类不尽相同。常用的分类方法如表1-1所示。

表 1-1　传感器的分类

分类方法		说明	举例
按输入量分类		传感器以被测物理量分类，即按用途分类，便于用户选择	位移传感器、速度传感器、温度传感器、压力传感器等
按工作原理分类（转换原理）		传感器以工作原理命名，便于生产厂家专业生产	应变式传感器、电容式传感器、电感式传感器、压电传感器、热电式传感器等
按物理现象分类（信号转换特征）	结构型	通过传感器元件几何尺寸或形状变化，转换成电阻、电容、电感等物理量变化，从而检测出被测信号。这类传感器目前应用较为普遍	电容式传感器：利用电容极板间隙或面积的变化→ΔC
	物理型	利用传感器元件材料本身的物理性质的变化而实现测量	压电传感器：压电效应，力→电荷；热电偶：热电效应
按能量关系分类	能量控制型	由外部供给能量，使传感器工作，并由被测量来控制外部供给能量的变化	电容式传感器：需外供电，使 $x(t)$→ΔC→电流或电压
	能量转换型	直接由被测量对象输入能量使其工作	温度计：吸收被测物的能量；磁电式：线圈切割磁感线→感应电动势
按工作时是否需要外加电源分类	有源传感器	工作时需要外加电源	应变式传感器
	无源传感器	工作时不需要外加电源	电动式拾振器、压电传感器
按输出信号分类	模拟式	输出量为模拟量	应变式传感器、加速度传感器
	数字式	输出量为数字量	码盘式传感器、光栅传感器

（1）按输入量分类

根据被测量的性质进行分类，如温度传感器、湿度传感器、压力传感器、位移传感器、流量传感器、液位传感器、力传感器、加速度传感器及转矩传感器等。

（2）按传感器工作原理分类

① 电参量式传感器

电阻式传感器：利用变阻器将被测非电量转换为电阻信号的原理制成。

电容式传感器：利用改变电容的几何尺寸或改变介质的性质和含量，从而使电容量发生改变的原理制成。

电感式传感器：利用改变磁路几何尺寸、磁体位置来改变电感或互感的电感量或压磁效应的原理制成。

② 磁电式传感器

磁电式传感器：利用导体和磁场发生相对运动从而在导体两端输出感应电动势的原理制成。

霍尔式传感器：基于当交变磁场经过时产生输出电压脉的霍尔效应制成的，脉冲的幅度是由激励磁场的场强决定的，且不需要外界电源供电。

磁栅式传感器：利用磁栅与磁头产生相对运动时有感应电动势输出的原理制成。

③ 压电传感器

利用某些物质的压电效应原理制成。

④ 光电式传感器

首先把被测量的变化转换成光信号的变化，然后通过光电器件变换成电信号。可分为光电式、光栅式、激光式、光电码盘式、光导纤维式。

⑤ 气电式传感器

将被测量转换成气压变化或气流量变化信号，再进一步转换成电信号的一种传感器。

⑥ 热电式传感器

根据热电效应原理制成。

⑦ 波式传感器

超声波式、微波式等传感器。

⑧ 半导体式传感器

以半导体为敏感材料，在各种物理量的作用下引起半导体材料内载流子浓度或分布的变化。

（3）按输出信号分类

① 模拟式传感器

将诸如应变、压力、位移、加速度等非电量转换成电模拟量（如电压、电流）输出。若用数字显示或输入给计算机，还需要经过 A/D 转换，将模拟量变成数字量。

② 数字式传感器

将被测非电量直接转换成数字信号输出，如码盘式传感器、光栅传感器、振弦式传感器等。数字式传感器有许多独特的优点，越来越引起人们的重视。然而，到目前为止，数字式传感器的种类还不多。由于集成多功能传感器技术的发展，经过传感器探测到的非电量最终输出形式已逐渐数字化、图像化。

二、传感器的一般特性

在科学实验和生产过程中，需要对各种各样的参数进行检测和控制，这就要求传感器能感受被测非电量的变化，并将其转换成与被测量成一定函数关系的电量。传感器所测量的非电量可分为静态量和动态量两类。静态量是指不随时间变化的信号或变化极其缓慢的信号（准静态）；动态量通常是指周期信号、瞬变信号或随机信号。传感器能否将被测非电量的变化不失真地变换成相应的电量，取决于传感器的基本特性，即输出—输入特性，它是与传感器的内部结构参数有关的外部特性。传感器的基本特性可用静态特性和动态特性描述。

1. 传感器的静态特性

传感器的静态特性是指输入被测量不随时间变化，或随时间变化很缓慢时，传感器的输出与输入的关系。

衡量传感器静态特性的重要指标是线性度、灵敏度、迟滞、重复性和精度等。

（1）线性度

传感器的线性度（又称非线性误差）是指传感器的输出与输入之间的线性程度。通常，为了方便标定和数据处理，理想的输出—输入关系应该是线性的。但实际遇到的传感器的特性大多是非线性的。各项系数不同，决定了特性曲线的具体形状各不相同。理想特性曲线是一条经过原点的直线，传感器的灵敏度为一常数。当特性方程中仅含有齐次非线性项时，特性曲线关于坐标原点对称，且在输入量 x 相当大的范围内具有较宽的准线性。当非线性传感器以差动方式工作时，可以消除电气元件中的偶次分量，显著地改善线性范围，并可使灵敏度提高一倍。

（2）灵敏度

灵敏度是指传感器在稳态下的输出变化量与引起此变化的输入变化量之比。它表征传感器对输入量变化的反应能力。对于线性传感器，灵敏度就是其静态特性的斜率，即 $k=\dfrac{y}{x}$ 为常数，而非线性传感器的灵敏度为一变量，用 $k=\dfrac{\mathrm{d}y}{\mathrm{d}x}$ 表示。传感器的灵敏度如图 1-7 所示。一般希望传感器的灵敏度高，在满量程范围内是恒定的，即传感器的输出—输入特性为直线。

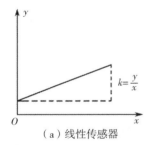

（a）线性传感器　　　　　　　（b）非线性传感器

图 1-7　传感器的灵敏度

（3）迟滞

传感器在正（输入量增大）反（输入量减小）行程期间，其输出—输入特性曲线不重合的现象被称为迟滞，如图 1-8 所示。也就是说，对于同一大小的输入信号，传感器的正反行程输出信号大小不相等。产生这种现象的主要原因是传感器敏感元件材料的物理性质和机械零部件的缺陷。例如，弹性敏感元件的弹性滞后、运动部件的摩擦、传动机构的间隙、紧固件松动等。

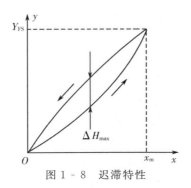

图 1-8　迟滞特性

（4）重复性

重复性指在同一工作条件下，输入量按同一方向做全量程连续多次变化时，所得特性曲线不一致的程度，如图 1‐9 所示。重复性误差属于随机误差，常用标准偏差表示，也可用正反行程中的最大偏差表示。

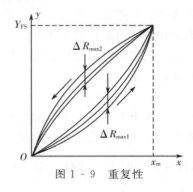

图 1‐9　重复性

（5）精度

精度是反映系统误差和随机误差的综合误差指标。

（6）零点漂移

传感器无输入时，每隔一段时间进行读数，其输出偏离零值。

（7）温度漂移

温度漂移表示温度变化时，传感器输出值的偏离程度。

2. 传感器的动态特性

在实际测量中，大量的被测量是随时间变化的动态信号，这就要求传感器的输出不仅能精确地反映被测量的大小，还要正确地再现被测量随时间变化的规律。

传感器的动态特性是指传感器的输出对随时间变化的输入量的响应特性，反映输出值真实再现变化着的输入量的能力。

一个动态特性好的传感器，其输出将再现输入量的变化规律，即具有相同的时间函数。实际上除了具有理想的比例特性的环节外，由于传感器固有因素的影响，输出信号将不会与输入信号具有相同的时间函数，这种输出与输入之间的差异就是所谓的动态误差。研究传感器的动态特性主要是从测量误差角度分析产生动态误差的原因及改善措施。

由于绝大多数传感器都可以简化为一阶或二阶系统，因此一阶和二阶传感器是最基本的。可以从时域和频域两个方面研究传感器的动态特性，采用瞬态响应法和频率响应法分析。

（1）瞬态响应特性

在时域内研究传感器的动态特性时，常用的激励信号有阶跃函数、脉冲函数和斜坡函数等。传感器对所加激励信号的响应被称为瞬态响应。一般认为，阶跃输入信号对于一个传感器来说是最严峻的工作状态。如果在阶跃函数的作用下，传感器能满足动态性能指标，那么在其他函数作用下，其动态性能指标也必定会令人满意。在理想情况下，阶跃输入信号的大小对过渡过程的曲线形状是没有影响的。但在实际做过渡过程实验时，应保持阶跃输入信号在传感器特性曲线的线性范围内。

时间常数 τ 是描述一阶传感器动态特性的重要参数，τ 越小，响应速度越快。

传感器阶跃响应的典型性能指标如图 1 - 10 所示，各指标定义如下：

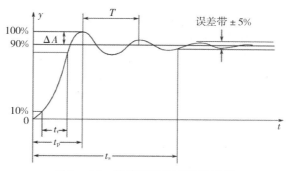

图 1 - 10　传感器的动态性能指标

① 上升时间 t_r，输出由稳态值的 10% 变化到稳态值的 90% 所用的时间；

② 响应时间 t_s，系统从阶跃输入开始到输出值进入稳态值所规定的范围内所需的时间；

③ 峰值时间 t_p，阶跃响应曲线达到第一个峰值所需的时间；

（2）频率响应特性

传感器对正弦输入信号的响应特性被称为频率响应特性。频率响应法是从传感器的频率特性出发研究传感器的动态特性的方法。

① 零阶传感器的频率特性

零阶传感器的输出和输入成正比，并且与信号频率无关。因此，无幅值和相位失真问题，具有理想的动态特性。电位器式传感器是零阶系统的一个例子。在实际应用中，许多高阶系统在变化缓慢、频率不高时，都可以近似当作零阶系统处理。

② 一阶传感器的频率特性

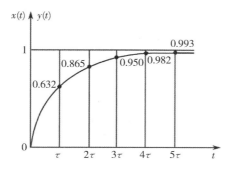

图 1 - 11　一阶传感器单位阶跃响应

从图 1 - 11 可以看出，时间常数 τ 越小，频率响应特性越好。当 $\omega\tau \ll 1$ 时，传感器的输出与输入为线性关系，相位差与频率 ω 成线性关系，输出 $y(t)$ 比较真实地反映了输入 $x(t)$ 的变化规律。因此，减小 τ 可以改善传感器的频率特性。

为了减小动态误差和扩大频率响应范围，一般是提高传感器的固有频率 ω_n，但可能会使其他指标变差。因此，在实际应用中，应综合考虑各种因素来确定传感器的各个特征参数。

③ 频率响应特性指标

a. 频带，传感器增益保持在一定的频率范围内，即对数频率特性曲线上幅值衰减 3 dB 时所对应的频率范围，被称为传感器的频带或通频带，对应有上、下截止频率。

b. 时间常数 τ，用时间常数 τ 表征一阶传感器的动态特性，τ 越小，频带越宽。

c. 固有频率 ω_n，二阶传感器的固有频率 ω_n 表征了其动态特性。

项目小结

1. 传感器是能感受规定的被测量并按照一定的规律转换成可用输出信号的器件或装置。

2. 传感器由敏感元件、转换元件与测量电路三部分组成。

3. 敏感元件直接感受被测量的变化，并输出与被测量成确定关系的某一物理量的元件，是传感器的核心。

4. 转换元件将敏感元件输出的物理量转换成适合于传输或测量的电信号。

5. 测量电路则将转换元件输出的电信号进行进一步的转换和处理，如放大、滤波、线性化、补偿等，以获得更好的品质特性，便于后续电路实现显示、记录、处理及控制等功能。

6. 传感器的特性主要是指输出与输入之间的关系，它有静态、动态之分。静特性是指当输入量为常量或变化极慢时，即被测量各个值处于稳定状态时的输入、输出关系。动特性是指输入量随时间变化的响应特性。

7. 检测就是人们借助于仪器、设备，利用各种物理效应，采用一定的方法，将客观世界的有关信息，通过检查与测量获取定性或定量信息的认识过程。用于检测的仪器和设备的核心部件就是传感器，传感器是感知被测量（多为非电量），并把它转化为电量的一种器件或装置。

8. 根据测量方法可分为直接测量和间接测量。直接测量就是把待测量与标准量直接比较得出结果。

9. 测量值与真值之间的差值为测量误差。

10. 根据测量数据中的误差所呈现的规律，将误差分为三种，即系统误差、随机误差和粗大误差。

自我测评

一、单项选择题

1. 下列属于按传感器的工作原理进行分类的传感器是（　　）。

A. 应变式传感器　　　　　　　　B. 化学型传感器

C. 压电传感器　　　　　　　　　D. 热电式传感器

2. 通常意义上的传感器包含了敏感元件和（　　）两个组成部分。

A. 放大电路　　　　　　　　　　B. 数据采集电路

C. 转换元件　　　　　　　　　　D. 滤波元件

3. 传感器按其敏感的工作原理，可以分为物理型、化学型和（　　）三大类。

A. 生物型　　　　　　　B. 电子型　　　　　　　C. 材料型　　　　　　　D. 薄膜型

4. 近年来，关于仿生传感器的研究越来越多，其主要就是模仿人的（　　）的传感器。

A. 视觉器官　　　　　　B. 听觉器官　　　　　　C. 嗅觉器官　　　　　　D. 感觉器官

5. 若将计算机比喻成人的大脑，那么传感器则可以比喻为（　　）。

A. 眼睛　　　　　　　　B. 感觉器官　　　　　　C. 手　　　　　　　　　D. 皮肤

6. 传感器主要完成两个方面的功能：检测和（　　）。

A. 测量　　　　　　　　B. 感知　　　　　　　　C. 信号调节　　　　　　D. 转换

7. 一块量程为 800 ℃、25 级测温仪表，现要测量 500 ℃ 的温度，其相对误差为（　　）。

A. 20 ℃　　　　　　　B. 4%　　　　　　　　　C. 1.6%　　　　　　　　D. 3.2%

8. 某温度仪的相对误差是 1%，测量 800 ℃ 炉温时，绝对误差是（　　）。

A. 0.08 ℃　　　　　　B. 8%　　　　　　　　　C. 0.8 ℃　　　　　　　D. 8 ℃

9. 漂移是指在输入量不变的情况下，传感器输出量随（　　）变化。

A. 温度　　　　　　　　B. 电压　　　　　　　　C. 电流　　　　　　　　D. 时间

10. 下列关于相对误差特征的说法正确的是（　　）。

A. 大小与所取单位有关　　　　　　　　　B. 量纲与被测量有关

C. 不能反映误差的大小和方向　　　　　　D. 能反映测量工作的精细程度

二、填空题

1. 传感技术与信息学科紧密相关，是_____和_____的总称。

2. 传感器要完成的两个方面的功能是_____和_____。

3. 传感器按构成原理，可分为_____型和_____型两大类。

4. 传感器一般由_____、_____和_____等三部分组成。

5. 传感器能感受_____并按照_____转换成可用输出信号的器件或装置。

6. 按输入量分类，传感器包括位移传感器、速度传感器、_____、_____等。

7. 传感器的输出量有_____和_____两种。

8. 传感器是能_____并按照一定规律转换成可用_____的器件或装置，是实现_____的基本器件。

9. _____是人们为了对被测对象所包含的信息进行定性了解和定量掌握所采取的一系列技术措施。

10. 测量误差按性质分为_____误差、_____误差和_____误差，相应的处理手段为_____、_____和_____。

11. 随机误差的统计特性为_____、_____、_____和_____。

12. 用测角仪测得某矩形的四个角内角和为 360°00′04″，则测量的绝对误差为_____，相对误差为_____。

13. 测量结果的重复性条件包括：_____、_____、_____、_____、_____。

14. 一个标称值为 5 g 的砝码，经高一等标准砝码检定，知其误差为 0.1 mg，则该砝码的实际质量是_____。

15. 指针式仪表的准确度等级是根据_____误差划分的。

三、判断题

1. 由于误差是测量结果减去被测量的真值，所以误差是个准确值。 （　　）
2. 测量不确定度是说明测量分散性的参数。 （　　）
3. 标准不确定度是以测量误差来表示的。 （　　）
4. 误差与不确定度是同一个概念的两种说法。 （　　）
5. 半周期法能消除周期性系统误差。 （　　）
6. A 类评定的不确定度对应于随机误差。 （　　）
7. A 类不确定度的评定方法为统计方法。 （　　）
8. B 类不确定度的评定方法为非统计方法。 （　　）
9. 测量不确定度是客观存在的，不以人的认识程度而改变。 （　　）
10. 标准不确定度是以标准偏差来表示的测量不确定度。 （　　）
11. 数学模型不是唯一的，如果采用不同的测量方法和不同的测量程序，就可能有不同的数学模型。 （　　）
12. 在标准不确定度 A 类评定中，极差法与贝塞尔法计算相比较，得到不确定度的自由度提高了，可靠性也有所提高了。 （　　）
13. 扩展不确定度 U 只需合成标准不确定度 U_c 表示。 （　　）
14. 扩展不确定度 U 与 U_p 含义相同。 （　　）
15. 方差的正平方根是标准偏差。 （　　）
16. 极差法是一种简化了的以统计方法为基础，以正态分布为前提的一种评定方法。 （　　）
17. 测量误差表明被测量值的分散性。 （　　）
18. 不确定度的评定方法"A"类、"B"类是与过去的"随机误差"与"系统误差"的分类相对应的。 （　　）
19. 以标准差表示的不确定度称为扩展不确定度。 （　　）
20. A 类不确定度的评定的可靠程度依赖于观察次数 n 充分多。 （　　）

四、问答题

1. 请写出随机误差的统计特性，并简要解释。
2. 什么是仪表的准确度等级？我国的模拟仪表有七个基本等级，选择仪表时是否只根据准确度等级选择？为什么？
3. 什么是粗大误差？如何判断？
4. 传感器系统一般由哪几部分组成，说明各环节的作用。
5. 什么是传感器的线性度？常用的拟合方法有哪几种？
6. 什么是系统误差？什么是随机误差？什么是粗大误差？
7. 什么是传感器的静态特性？它有哪些性能指标？如何用公式表征这些性能指标？

五、应用题

1. 某 1.0 级电流表，满度值（标称范围上限）为 100，求测量值分别为 100，80 和 20 时的绝对误差和相对误差。
2. 某传感器的精度为 2%，满度值为 50 mV，零位值为 10 mV，求可能出现的最大误差？当传感器使用在满刻度值的一半和 $\frac{1}{8}$，$\frac{1}{3}$，$\frac{2}{3}$ 时，计算可能产生的百分误差，由计算结果说明能得出什么结论。

项目二　力与压力的检测

项目描述

电子秤属于衡器产品。对衡器产品的分类，是根据秤的结构和使用方法而定类和名称的，共分为三大类，即杆秤、机械式秤和电子秤。

随着科学技术和经济的发展，出售商品品种的增加，需要称量物品的设备也需要更新换代，人们对称重装置的要求也越来越高。传统的机械式称重装置正在被电子称重装置所代替，从而进入传感器、电子学和微处理机领域，使得称重装置变成为电子仪器。

电阻应变片除直接用以测量机械、仪器及工程结构等的应力、应变外，还常与某种形式的弹性敏感元件相配合专门制成各种应变式传感器用来测量力、压力、扭矩、位移和加速度等物理量。

本项目主要讲解可以应用于力和压力检测的传感器。

知识目标

1. 了解力与压力检测的方法；
2. 掌握电阻应变式传感器的原理及应用；
3. 了解应变片全桥工作特点及性能；
4. 了解温度对应变片测试系统的影响；
5. 掌握应变式测力与荷重传感器的工作原理；
6. 掌握测量压力、位移、加速度的方法。

技能目标

1. 能根据被检测情况选择合适的传感器；
2. 能熟练使用电阻应变式传感器进行力与压力的测量；
3. 能准确连接测量转换电路；
4. 能掌握电桥的工作原理及温度补偿的方法。

任务一　电阻应变式传感器

　　超市里面的电子秤是大家非常熟悉的称重设备，它不但体积小，而且功能强，给超市工作人员提供了很大的便利。本任务通过学习电子秤的工作原理，重点学习电阻应变式传感器的结构组成、工作原理和应用。电阻应变式传感器不仅能够组成电子秤称重系统，还可以测量机械、仪器及工程结构等的应力、应变，它与某种形式的弹性敏感元件相配合专门制成各种应变式传感器用来测量力、压力、扭矩、位移和加速度等物理量。

一、电阻应变式传感器

1．应变式传感器的原理及应用

　　应变式压力计是电测式压力计中应用最广泛的一种。它是将应变电阻片粘贴在测量压力的弹性元件表面上，当被测压力变化时，弹性元件内部应力变化产生变形，这个变形压力使应变片的电阻产生变化，根据所测电阻变化的大小来测量未知压力。应变式传感器是基于测量物体受力变形所产生应变的一种传感器，最常用的传感元件为电阻应变片。应用范围：可测量位移、加速度、力、力矩、压力等各种参数。

2．应变式传感器的特点

（1）精度高，测量范围广。

（2）使用寿命长，性能稳定可靠。

（3）结构简单，体积小，重量轻。

（4）频率响应较好，既可用于静态测量又可用于动态测量。

（5）价格低廉，品种多样，便于选择和大量使用。

3．应变片的工作原理

应变效应

　　导体或半导体材料在外界力作用下产生机械形变，其电阻值发生变化的现象为应变效应。电阻应变片就是利用这现象而制成的。使用应变片测试时，将应变片粘贴在试件表面，试件受力变形后应变片上的电阻丝也随之变形，从而使应变片电阻值发生变化，通过转换电路转换成电压或电流的变化。电阻丝应变片是目前使用很广泛的一种电阻应变片。

　　如图 2-1 所示是电阻丝应变片的结构示意图。它是用直径约为 0.025 mm 的具有高电阻率的电阻丝制成的。为了获得高的电阻值，电阻丝排成栅网状，并粘贴在绝缘基片上，线栅上面粘贴有覆盖层（保护用），电阻丝两端焊有引出线。如图 2-1 所示，l 称为应变片的标距或工作基长，b 称为应变片基宽，$b \times l$ 为应变片的使用面积。应变片规格一般以使用面积或电阻值来表示，如 3 mm×10 mm 或 120 Ω。

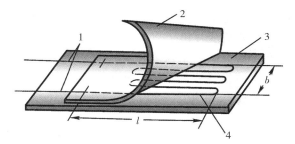

1—引线；2、3—基底；4—敏感元件

图 2 - 1　电阻丝应变片的结构示意图

由电工学可知，金属丝电阻 R 可表示为：

$$R = \rho \frac{l}{A} = \rho \times \frac{l}{\pi r^2} \tag{2-1}$$

式中：

ρ——电阻率，$\Omega \cdot m$；

l——电阻丝长度，m；

A——电阻丝截面积，m^2。

当沿金属丝的长度方向施加均匀力时，式中的 ρ、r、l 都将发生变化，导致电阻值发生变化。实验证明，电阻应变片的电阻应变与电阻应变片的纵向应变的关系在很大范围内是线性的。

严格来讲，因为试件与应变片之间存在蠕变等影响，所以应变片与试件这二者的应变是有差异的。但这种差异并不很大，工程上允许忽略，因此以后对两者不加以严格区分。

电阻丝应变片具有精度高、测量范围大、能适应各种环境、便于记录和处理等一系列优点，但却存在一大弱点，就是灵敏度低，为 2.0～3.6。对于半导体材料，它的电阻系数很大。因此，半导体应变片的灵敏系数比电阻丝应变片约高几十倍。

4. 应变片的结构类型与粘贴

（1）应变片的结构类型

应变片可分为金属应变片和半导体应变片。前者可分为金属丝式应变片、金属箔式应变片和金属薄膜式应变片三种，图 2 - 2 所示为常见的几种应变片。

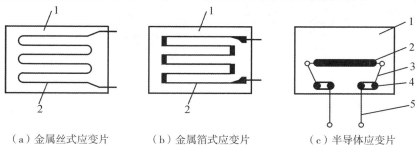

（a）金属丝式应变片　　（b）金属箔式应变片　　（c）半导体应变片

1—衬底；2—应变丝或半导体；3—引出线；4—焊接电极；5—外引线。

图 2 - 2　常见的几种应变片

金属丝式应变片使用得最早，有纸基和胶基之分。

金属箔式应变片是通过光刻、腐蚀等工艺制成的一种箔栅，箔的厚度一般为 $0.003 \sim 0.010$ mm。金属箔式应变片由于有散热好、允许通过较大电流、横向效应小、使用寿命长、柔性好，并可做成基长很短或任意形状，在工艺上适于大批生产等优点，因此得到广泛的应用，已逐渐代替了金属丝式应变片。

金属薄膜式应变片主要是采用真空蒸镀技术，在薄的绝缘基片上蒸镀金属材料薄膜，最后加保护层形成的。

半导体应变片是用半导体材料做敏感栅而制成的。其主要优点是灵敏度高，横向效应小；主要缺点是灵敏系数的热稳定性差，电阻与应变间非线性严重。在使用时，需要采用温度补偿及非线性补偿措施。

随着半导体工业和集成电路的迅速发展，一种很有发展前途的固态压阻式传感器得到广泛应用。它是利用半导体的压阻效应进行工作的。固态压阻式传感器以单晶硅膜片作为敏感元件，在该膜片上采用集成电路工艺制作成 4 个电阻，并组成惠斯通电桥。当膜片受力后，4 个电阻值发生相应变化，使电桥有输出。根据不同结构，它可用于测量压力、力、压差、加速度等。目前国内外都非常重视对它的研究，以扩大其应用范围。

（2）应变片的粘贴

应变片是通过黏合剂粘贴到试件上的，黏合剂的种类有很多，要根据基片材料、工作温度、潮湿程度、稳定性、是否加温加压和粘贴时间等多种因素合理选择黏合剂。

应变片的粘贴质量直接影响应变测量的精度，必须十分注意。应变片的粘贴工艺包括试件贴片处的表面处理，贴片位置的确定，应变片的粘贴、固化等。

应变片引出线的选择取决于电阻率、焊接方便程度可靠性及耐蚀性。引出线一般多是直径为 $0.15 \sim 0.3$ mm 的镀锡软铜线。使用时，应变片粘贴连接好后，常把引出线与连线电缆用胶布固定起来，以防止导体摆动时折断应变片引线，然后在应变片上涂一层防护层，以防止大气对应变片的侵蚀，保证应变片长期工作的稳定性。图 2-3 展示了应变片的粘贴位置。

图 2-3 应变片的粘贴位置

二、应变片全桥特性实验

1. 实验目的

了解应变片全桥工作特点及性能。

2. 基本原理

应变片全桥特性实验原理如图 2-4 所示。应变片全桥测量电路中，将受力方向相同的两应变片接入电桥对边，相反的应变片接入电桥邻边。当应变片初始阻值 $R_1 =$

$R_2=R_3=R_4$，其变化值 $\Delta R_1=\Delta R_2=\Delta R_3=\Delta R_4$ 时，其桥路输出电压 $U_0\approx\left(\dfrac{\Delta R}{R}\right)E=K\varepsilon E$。其输出灵敏度比半桥又提高了一倍，非线性得到改善。

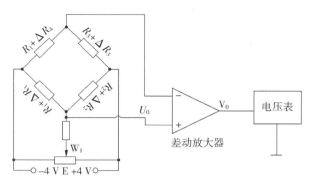

图 2-4　应变片全桥特性实验原理图

3. 需用器件和单元

机头中的应变梁的应变片、测微头；显示面板中的 F/V 表（或电压表）、±2 V～±10 V 步进可调直流稳压电源；调理电路面板中传感器输出单元中的箔式应变片、调理电路单元中的电桥、差动放大器。

4. 实验步骤

除实验接线按图 2-5 示意接线，四片应变片组成电桥电路外，实验步骤和实验数据处理方法与实验一完全相同。实验完毕，关闭电源。

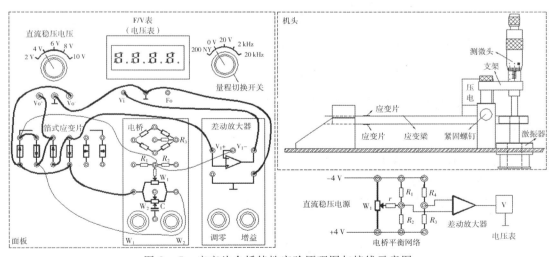

图 2-5　应变片全桥特性实验原理图与接线示意图

三、测量转换电路及温度补偿

1. 测量转换电路

常规应变片的电阻变化范围很小，因而测量转换电路应当能精确地测量出这些小的电阻变化。在应变式传感器中，最常用的是桥式电路，按电源性质不同有交流电桥、直流电桥两类，按桥臂工作数量可分为单臂工作桥、半桥和全桥。下面以直流电桥为例分析其工作原理及特性。

如图 2 - 6 所示为桥式测量转换电路，电桥的一个对角线接入电源电压 U_1，另一个对角线为输出电压 U_0，输出电压 U_0 为：

$$U_{ba} = \frac{R_1}{R_1 + R_2} U_1$$

$$U_{da} = \frac{R_4}{R_3 + R_4} U_1$$

$$U_0 = U_{ba} - U_{da} = \left(\frac{R_1}{R_1 + R_2} - \frac{R_4}{R_3 + R_4} \right) U_1 \qquad (2 - 2)$$

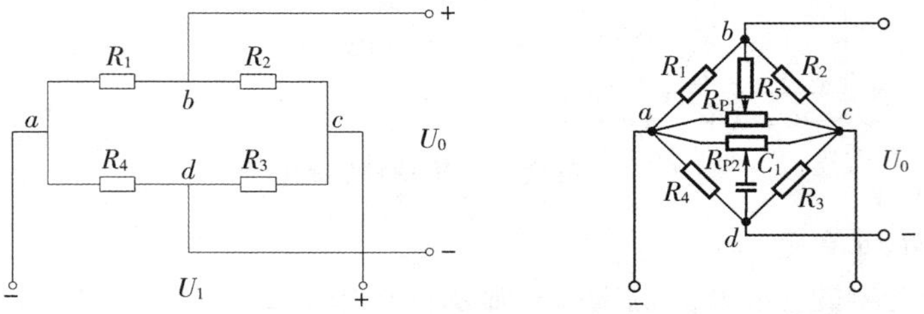

（a）基本应变桥路　　　　　（b）桥路的调零原理图

图 2 - 6　桥式测量转换电路

为了使电桥在测量前的输出为零，应该选择四个桥臂电阻使 $R_1 R_3 = R_2 R_4$ 或 $\frac{R_2}{R_1} = \frac{R_3}{R_4}$，通常情况下 $\Delta R_i \ll R_i$，电桥负载电阻为无限大时，电桥输出电压可近似用下式表示：

$$U_0 = \frac{R_1 R_2}{(R_1 + R_2)^2} \left(\frac{\Delta R_1}{R_1} - \frac{\Delta R_2}{R_2} + \frac{\Delta R_3}{R_3} - \frac{\Delta R_4}{R_4} \right) U_1 \qquad (2 - 3)$$

通常采用全等臂形式工作，即初始值 $R_1 = R_2 = R_3 = R_4$。这样上式可变为：

$$U_0 = \frac{U_1}{4} \left(\frac{\Delta R_1}{R_1} - \frac{\Delta R_2}{R_2} + \frac{\Delta R_3}{R_3} - \frac{\Delta R_4}{R_4} \right) \qquad (2 - 4)$$

当各桥臂应变片的灵敏度 K 都相同时，应变片的应变为 ε 及下标：

$$U_0 = \frac{U_1}{4} K \left(\varepsilon_1 - \varepsilon_2 + \varepsilon_3 - \varepsilon_4 \right) \qquad (2 - 5)$$

根据不同的要求，有不同的工作方式。下面讨论几种较为典型的工作方式。

（1）单臂桥工作方式

R_1 为受力应变片，其余各臂为固定电阻，则式变为：

$$U_0 = \frac{U_1}{4} \cdot \frac{\Delta R_1}{R_1} = \frac{U_1}{4} \cdot K \cdot \varepsilon_1 \qquad (2 - 6)$$

（2）半桥工作方式

R_1、R_2 为受力应变片，R_3、R_4 为固定电阻，则式变为：

$$U_0 = \frac{U_1}{4} \left(\frac{\Delta R_1}{R_1} - \frac{\Delta R_2}{R_2} \right) = \frac{U_1}{4} K \left(\varepsilon_1 - \varepsilon_2 \right) \qquad (2 - 7)$$

（3）全桥工作方式

电桥四个桥臂都为应变片，这种方式灵敏度最高。

在使用上面公式时，应注意电阻变化和应变值的符号。ε_1、ε_2、ε_3、ε_4 可以是试件的纵向应变，也可以是试件的横向应变。取决于应变片的粘贴方向。若是压应变 ε 应以负值代入，若是拉应变 ε 应以正值代入。

由上列各式可看出，电桥的输出电压 U_0 与电阻变化值 $\dfrac{\Delta R_i}{R_i}$，以及应变值 ε_i 成正比。但上面讨论的各式都是在基础公式上求得的，而该公式只是一个近似式，对于单臂电桥，实际输出 U_0 与电阻变化值及应变之间存在一定的非线性关系。当应变值较小时，非线性因素可忽略，而对半导体应变片，尤其在测大应变时，非线性效应则不可忽略。对于半桥，两应变片处于差分工作状态，即一片感受正应变，另一片感受负应变，经推导可证明理论上不存在非线性问题。全桥电路也是如此。因此实际使用时，应尽量采用这两种方式。采用恒流源作为桥路电源也能减小非线性误差。

实际使用中，R_1、R_2、R_3、R_4 不可能严格相等，所以即使在未受力时，桥路的输出也不一定能为零，因此必须设置调零电路，如图 2 - 6 (b) 所示。调节 R_{P1}，最终可以使电桥趋于平衡，U_0 被预调到零位。这一过程称为直流平衡或电阻平衡。图 2 - 6 (b) 中的 R_5 是用于减小调节范围的限流电阻。

当采用交流电（正弦波或方波）作为桥路电源时，该电桥为交流电桥。由于应变片引线电缆分布电容的不平衡将导致电桥的容抗及相位的不平衡。这时即使做到电阻平衡，U_0 仍然无法达到零位，所以还需增设 R_{P2} 及 C_1 来平衡电容的容抗，即交流平衡或电容平衡。

2. 温度补偿

在实际应用中，除了应变能导致应变片电阻变化外，温度变化也会导致应变片电阻变化，它将给测量带来误差，因此有必要对桥路进行温度补偿。下面介绍较为常用的补偿块补偿法和桥路自补偿法。

（1）补偿块补偿法

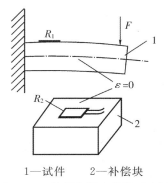

1—试件　2—补偿块

图 2 - 7　补偿块温度补偿示意图

如图 2 - 7 所示，采用单臂半桥测量试件上表面某一点的应变时，可采用两片型号、初始电阻值和灵敏度都相同的应变片 R_1 和 R_2，R_1 贴在试件的测试点上，R_2（称为温度补偿片）贴在试件的零应变处（图中试件的中线上），或贴在补偿块上。补偿块是指材料、温度与试件相同，但不受力的试块。当 R_1 和 R_2 处于相同的温度场中，并接成双臂半桥形式时，可得：

$$U_0 = \frac{U_1}{4}\left(\frac{\Delta R_{1\varepsilon} + \Delta R_{1t}}{R_1} - \frac{\Delta R_{2t}}{R_2}\right) \qquad (2\text{-}8)$$

由公式可知，U_0 不受温度的影响，只与被测试件的温度有关。

（2）桥路自补偿法

当测量桥路处于双臂半桥和全桥工作方式时，与上述补偿块补偿法的工作原理相似，电桥相邻两臂受温度影响，同时产生大小相等、符号相同的电阻增量而互相抵消，从而达到桥路温度自补偿的目的。

四、应变片的温度影响实验

1. 实验目的

了解温度对应变片测试系统的影响。

2. 基本原理

电阻应变片的温度影响，主要来自两个方面。敏感栅丝的温度系数、应变栅的线膨胀系数与弹性体（或被测试件）的线膨胀系数不一致会产生附加应变。因此当温度变化时，在被测体受力状态不变时，输出会有变化。

3. 需用器件与单元

机头中的应变梁的应变片、加热器；显示面板中的 F/V 表（或电压表）、±2 V～±10 V 步进可调直流稳压电源、－15 V 电源；调理电路面板中传感器输出单元中的箔式应变片、加热器；调理电路单元中的电桥、差动放大器。

4. 实验步骤

（1）按实验一应变片单臂特性实验步骤调试、实验。调节测微头使梁的自由端产生较大位移时读取记录电压表的显示值为 U_{01}，并且继续保留此状态不变。

（2）将显示面板中的 －15 V 电源与调理电路面板中传感器输出单元中的加热器相连，使加热器对应变片施热，如图 2-8 所示。数分钟后待数显表电压显示基本稳定后，记下读数 U_{0t}，则 $U_{0t} - U_{01}$ 即温度变化的影响。计算这一温度变化产生的相对误差：

$$\delta = \frac{U_{0t} - U_{01}}{U_{01}} \times 100\% \qquad (2\text{-}9)$$

实验完毕，关闭电源。

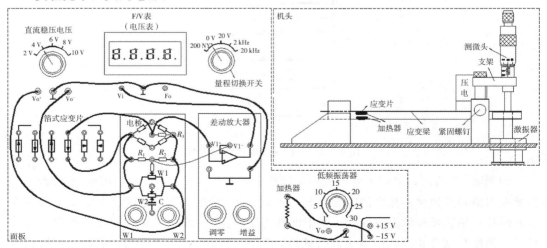

图 2-8　应变片温度影响实验

任务二 电阻式应变式传感器的应用

电阻式应变片除直接用以测量机械、仪器及工程结构等的应力、应变外，还常与某种形式的弹性敏感元件相配合专门制成各种应变式传感器用来测量力、压力、扭矩、位移和加速度等物理量。

一、应变式测力与荷重传感器

电阻应变式传感器最常用在称重和测力领域。这种测力传感器由应变计、弹性元件、测量电路等组成。根据弹性元件结构形式（柱形、筒形、环形、梁式、轮辐式等）和受载性质（拉、压、弯曲、剪切等）的不同，它们可分为许多种类。常见的应变式测力与荷重传感器有柱式、悬臂梁式、环式等，如图 2-9 所示。

（a）应变式荷重传感器外形　　　　　（b）悬臂梁　　（c）汽车衡称重

图 2-9 应变式测力及荷重传感器实物图

1. 柱式力传感器

柱式力传感器的特点是应变片粘贴在弹性体外壁应力分布均匀的中间部分，对称地粘贴多片，电桥连接时考虑减小载荷偏心和弯矩的影响。横向贴片做温度补偿用。贴片在圆柱面上的展开位置及其在桥路中的连接如图 2-10（a）所示。柱式力传感器结构简单、紧凑，可承受很大载荷。用柱式力传感器可制成称重式料位计，如图 2-10（b）所示。

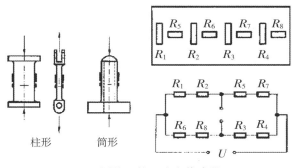 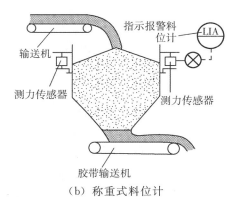

（a）圆柱（筒）式力传感器　　　　　　（b）称重式料位计

图 2-10 柱式力传感器

2. 梁式力传感路

常用的梁式力传感器有等截面梁应变式力传感器、等强度梁应变式力感器以及一些特殊梁式力传感器（如双端固定梁、双孔梁、单孔梁应变式力传感器等）。梁式力传感器结构较简单，一般用于测量 500 kg 以下的载荷。与柱式相比，应力分布变化大，有正有负。

梁式力传感器可制成称重电子秤，原理图如图 2 - 11 所示。当力（例如苹果的重力）以垂直方向作用于电子秤中的铝质悬臂梁的末端时，梁的上表面产生拉应变，下表面产生压应变，上下表面的应变大小相等、符号相反。粘贴在上下表面的应变片也随之拉伸和缩短。得到正负相间的电阻值的变化，接入桥路后，就能产生输出电压。

 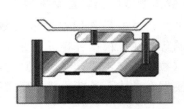

　　　（a）电子秤外形　　　　　　　　　　（b）电子秤结构示意图

图 2 - 11　称重电子秤

二、压力传感器

压力传感器主要用于测量流体的压力。根据其弹性体的结构形式可分为单一式和组合式两种。如图 2 - 12 所示为筒式应变压力传感器。在流体压力作用于筒体内壁时，筒体空心部分发生变形，产生周向应变 ε_i，测出 ε_i 即可算出压力，这种压力传感器结构简单，制造方便，常用于较大压力测量。

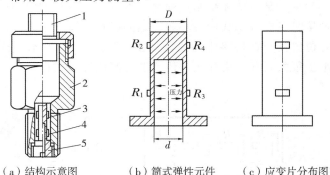

　　（a）结构示意图　　　　（b）筒式弹性元件　　　（c）应变片分布图

1—插座　2—基体　3—温度补偿应变计　4—工作应变计　5—应变筒

图 2 - 12　筒式应变压力传感器

三、位移传感器

应变式位移传感器是把被测位移量转变成弹性元件的变形和应变，然后通过应变计和应变电桥，输出正比于被测位移的电量。它可用于近测或远测静态或动态的位移量。如图 2 - 13（a）所示为国产 YW 系列应变式位移传感器结构。这种传感器由于采用了悬臂梁—螺旋弹簧串联的组合结构，因此它适用于 10～100 mm 位移的测量。其工作原理如图 2 - 13（b）所示。从图中可以看出，4 片应变片分别贴在悬臂梁根部的正、反两面，当拉伸弹簧的一端与测量杆相连时，另一端与悬臂梁上端相连。测量时，当测量杆随被测件产生位移 d 时，就要带动弹簧，使悬臂梁弯曲变形产生应变，其弯曲应变量与位移量呈线性关系。

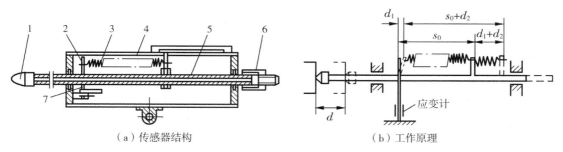

（a）传感器结构　　　　　　　（b）工作原理

1—测量头　2—弹性元件　3—弹簧　4—外壳　5—测量杆　6—调整螺母　7—应变计

图 2 - 13　YW 型应变式位移传感器

四、加速度传感器

如图 2 - 14 所示为应变式加速度传感器的结构图。在应变梁 2 的一端固定惯性质量块 1，梁的上下粘贴应变片 4，传感器内腔充满硅油，以产生必要的阻尼。测量时，将传感器壳体与被测对象刚性连接，当被测物体以加速度 a 运动时，质量块受到一个与加速度方向相反的力的作用，使悬臂梁变形，该变形被粘贴在悬臂梁上的应变片感受到并随之产生应变，从而使应变片的电阻发生变化。电阻的变化引起应变片组成的桥路出现不平衡，从而输出电压，即可得出加速度 a 值的大小。

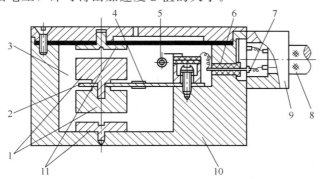

1—质量块　2—应变梁　3—硅油（阻尼液）　4—应变片　5—温度补偿电阻
6—绝缘套管　7—接线柱　8—电缆　9—压线板　10—壳体　11—保护块

图 2 - 14　应变式加速度传感器

五、信号调制与解调及电阻应变式传感器的应用案例

1. 信号调制与解调的概念

传感器输出的信号通常是一种频率不高的弱小信号，要进行放大后才能向下传输。从信号放大角度来看，直流信号（传感器传出的信号有许多是近似直流的缓变信号）的放大比较困难。因此，需要把传感器输出的缓变信号先变成具有高频率的交流信号，再进行放大和传输，最后将放大的信号还原成原来的频率，这样的一个过程被称为信号调制和解调。

调制是利用信号来控制高频振荡的过程，即人为地产生一个高频信号（它由频率、幅值、相位三个参数而定），使这个高频信号的三个参数中的一个随着需要传输的信号变化而变化。这样，原来变化缓慢的信号，就被这个受控制的高频振荡信号所代替，并进行放大和传输，以期得到最好的放大和传输效果。

解调是从已被放大和传输的且有原来信号信息的高频信号中，把原来信号取出的过程。调制的过程有三种：

高频振荡的幅度受缓变信号控制时，称为调幅，以 AM 表示；

高频振荡的频率受缓变信号控制时，称为调频，以 FM 表示；

高频振荡的相位受缓变信号控制时，称为调相，以 PM 表示。

控制高频振荡的缓变信号为调制信号，载送缓变信号的高频振荡信号为载波，已被缓变信号调制的高频振荡为调制波，调制波相应地有调幅波、调频波和调相波三种，常见的是调幅和调频两种。

2. 电阻应变式传感器应用案例

Y6D-3 型动态应变仪是利用电桥调幅和相敏解调的典型例子。它的调制过程中各环节的输出波形如图 2-15 所示。

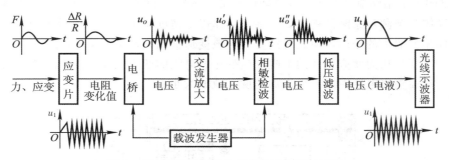

图 2-15　Y6D-3 型动态应变仪的调制过程

图 2-15 中的电桥由载波发生器供给高频等幅电压 u_1（3 V、10 kHz）、被测参数（力、应变等）通过电阻应变片转换成电阻应变后，作为调制信号通过电桥对载波 u_1 进行调制。调制波 u_0 从电桥输出后，进入交流放大器进行放大，放大后的调制波由二极管相敏检波器进行解调，再通过低通滤波器将高频成分滤去而取得被测信号的模拟电压（电流），最后由光线示波器进行记录。

任务三　压阻式传感器

一、压阻效应与压阻系数

半导体材料受到应力作用时，其电阻率会发生变化，这种现象被称为压阻效应。

常见的半导体应变片采用锗和硅等半导体材料作为敏感栅。根据压阻效应，半导体和金属丝同样可以把应变转换成电阻的变化。

金属应变中讨论的公式 $\dfrac{\mathrm{d}R}{R}=(1+2\mu)\varepsilon+\dfrac{\mathrm{d}\rho}{\rho}$ 同样适用于半导体材料。这是因为，由几何变形而引起的电阻变化主要由电阻变化率决定，即

$$\frac{\mathrm{d}R}{R}\approx\frac{\mathrm{d}\rho}{\rho}=\pi\sigma=\pi E\varepsilon \qquad (2-10)$$

可写为

$$\frac{\Delta R}{R}=\pi\sigma=\pi E\varepsilon \qquad (2-11)$$

式中，π 为压阻系数，σ 为应力，E 为弹性模量。

由于半导体材料的各向异性，当硅膜片承受外应力时，同时产生纵向（扩散电阻长度方向）压阻效应和横向（扩散电阻宽度方向）压阻效应。则有

$$\frac{\Delta R}{R}=\pi_r\sigma_r=\pi_t\sigma_t \qquad (2-12)$$

式中，π_r、π_t 分别为纵向压阻系数和横向压阻系数，其大小由所扩散电阻的晶相来决定；σ_r、σ_t 分别为纵向应力和横向应力（切向应力），其状态由扩散电阻的所在位置决定。

半导体应变片的灵敏系数为

$$K=\frac{\dfrac{\Delta R}{R}}{\varepsilon_X}=\pi E \qquad (2-13)$$

对于扩散硅压力传感器来说，敏感元件通常都是周边固定的圆膜片。如果膜片下部受均匀分布的压力作用时，在圆膜的中心处，具有最大的正应力（拉应力），且纵向应力和横向应力相等；在圆膜的边缘处，纵向应力 σ_r 为最大的负应力（压应力）。

二、测量原理

根据以上分析，在膜片上布置如图 2-16 所示的 4 个等值电阻。利用纵向应力 σ_r，其中两个电阻 R_2、R_3 处于 $r<0.635r_0$ 的位置，使其受拉应力；而另外两个电阻 R_1、R_4 处于 $r>0.635r_0$ 的位置，使其受压应力。

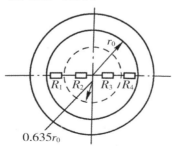

图 2-16　膜片上电阻分布图

只要位置合适，可满足

$$\frac{\Delta R_2}{R_2}=\frac{\Delta R_3}{R_3}=-\frac{\Delta R_1}{R_1}=-\frac{\Delta R_4}{R_4} \qquad (2-14)$$

这样就可以形成差动效果，通过测量电路，获得最大的电压输出灵敏度。

三、温度补偿

压阻式传感器受到温度影响后，会引起零点漂移和灵敏度漂移，因而会产生温度误差。这是因为，在压阻式传感器中，扩散电阻的温度系数较大，电阻值随温度变化而变化，故引起传感器的零点漂移。

当温度升高时，压阻系数减小，则传感器的灵敏度要减小；反之，灵敏度增大。零位温度一般可用串联电阻的方法进行补偿，如图 2 - 17 所示。

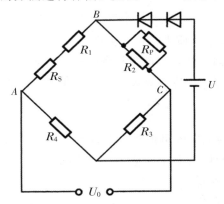

图 2 - 17　温度补偿电路

串联电阻 R_S 主要起调节作用，并联电阻 R_P 则主要起补偿作用。例如，温度上升，R_S 的增量较大，则 A 点电位高于 C 点电位，$V_A - V_C$ 就是零点漂移。在 R_2 上并联一负温度系数的阻值较大的电阻 R_P，可约束 R_3 的变化，从而实现补偿，以消除此温度差。

当然，如果在 R_3 上并联一个正温度系数的阻值较大的电阻，也是可行的。在电桥的电源回路中串联的二极管电压是补偿灵敏度漂移的。二极管的 PN 结为负温度特性，温度升高，压降减小。这样，当温度升高时，二极管正向压降减小，若电源采用恒压源，则电桥电压必然升高，使输出变大，以补偿灵敏度的下降。

四、压阻式传感器的应用

压阻式传感器的基本应用就是测压，但是根据不同的使用要求，其结构形式、外形尺寸和材料选择有很大的差异。例如，用于动态压力或点压力测量时，则要求体积很小；生物医学用传感器，尤其是植入式传感器，则更要求微型化，其材料选取还应考虑与生物体相容；在化工领域或在有腐蚀性气体、液体环境中使用的传感器，则要求防爆、防腐蚀等。

1. 压力测量

压阻式压力传感器由外壳、硅杯和引线组成，如图 2 - 18 所示，其核心部分是一块方形的硅膜片。在硅膜片上，利用集成电路工艺制作了 4 个阻值相等的电阻。图中虚线圆内是承受压力区域。根据前述原理可知，R_2、R_4 所感受的是正应变（拉应变），R_1、R_3 所感受的是负应变（压应变），4 个电阻之间用面积较大、阻值较小的扩散电阻引线连接，构成全桥。硅片的表面用 SiO_2 薄膜加以保护，并用铝质导线做全桥的引线。因为硅膜片底部被加工成中间薄（用于产生应变）、周边厚（起支承作用），所以又被称为硅杯。硅杯在高温下用玻璃黏结剂贴在热胀冷缩系数相近的玻璃基板上。将硅杯和玻璃基板紧密地安装到壳体中，就制成了压阻式压力传感器。

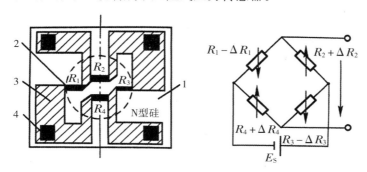

（a）硅杯电阻布置图　　　　　（b）等效电路图

1—单晶硅膜片　2—扩散型应变片　3—扩散电阻引线　4—电极及引线

图 2 - 18　压阻式压力传感器

当硅杯两侧存在压力差时，硅膜片产生变形，4 个应变电阻在应力作用下，阻值发生变化，电桥失去平衡，按照电桥的工作方式，输出电压 U_0 与膜片两侧的压强差 Δp 成正比，即

$$U_0 = K(p_1 - p_2) = K\Delta p \qquad (2 - 15)$$

2. 液位测量

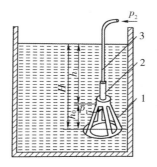

1—支架；2—压力传感器；3—背压管

图 2 - 19　压阻式压
力传感器外形图

如图 2 - 19 所示，压阻式压力传感器安装在不锈钢壳体内，并由不锈钢支架固定放置于液体底部。传感器的高压侧进气孔（用不锈钢隔离膜片及硅油隔离）与液体相通。安装高度 h_0 处的水压 $p_1 = \rho g h_1$，其中 ρ 为液体密度，g 为重力加速度。传感器的低压侧进气孔通过一根被称为"背压管"的管子与外界的仪表接口相连接。被测液位可由下式得到：

$$H = h_0 + h_1 = h_0 + \frac{p_1}{\rho g} \qquad (2 - 16)$$

这种投入式液位传感器安装方便，适用于几米到几十米的混有大量污物、杂质的水或其他液体的液位测量。

项目小结

1. 导体或半导体材料在外界力作用下产生机械形变，其电阻值发生变化的现象为应变效应。

2. 使用应变片测试时，将应变片粘贴在试件表面，试件受力变形后应变片上的电阻丝也随之变形，从而使应变片电阻值发生变化，通过测量转换电路转换成电压或电流的变化。

3. 应变片可分为金属应变片和半导体应变片。

4. 应变片是通过黏合剂粘贴到试件上的，黏合剂的种类有很多，要根据基片材料、工作温度、潮湿程度、稳定性、是否加温加压和粘贴时间等多种因素合理选择黏合剂。

5. 在应变式传感器中，最常用的是桥式电路，按电源性质不同有交流电桥、直流电桥两类，按桥臂工作数量可分为单臂工作桥、半桥和全桥。

6. 在实际应用中，除了应变能导致应变片电阻变化外，温度变化也会导致应变片电阻变化，它将给测量带来误差，因此有必要对桥路进行温度补偿。

自我测评

一、单项选择题

1. 影响金属导电材料应变灵敏系数 K 的主要因素是（   ）。

  A. 导电材料电阻率的变化　　　　　　B. 导电材料几何尺寸的变化
  C. 导电材料物理性质的变化　　　　　D. 导电材料化学性质的变化

2. 应变片的主要参数有（   ）。

  A. 初试电阻值　　B. 额定电压　　C. 允许工作电流　　D. 额定功率

3. 电阻应变片的线路温度补偿方法有（   ）。

  A. 差动电桥补偿法　　　　　　　　　B. 补偿块粘贴补偿应变片电桥补偿法
  C. 补偿线圈补偿法　　　　　　　　　D. 恒流源温度补偿电路法

4. 电阻应变片的配用测量电路中，为了克服分布电容的影响，多采用（   ）。

  A. 直流平衡电桥　　　　　　　　　　B. 直流不平衡电桥
  C. 交流平衡电桥　　　　　　　　　　D. 交流不平衡电桥

5. 当应变片的主轴线方向与试件轴线方向一致，且试件轴线上受一维应力作用时，应变片灵敏系数 K 的定义是（   ）。

  A. 应变片电阻变化率与试件主应力之比
  B. 应变片电阻与试件主应力方向的应变之比
  C. 应变片电阻变化率与试件主应力方向的应变之比
  D. 应变片电阻变化率与试件作用力之比

6. 制作应变片敏感栅的材料中，用得最多的金属材料是（   ）。

  A. 铜　　　　　　B. 铂　　　　　　C. 康铜　　　　　　D. 镍铬合金

7. 应变片的允许工作电流参数是指（   ）

  A. 允许通过应变片而绝缘材料因受热而未损坏的最大电流
  B. 允许通过应变片而敏感栅受热未烧坏的最大电流

C. 允许通过应变片而不影响其工作特性的最大电流

8. 通常用应变式传感器测量（　　　）。

A. 温度　　　　　　B. 速度　　　　　　C. 加速度　　　　　　D. 压力

9. 下列属于非接触式测量的传感器是（　　　）。

A. 电阻应变式力传感器

B. 压电式振动传感器

C. 超声波式流量计

10. 电子秤中所使用的应变片应选择（　　　）应变片。

A. 金属丝式　　　　　　　　　　　　B. 金属箔式

C. 电阻应变仪　　　　　　　　　　　D. 固态压阻式传感器

二、填空题

1. 从材料上来分，应变片制作材料分为_____和_____两大类。

2. 性能方面对电阻丝的要求是：_____较大，_____宽，_____大，且稳定性好；耐腐蚀、耐疲劳。

3. 一般金属应变片_____好，但灵敏度不高，而半导体应变片_____较差，但灵敏度高。

4. 造成电阻式应变片测量产生误差的原因有很多，其中_____影响是最重要的。当环境温度发生变化时会导致应变片本身_____发生变化。

5. 电阻应变片是将被测试件上的_____转换成_____变化输出的传感元件。

6. 电阻应变片由敏感栅、_____、覆盖层和引线等部分组成。

7. 应变式传感器中的测量电路是将应变片_____转换成_____的变化，以便显示或记录被测非电量的大小。

8. 电阻应变片的工作原理就是依据应变效应建立_____与变形之间的量值关系而工作的。

9. 当应变片主轴线与试件轴线方向一致，且受一维应力时，应变片灵敏系数 K 是应变片的阻值变化_____应变之比。

10. 电阻应变片中，电阻丝_____的灵敏系数小于其_____的灵敏系数的现象，被称为应变片的横向灵敏系数。

三、判断题

1. 电阻应变片的特性是：电阻的相对变化与应变成正比。　　　　　　　　（　　　）

2. 电阻应变片的特性是：电阻的相对变化与应变成反比。　　　　　　　　（　　　）

3. 半导体应变片的应变灵敏度高，且温度稳定性好。　　　　　　　　　　（　　　）

4. 半导体应变片又叫压阻元件，温度稳定性差。　　　　　　　　　　　　（　　　）

5. 电子计价秤的荷重传感器是应变式传感器。　　　　　　　　　　　　　（　　　）

6. 金属应变片的应变灵敏度低，但温度稳定性好。　　　　　　　　　　　（　　　）

7. 金属应变片的应变灵敏度高，且温度稳定性好。　　　　　　　　　　　（　　　）

8. 金属直角栅应变片的横向应变小，测量精度高，适应于静态测量。 （　　）

9. 金属直角栅应变片的横向应变小，测量精度高，适应于动态测量。 （　　）

10. 金属圆角栅应变片的横向应变大，测量误差大，适应于静态测量。 （　　）

四、问答题

1. 什么叫应变？

2. 应力和应变的关系是什么关系？

3. 试列举金属丝式应变片与半导体应变片的相同点和不同点。

4. 简述电阻应变式传感器的温度补偿。

5. 什么叫应变效应？应变片有哪几种结构类型？

6. 电阻应变式传感器灵敏度的物理意义是什么？

7. 金属电阻应变片与半导体材料的电阻应变效应有什么不同？

8. 使用电阻应变式传感器为什么要进行温度补偿？如何补偿？

项目三 位移与位置的检测

项目描述

高铁已经成为中国走向世界的一张名片，我国的高铁主要在速度和平稳性上有突出优点。目前与高铁运行平稳相关的检测主要包括：轨道几何、钢轨断面、波浪磨损、轮缘几何尺寸检测、车体振动、铁轨降沉等。这些与位移和位置相关的检测技术是决定高铁平稳运行的核心。

位移与振动的检测在交通方面应用广泛，例如地铁的平稳运行、汽车的安全运行等；在工业生产和日常生活中也有大量应用，例如机床对工件的精准尺寸加工、电梯的精准控制、安检方面等。人们对精致、便利生活的追求促进了位移和位置检测技术的发展。

本项目主要讲解可以应用于位移和位置检测的传感器。

知识目标

1. 了解位移与位置检测的方法；
2. 掌握差动变压器式传感器的性能、工作原理和应用；
3. 掌握自感传感器和霍尔传感器的工作原理和测量位移的方法；
4. 掌握光纤传感器测量位移的方法；
5. 了解数字传感器的应用；
6. 掌握电涡流式传感器及其应用。

技能目标

1. 能根据被检测情况选择合适的传感器；
2. 能熟练使用自感传感器、差动变压器式传感器、霍尔传感器、光纤传感器进行位移测量；
3. 能熟练使用电涡流传感器进行位置测量；
4. 能准确连接测量转换电路。

任务一　位移的测量

位移是表示物体位置变化的物理量。

机械工程中，经常要求测量零部件（以下简称工件）的尺寸。工件尺寸的变化可以转换为机械位移的变化。例如，工件的长度、厚度、高度、距离、物位、角度、表面粗糙度等均可以通过位移传感器来检测。

根据位移量的形式，位移检测可分为：直线位移检测和角位移检测。直线位移指的是物体沿某一直线移动的距离，检测量为长度；角位移是指物体绕着某一点转动的角度，检测量为角度。根据位移量的大小，位移检测可分为：小位移检测和大位移检测。大位移检测范围可达 100 m，可用光栅、磁栅、容栅、角编码器（须增加角度直线转换元件）等传感器来检测；小位移检测的范围小于 200 mm，可用电感式，涡流式、霍尔式、激光式、光纤式以及纳米式等传感器来检测。位移传感器按输出信号的类型可分为模拟式位移传感器和数字式位移传感器两类。

本项目就目前使用比较广泛的几种位移传感器做简要的讲述。

一、自感式传感器的原理及应用

将被测量转换成电感变化的传感器为电感式传感器。电感式传感器是建立在电磁感应定律基础上的，它把被测位移转换成自感或互感系数的变化，通过转换电路将位移的变化变成电信号，实现位移的检测。自感式传感器可用来测量位移、振动、压力、流量、重量、力矩、应变等多种物理量，既可用于动态测量，也可用于静态测量。自感式传感器实质上是一种机电转换装置，在自动控制系统中被广泛应用。

自感式电感传感器属于电感式传感器的一种，它是利用线圈自感量的变化来实现测量的，另外两种电感式传感器分别为差动式传感器与电涡流式传感器。目前市面上常说的电感式传感器主要指自感式传感器。

电感式传感器具有以下优点：

（1）结构简单、工作可靠、寿命长。

（2）灵敏度高、分辨力高，能测出 0.01 μm 甚至更小的机械位移变化，能感受 0.1″的微小角度变化；输出信号强，电压灵敏度一般可达数百毫伏每毫米。

（3）精度高、线性好，在几十微米到数百毫米的位移范围内，输出特性的线性度较好，且比较稳定，非线性误差一般达 0.05%～0.1%。

（4）性能稳定、重复性好。

电感传感器的缺点主要是存在交流零位信号，且不宜用于高频动态量的测量。

1. 自感式传感器的工作原理和输出特性

自感式传感器（图 3 - 1）主要由线圈、铁芯和衔铁三部分组成（图 3 - 2）。铁芯和衔铁由导磁材料如硅钢片或坡莫合金制成，在铁芯和衔铁之间有气隙 δ，传感器的运动部分与衔铁相连。当被测量变化时，使衔铁产生位移，引起磁路中磁阻变化，从而导致电感线圈的电感量变化，因此只要能测出这种电感量的变化，就能确定衔铁位移量的大小和方向。由于自感式传感器通过将位移的变换转变为磁阻的变换，因此也称其为变磁阻式传感器。

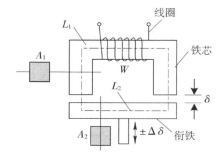

图 3-1　自感式传感器常见外形　　　图 3-2　自感式传感器结构原理图

由磁路知识可知，不考虑磁路的铁损耗和漏磁时，自感量 L 可写为

$$L = \frac{W^2 \mu_0 S_0}{2\delta} \qquad (3-1)$$

式中，W—线圈匝数；δ—气隙厚度，单位为 m；μ_0—空气磁导率 $4\pi \times 10^7 \left(\frac{H}{m}\right)$；$S_0$—气隙导磁横截面积，单位为 m^2。

上式表明线圈电感量与线圈匝数 W、空气磁导率 μ_0、气隙导磁横截面积 S_0、气隙厚度 δ 有关。当线圈匝数和铁芯材料确定后，电感 L 与气隙厚度 δ 成反比，而与气隙导磁横截面积 S_0 成正比。如将被测量的变化转化为气隙厚度 δ 或气隙导磁横截面积 S_0 的变化，则可以用公式 3-1 进行测量，这就是自感传感器的工作原理。

根据变化量的不同，可将自感传感器分为 3 种类型：变气隙式、变截面式和螺旋管式三种（图 3-3）。

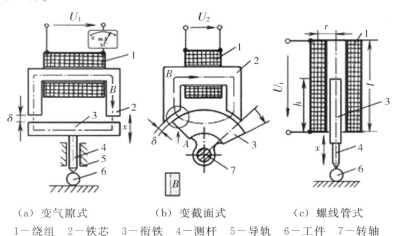

（a）变气隙式　　（b）变截面式　　（c）螺线管式

1—绕组　2—铁芯　3—衔铁　4—测杆　5—导轨　6—工件　7—转轴

图 3-3　自感式传感器原理示意图

（1）变气隙式自感传感器

变气隙式传感器的线圈是套在铁芯上的，在铁芯与衔铁之间有一个空气隙，空气隙厚度为 δ，传感器的运动部分与衔铁相连，当运动部分产生位移时，空气隙厚度发生变

化，从而使电感值发生变化。为保证一定的线性度，气隙 δ 一般取 $0.1\sim0.5\text{ mm}$，因此这种传感器只能测量微小位移。

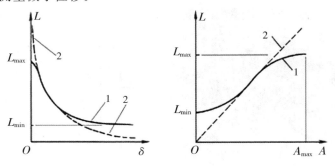

（a）变气隙式电感传感器的 δ - L 特性曲线 （b）变截面式电感传感器的 A - L 特性曲线

1——实际输出特性 2——理想输出特性

图 3 - 4 自感式传感器输出特性

（2）变截面式传感器

当气隙厚度没有变化时，铁芯和衔铁之间相对而言覆盖面积随被测量的变化而变化，线圈电感量与磁通横截面 S 成正比，呈现一种线性关系，这种传感器被称为变截面式自感式传感器。由于漏感的影响，该传感器在 $A=0$ 时仍有电感，线性区较小，灵敏度低，这种传感器在变截面时，衔铁行程受限小，因其衔铁可以做成转动式，故可以用于角位移测量。

（3）螺线管式传感器

螺线管型（或称为螺线管式）电感传感器的工作原理建立在线圈泄漏路径中磁阻变化的原理上，线圈的电感与铁芯插入线圈的深度有关。由于长度所限，线圈的轴向磁场强度分布不均匀，因此对这种传感器的精确理论分析比对闭合磁路中具有小气隙的电感线圈的理论分析要复杂得多。

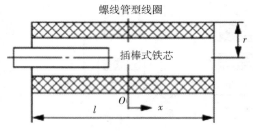

图 3 - 5 单线圈螺线管型传感器结构

图 3 - 5 所示为单线圈螺线管型传感器结构，其主要元件为一只螺线管和一根圆柱形的插棒式铁芯。传感器工作时，因铁芯在线圈中伸入长度的变化，引起螺线管电感量的变化。当用恒流源激励时，则线圈的输出电压与铁芯的位移量有关。

螺管式传感器工作时，衔铁随被测对象的移动而移动，线圈磁力线路径上的磁阻发生变化，线圈的电感也随之变化。线圈的电感与铁芯插入线圈的深浅程度有关。由于螺线管内磁场分布不均匀，因而输出特性并非线性，且灵敏度低，但由于其结构简单、制作容易等优点，将螺线管制作得稍长，令衔铁在螺线管的中间部分工作，可以获得较好的线性关系，这种传感器可以测量较大的位移。

（4）差动式自感传感器

差动式自感传感器也被称为差分式自感传感器。前面几种类型的电感式传感器都存在着严重的非线性问题，为了减小非线性，在实际使用中常采用两个相同的传感器线圈共用一个活动的衔铁，构成差动式自感传感器来提高系统灵敏度，减小测量误差。

以变气隙自感传感器为例，变气隙式差动自感传感器结构如图 3 - 6 所示，由于两个绕组的结构完全对称，电磁吸力以及温漂相互抵消。

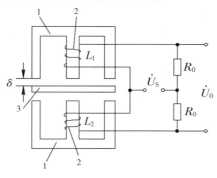

1—铁芯   2—线圈   3—衔铁

图 3 - 6   差动式自感传感器结构原理图

2. 自感式传感器的测量电路

自感式传感器的测量电路有包括直接转换电路、交流电桥电路、变压器式交流电桥。

（1）自感式传感器直接转换电路的等效电路，如图 3 - 7 所示

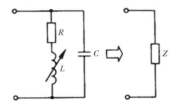

图 3 - 7   自感式传感器直接转换电路的等效电路

线圈电感包括有功分量和无功分量。有功分量包括线圈线绕电阻和涡流损耗电阻及磁滞损耗电阻，共同表示为 R；无功分量包括线圈的自感 L，绕线间分布电容 C。

线圈线绕电阻取决于导线材料及线圈的几何尺寸。

涡流损耗电阻。由频率为 f 的交变电流激励产生的交变磁场，会在线圈铁芯及衔铁中产生涡流损耗。

磁滞损耗电阻。铁磁物质在交变磁化时，磁分子来回翻转而要克服阻力，类似摩擦生热的能量损耗，等效为磁滞损耗电阻。

并联寄生电容。电感传感器存在一个与传感器线圈并联的寄生电容，该电容主要由线圈绕组的固有电容以及连接测量线路的电缆分布电容组成。

$$Z = \frac{R}{(1-\omega^2 LC)^2} + j\omega \frac{L}{(1-\omega^2 LC)^2} \tag{3 - 2}$$

当 $Q \gg \omega^2 LC$，且 $\omega^2 LC \ll 1$ 时，则输出阻抗

$$Z = R' + j\omega L' \tag{3-3}$$

其中

$$R' = \frac{R}{(1-\omega^2 LC)^2} \quad L' = \frac{L}{(1-\omega^2 LC)^2} \tag{3-4}$$

并联电容的存在，使有效串联损耗电阻与有效电感均增加，并引起电感的相对变化增加，即灵敏度提高。因此，在原理上，按规定电缆校正好的仪器，如更换了电缆，则应重新校正或采用并联电容加以调整。实际使用中因大多数变磁阻式传感器工作在较低的激励频率下（$f \leqslant 10$ kHz），上述影响常可忽略，但对于工作在较高激励频率下的传感器（如反射式涡流传感器），上述影响必须引起充分重视。

（2）交流电桥电路的等效电路，如图 3-8 所示

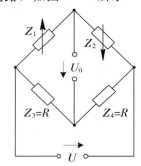

图 3-8　交流电桥电路的等效电路

式中 Z_1 和 Z_2 分别是差动自感式传感器的两个线圈阻抗，以变气隙式差动自感传感器为例，气隙变化时，变化趋势如图 3-8，变化的大小等效为

$$\Delta Z_1 \approx j\omega \Delta L_1 \tag{3-5}$$

$$\Delta Z_2 \approx j\omega \Delta L_2 \tag{3-6}$$

输出

$$\dot{U}_0 = \dot{U} \cdot \left[\frac{Z_2}{Z_1 + Z_2} - \frac{R}{R+R} \right] = \dot{U} \cdot \frac{Z_2 - Z_1}{2(Z_1 + Z_2)} = -\dot{U} \cdot \frac{\Delta Z_1 + \Delta Z_2}{2(Z_1 + Z_2)} \tag{3-7}$$

衔铁向上移动时

$$\dot{U}_0 = \frac{\Delta Z}{Z} \frac{\dot{U}}{2} = -\frac{\Delta L}{L_0} \frac{\dot{U}}{2} \tag{3-8}$$

衔铁向上移动时

$$\dot{U}_0 = -\frac{\Delta Z}{Z} \frac{\dot{U}}{2} = -\frac{\Delta L}{L_0} \frac{\dot{U}}{2} \tag{3-9}$$

（3）谐振电路

谐振电路如图 3-9 所示，图中 Z 为传感器线圈，E 为激励电源。图 3-10 中曲线 1 为图 3-9 回路的谐振曲线。若激励源的频率为 f，则可确定其工作在 A 点。当传感器线圈电感量变化时，谐振曲线将左右移动，工作点就在同一频率的纵坐标直线上移动（例如移至 B 点），于是输出电压的幅值就发生相应变化。这种电路灵敏度很高，但非线性严重，常与单线圈自感式传感器配合，用于测量范围小或线性度要求不高的场合。

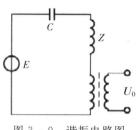
图 3 - 9 谐振电路图

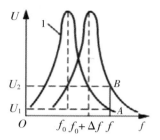
图 3 - 10 谐振曲线

（4）恒流源电路

恒流源电路与大位移（螺线管式）自感传感器配用，大位移自感式传感器的工作原理如图 3 - 11 所示。传感器线圈用恒流源激励，U_1 是衔铁在螺线管线圈内移动时线圈两端的电压，U_2 是与 U_1 反相、幅值恒定的电压，U_0 为电路输出电压。于是，$U_0 = U_1 - U_2$。U_2 的作用是抵消电压的非线性部分，使输出电压呈线性。由图 3 - 11 可见，当衔铁刚进入传感器线圈时，其电压灵敏度 $\dfrac{\mathrm{d}U}{\mathrm{d}l_\mathrm{a}}$ 较低，线性也较差。当 $l_\mathrm{a} > l'$ 时，灵敏度提高，线性改善，进入工作区域。

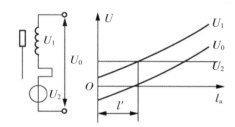
图 3 - 11 大位移自感式传感器的工作原理

3. 相敏检波电路实验

（1）相敏检波器工作原理

相敏检波电路（见图 3 - 12）不仅可以检测出自感传感器中可动部件的运动幅值，还可检测出其运动方向，因而得到广泛使用。如图 3 - 12 所示，为一个带二极管式环形相敏检波的交流电桥。图中 Z_1、Z_2 为差动传感器两线圈的阻抗，$Z_3 = Z_4$ 并构成另两个桥臂，U 为供桥电压，U_0 为输出电压。

当衔铁处于中间位置时，$Z_1 = Z_2 = Z$，电桥平衡，$U_0 = 0$。若衔铁上移，Z_1 增大，Z_2 减小。如供桥电压处于正半周，即 A 点电位高于 B 点，二极管 VD$_1$、VD$_4$ 导通，VD$_2$、VD$_3$ 截止。在 A—E—C—B 支路中，C 点电位由于 Z_1 的增大而降低；在 A—F—D—B 支路中，D 点电位由于 Z_2 的减小而增高。因此 D 点电位高于 C 点，输出信号为正。如供桥电压为负半周，B 点电位高于 A 点，二极管 VD$_2$、VD$_3$ 导通，VD$_1$、VD$_4$ 截止。在 B—C—F—A 支路中，C 点电位由于 Z_2 的减小而比平衡时降低；在 B—D—E—A 支路中，D 点电位则因 Z_1 的增大而比平衡时增高。因此 D 点电位仍高

于 C 点，输出信号仍为正。同理可以证明，衔铁下移时输出信号总为负。于是，输出信号的正负代表了衔铁位移的方向。

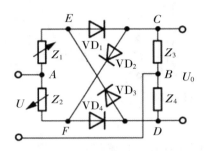

图 3 - 12　相敏检波电路

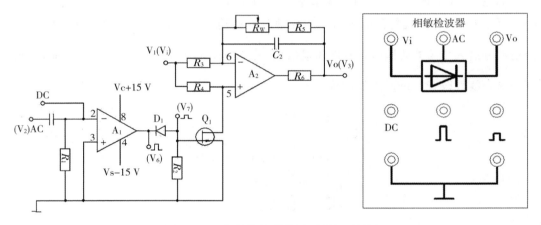

图 3 - 13　相敏检波器的原理图与面板图

图 3 - 13 为实际相敏检波器（开关式）采用的原理图与调理电路中的相敏检波器面板图。图中，AC 为交流参考电压输入端，DC 为直流参考电压输入端，Vi 端为检波信号输入端，Vo 端为检波输出端。

原理图中各元器件的作用：C_1 交流耦合电容并隔离直流；A_1 反相过零比较器，将参考电压正弦波转换成矩形波（开关波＋14 V～－14 V）；D_1 二极管钳位得到合适的开关波形 $V_7 \leqslant 0$ V（0～－14 V），为电子开关 Q_1 提供合适的工作点；Q_1 是结型场效应管，工作在开或关的状态；A_2 工作在反相器或跟随器状态；R_6 限流电阻起保护集成块作用。

关键点：Q_1 是由参考电压 V_7 矩形波控制的开关电路。当 $V_7＝0$ V 时，Q_1 导通，使 A_2 的同相输入 5 端接地成为倒相器，即 $V_3＝－V_1$（Vo＝－Vi）；当 $V_7＜0$ V 时，Q_1 截止（相当于 A_2 的 5 端接地断开），A_2 成为跟随器，即 $V_3＝V_1$（Vo＝Vi）。相敏检波器具有鉴相特性，输出波形 V_3 的变化由检波信号 V_1（Vi）与参考电压波形 V_2（AC）之间的相位决定。图 3 - 14 为相敏检波器的工作时序图。

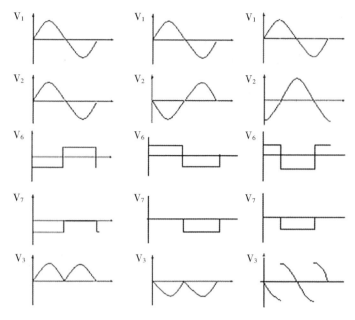

图 3 - 14　相敏检波器工作时序图

（2）相敏检波器实验步骤

① 将显示面板中的 ±2 V～±10 V 步进可调直流稳压电源切换到 2 V 挡，调节显示面板音频振荡器的幅度为最小（幅度旋钮逆时针轻轻转到底），再按图 3 - 15 所示接线。检查接线无误后合上主电源，调节音频振荡器频率 $f = 5$ kHz 左右，幅度 $V_{p-p} = 5$ V；结合相敏检波器的原理图和工作原理，分析观察相敏检波器的输入、输出波形关系。

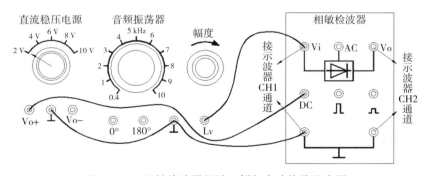

图 3 - 15　相敏检波器跟随、倒相实验接线示意图

② 将相敏检波器的 DC 参考电压改接到 −2 V（Vo−），观察相敏检波器的输入、输出波形关系。关闭主电源。

③ 按图 3 - 16 所示接线，合上主电源，分别调节移相电位器和音频信号幅度，结合相敏检波器的原理图和工作原理，分析观察相敏检波器的输入、输出波形关系。

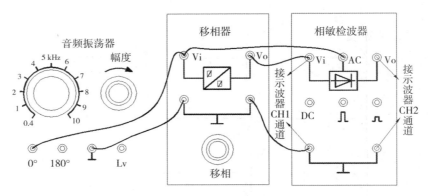

图 3 - 16 相敏检波器检波实验

④ 将相敏检波器的 AC 参考电压改接到 180°，分别调节移相电位器和音频信号幅度，观察相敏检波器的输入、输出波形关系。

⑤ 作出相敏检波器检波实验的工作时序波形图，实验完毕关闭主、副电源。

4. 影响传感器精度的因素分析

（1）输出特性的非线性

自感式传感器在原理上或实际上都存在非线性误差。测量电路也存在非线性。为了减小非线性，常用的方法是采用差动结构和限制测量范围。

对于螺线管式自感传感器，增加线圈的长度有利于扩大线性范围或提高线性度。在工艺上应注意导磁体和线圈骨架的加工精度、导磁体材料

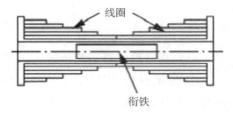

图 3 - 17 阶梯形线圈

与线圈绕制的均匀性。对于差动式则应保证其对称性，合理选择衔铁长度和线圈匝数。另一种有效的方法是采用阶梯形线圈，如图 3 - 17 所示。

（2）零位误差

对于差动自感式传感器，当衔铁位于中间位置时，电桥输出理论上应为零，但实际上总存在零位不平衡电压输出 ［零位电压如图 3 - 18（a）所示］，造成零位误差。过大的零位电压会使放大器提前饱和，若传感器输出作为伺服系统的控制信号，零位电压还会使伺服电机发热，甚至产生零位误动作。零位电压的组成十分复杂，相应波形如图 3 - 18（b）所示，包含基波和高次谐波。

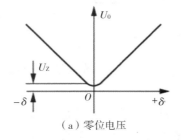

（a）零位电压

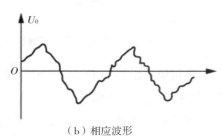

（b）相应波形

图 3 - 18 零位误差

　　产生基波分量的主要原因是传感器两线圈的电气参数和几何尺寸的不对称，以及构成电桥另外两臂的电气参数不一致。由于基波同相分量可以通过调整衔铁的位置（偏离机械零位）来消除，通常注重的是基波正交分量。

　　造成高次谐波分量的主要原因是磁性材料磁化曲线的非线性，同时由于磁滞损耗和两线圈磁路的不对称，造成两线圈中某些高次谐波成分不一样，不能对消，于是产生了零位电压的高次谐波。此外，激励信号中包含的高次谐波及外界电磁场的干扰，也会产生高次谐波。因此，应合理选择磁性材料与激励电流，使传感器工作在磁化曲线的线性区。减少激励电流的谐波成分或者利用外壳进行电磁屏蔽能有效地减小高次谐波。一种常用的方法是采用零位电压补偿电路，如图 3-19 所示。其原理如下：串联电阻，用于消除基波零位电压。并联电阻，用于消除高次谐波零位电压。并联电容，用于消除基波正交分量或高次谐波分量。

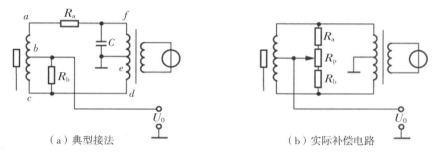

（a）典型接法　　　　　　　　　（b）实际补偿电路

图 3-19　零位电压补偿电路

　　图 3-19（a）为上述原理的典型接法。图中 R_a 用来减小基波正交分量，目的是使线圈的有效电阻值趋于相等，大小约为 $0.1\sim0.5\ \Omega$，可用康铜丝绕制。R_b 用来减小二、三次谐波，其作用是对某一线圈（接于 a、b 间或 b、c 间）进行分流，以改变磁化曲线的工作点，阻值通常为几百至几十千欧。电容 C 用来补偿变压器次级线圈的不对称，其值通常为 $100\sim500\ pF$。有时为了制造与调节方便，可在 c、d 间加接一个电位器 R_p，利用 R 与 R_a 的差值对基波正交分量进行补偿。图 3-19（b）给出了一种传感器的实际补偿电路。

　　（3）温度误差

　　环境温度的变化会引起自感传感器的零点温度漂移、灵敏度温度漂移以及线性度和相位的变化，造成温度误差。

　　环境温度对自感传感器的影响主要通过以下方式：

　　① 材料的线膨胀系数引起零件尺寸的变化。

　　② 材料的电阻率温度系数引起线圈电阻的变化。

　　③ 磁性材料磁导率温度系数、绕组绝缘材料的介质温度系数和线圈几何尺寸变化引起的线圈电感量及寄生电容的改变等。

　　上述因素对单电感传感器影响较大，特别对小气隙式与螺线管式影响更大。对于高精度传感器，特别是小量程传感器，如果结构设计不合理，即使是差动式，温度影响也不容忽视。对于高精度传感器及其测量装置，所用材料除满足磁性能要求外，还应注意线膨胀系数的大小与之相匹配。因此，有些传感器采用了陶瓷、夹布胶木、弱磁不锈钢等材料做线圈骨架，或采用脱胎线圈。

（4）激励电源的影响

自感式传感器多采用交流电桥作为测量电路，电源电压与频率的波动将直接导致输出信号的波动。因此应按传感器的精度要求选择电源，保证电压的稳定度，同时，电压的幅值大小应保证不因线圈发热而导致性能不稳定。此外，电源电压波动还会引起铁芯磁感应强度和磁导率的改变，使铁芯磁阻发生变化而造成误差。因此，磁感应强度的工作点要选在磁化曲线的线性段，以免磁导率发生较大变化。

二、差动变压器式传感器

差动变压器式传感器也被称为互感式传感器，是把被测位移量转换为一次绕组与二次绕组间的互感量 M 的变化的装置。当一次绕组接入激励电源之后，二次绕组就将产生感应电动势了，当两者间的互感量变化时，感应电动势也相应变化。由于两个二次绕组采用差动接法，故被称为差动变压器。差动变压器结构形式较多，有变隙式、变面积式和螺线管式等，但其工作原理基本一样。图 3 - 20 所示为差动变压器的几种结构形式。其中图 3 - 20（a）（b）所示为变气隙式，灵敏度高，但测量范围小，一般用于测量几微米到几百微米的位移；图 3 - 22 所示（d）（e）为变面积式，图 3 - 20（d）所示为四极型，此外，还有八极型、十六极型，一般可分辨零点几角秒以下的微小角位移，线性范围达 ±10 ℃；图 3 - 20（c）（f）所示为螺线管式差动变压器，它可以测量 1 毫米至上百毫米的位移，灵敏度较低。目前应用最广泛的结构形式是螺线管式差动变压器。

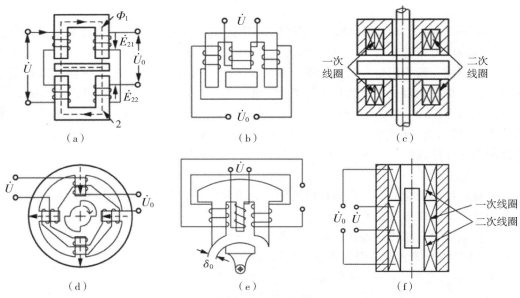

图 3 - 20　差动变压器的几种结构形式

1. 差动变压器式传感器的工作原理和输出特性

差动变压器式传感器结构如图 3 - 21 所示，传感器塑料骨架上绕制线圈，中间初级，两边次级，铁芯在骨架中间可上下移动。这种传感器根据变压器的基本原理制成，并将次级线圈绕组用差动形式连接。差动变压器的结构形式较多，应用最多的是螺线管式差动变压器，可测量 1～100 mm 范围内机械位移。

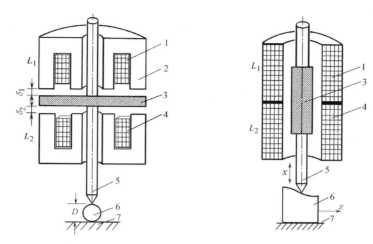

（a）变隙式差动传感器　　　　（b）螺线管差动传感器

1—上差动绕组　2—铁芯　3—衔铁　4—下差动绕组　5—测杆　6—工件　7—基座

图 3 - 21　差动变压器结构原理图

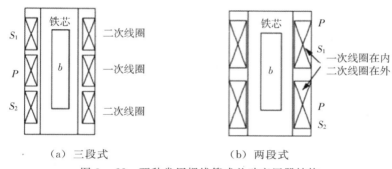

（a）三段式　　　　　　　（b）两段式

图 3 - 22　两种常用螺线管式差动变压器结构

（1）螺线管式差动变压器

螺线管式差动变压器主要由绝缘线圈骨架、3 个线圈（一个一次线圈 P、两个反向串联的二次线圈 S_1、S_2）和插入线圈中央的圆柱形铁芯组成。图 3 - 22 所示为两种常用螺线管式差动变压器结构，其中图 3 - 22（a）为三段式，图 3 - 22（b）为两段式。

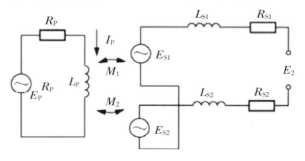

图 3 - 23　差动变压器的等效电路

在忽略差动变压器中的涡流损耗、铁损和耦合电容的理想情况下，螺管式差动变压器的等效电路如图 3 - 23 所示。图中，R_P 和 L_P 分别为初级线圈 P 的损耗电阻和自感，R_{S1} 和 R_{S2} 为两个次级线圈的电阻，L_{S1} 和 L_{S2} 表示两个次级线圈的自感，M_1 和 M_2 为初级线圈 P 与次级线圈 S_1、S_2 间的互感系数，E_P 为加在初级线圈 P 上的激励电压，E_{S1} 和 E_{S2} 为两次级线圈上产生的感应电动势，E_S 为 E_{S1} 和 E_{S2} 形成的差动输出电压。

根据变压器的工作原理，在一次线圈中加上适当频率的激励时，在两个二次线圈上就会产生感应电动势。若变压器的结构完全对称，则当铁芯处于初始平衡位置时，有 $M_1=M_2=M$，$E_{S1}=E_{S2}$，这时，差动变压器输出 $E_S=0$。当铁芯偏离平衡位置时，两个二次线圈的互感系数将发生极性相反的变化，使得 $E_S=E_{S1}-E_{S2}\neq 0$。显然，E_S 随着铁芯偏离中心位置将逐渐加大，其输出电压与铁芯位置的变化关系即差动变压器输出特性曲线如图 3 - 24 所示。由图可见，差动变压器输出电压幅值与铁芯位移成正比，相位随铁芯偏离中心平衡位置的方向不同而相差 $180°$。

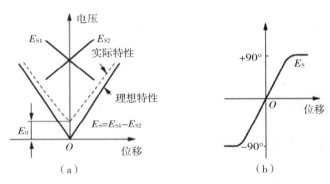

图 3 - 24　差动变压器输出特性曲线

理想情况下当铁芯位于中心平衡位置时，差动变压器输出电压应为零，但实际上存在零点残余电压 E_0，如图 3 - 24（a）所示。其值约为零点几毫伏到几十毫伏，在实际使用中无论怎样调节都无法消除，其产生的原因是：①差动变压器两个次级线圈参数的不完全对称；②存在寄生参数，例如线圈间的寄生电容、引线与外壳间的分布电容等；③电源电压含有高次谐波；④磁路的磁化曲线存在非线性。为减小和消除零点残余电压，可以采用如下的方法：①提高差动变压器次级线圈的对称性；②减少电源电压的高次谐波；③选择适当的磁路材料，适当减少励磁电流，尽量使衔铁工作在线性区域；④在线圈两端并联阻容网络，补偿相位误差；⑤采用相敏检波电路，可以减少零点残余电压到可以忽略的程度。

（2）差动变压器的特性分析

① 灵敏度

差动变压器的灵敏度是指差动变压器在单位电压励磁下，铁芯移动单位距离时的输出电压，其单位为 V/（mm·V）。一般差动变压器的灵敏度大于 50 mV/（mm·V）。要提高差动变压器的灵敏度可以通过以下几个途径：

a. 提高线圈的品质因数 Q，这需要增大变压器的尺寸，一般要求线圈长度为直径的 1.5～2.0 倍，才比较合适。

　　b. 选择较高的励磁频率。

　　c. 增大铁芯直径，使其接近于线圈架内径，但不触及线圈架。两段式差动变压器的铁芯长度为全长的 60%～80%。铁芯采用磁导率高、铁损小、涡流损耗小的材料削作。

　　d. 在不使一次线圈过热的条件下尽量提高激励电压。

　　② 频率特性

　　当激励频率过低时，差动变压器的灵敏度随频率 ω 的提高而增加。

　　当 ω 增加使 $\omega L_P \gg R_P$ 时，灵敏度与频率无关，为一常数。

　　当 ω 继续增加超过某一数值时（该值的大小视铁芯材料而异），由于导线的趋肤效应和铁损等影响而使灵敏度下降。

图 3 - 25　激励频率与灵敏度的关系

　　此时，激励频率与灵敏度的关系如图 3 - 25 所示。通常应按所用铁芯材料，选取合适的较高激励频率，以保持灵敏度不变。这样，既可放宽对激励源的频率稳定度要求，又可在一定激励电压条件下减少磁通或线圈匝数，从而减小尺寸。具体应用时，一般在 400 Hz～50 kHz 选择频率。

　　③ 线性范围

　　理想的差动变压器一次线圈输出电压应与铁芯位移呈线性关系。由于铁芯的直径、长度、材质和线圈骨架的形状、大小等因素均对线性关系有直接的影响。因此，实际上一般差动变压器的线性范围约为线圈骨架长度的 $\frac{1}{10} \sim \frac{1}{4}$。

　　通常所说的差动变压器的线性度不仅是指铁芯位移与二次电压的关系，还要求二次电压的相位角为一定值，考虑到此因素，差动变压器的线性范围约为线圈骨架全长的 $\frac{1}{10}$ 左右。

　　如果把差动变压器的交流输出电压用差动整流电路进行整流，则能使输出电压的线性度得到改善。另外，也可以依靠测量电路来改善差动变压器的线性度和扩展线性范围。

　　④ 温度特性

　　由于机械结构的膨胀、收缩、测量电路的温度特性等因素的影响，会造成差动变压器测量精度的下降。

　　机械部分的热胀冷缩对差动变压器测量精度的影响可达几微米到 10 微米。将差动变压器放置在使用环境中 24 h 后使用，可以将这种影响限制在 1 微米以内。

　　在造成温度误差的各项原因中，影响最大的是一次线圈的电阻温度系数。当温度变化时，一次线圈的电阻变化引起一次电流的增减，从而造成二次电压随温度而变化。为此应提高一次线圈的品质因数。另外，由于温度变化引起二次线圈电阻的变化，也引起 E_s 的变化，但这种影响较小，可以忽略不计。通常铁芯的磁特性、磁导率、铁损、涡流损耗等也随温度一起变化，但与一次线圈电阻所受温度的影响相比可忽略不计。

当小型的差动变压器在低频场合下使用时，其一次线圈的阻抗中，线圈电阻所占的比例较大，此时差动变压器的温度系数约为 $-0.3\%/℃$。当大型差动变压器在使用频率较高时，其温度系数较小，一般约为 $(-0.05\% \sim 0.1\%)/℃$。

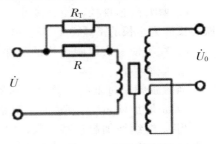

图 3 - 26　温度补偿电路

为减小温度误差，可采取稳定激励电流的方法，即温度补偿电路，如图 3 - 26 所示。在一次一端串联一个高阻值降压电阻 R，或同时并联热敏电阻 R_T 进行补偿。适当选择 R_T，可使温度变化时一次线圈的总电阻近似不变，从而使激励电流保持恒定。

⑤ 零点残余电压及其补偿

与自感传感器相似，差动变压器也存在零点残余电压问题。它的存在使得传感器的特性曲线不通过原点，并使实际特性不同于理想特性。

零点残余电压的存在使传感器的输出特性在零点附近的范围内不灵敏，限制分辨力的提高。零点残余电压太大，将使线性度变差，灵敏度下降，甚至会使放大器饱和，阻塞有用信号的通过，致使仪器不再反映被测量信号的变化。因此，零点残余电压也是评定传感器性能的主要指标之一。消除零点残余电压的方法主要有以下几种：

a. 设计和工艺上保证结构的对称性。产生零点残余电压的最大因素是二次线圈不对称，因此，有必要在线圈的使用材料和直径尺寸、匝数、匝数比、绝缘材料的选择以及绕制的方法等方面进行对称设计。同时，铁芯材料要均匀，并经过热处理，以改善导磁性能，提高磁性能的均匀性和稳定性。在实践中，可采用拆圈的方法使两个二次线圈的等效参数相等，以减小零点残余电压。

b. 选用合适的测量线路。采用相敏检波电路不仅可以鉴别衔铁移动方向，而且可以把衔铁在中间位置时，因高次谐波引起的零点残余电压消除掉。

c. 采用补偿电路。在电路上进行补偿，补偿方法主要有串联电阻、并联电容、接入反馈电阻或反馈电容等。图 3 - 27 所示为几种零点残余电压的补偿电路。

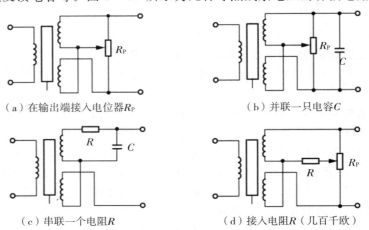

（a）在输出端接入电位器R_P　　　　（b）并联一只电容C

（c）串联一个电阻R　　　　（d）接入电阻R（几百千欧）

图 3 - 27　零点残余电压的补偿电路

在图 3 - 27（a）中，在输出端接入可调电位器 R_P（一般取 10 kΩ 左右），通过调节电位器电阻，可使两个二次线圈输出电压的大小和相位发生变化，从而使零点残余电压减为最小值。这种方法对基波正交分量有明显的补偿效果，但无法补偿谐波分量。如果并联一只电容 C（常取 0.1 μF 以下），就可以有效地补偿高次谐波分量，防止调整电位器时的零点移动，如图 3 - 27（b）所示。图 3 - 27（c）中，串联电阻 R 调整二次线圈的电阻值不平衡，由于两个二次线圈感应电压的相位不同，并联电容 C 可改变某一输出电势的相位，也能达到良好的零点残余电压补偿作用。在图 3 - 27（d）中，接入电阻 R（几百千欧）或补偿线圈 L（几百匝）绕在差动变压器的二次线圈上，以减小二次线圈的负载电压，避免外接负载不是纯电阻时引起的较大零点残余电压。

d. 采用软件自动补偿。关于传感器的零位误差，从理论上通过电路设计和调试可以完全消除，但实际上传感器和测量电路的特性还会受时间和环境等因素的影响，比如传感器输出的信号通常通过电缆线接入测量电路，只要电缆被拨动一下，电桥参数就会相应地发生变化，零点位置也会产生偏移，甚至每次开机测量都会导致电桥零位的偏移。此时必须重新对电路进行阻抗匹配调试等，使得测量过程极为不便。为了避免此种情况，可以通过软件补偿技术来自动校正零点漂移误差。每次测量之前，由计算机将数据处理中的零点输出进行存储，然后再将实时的采样数据减去相应的零点输出，从而消除零点漂移对测量精度的影响。

差动变压器的灵敏度一般可达 10 mV/（mm·V），行程越小，灵敏度越高。为了提高灵敏度，励磁电压不超过 10 V 为宜。电源频率以 1～10 kHz 为宜。差动变压器线性范围约为线圈骨架长度的 $\frac{1}{10}$ 左右。

2. 差动变压器式传感器的测量电路

为了达到能辨别移动方向和消除零点残余电压的目的，实际测量时，常常采用差动整流电路和相敏检波电路。

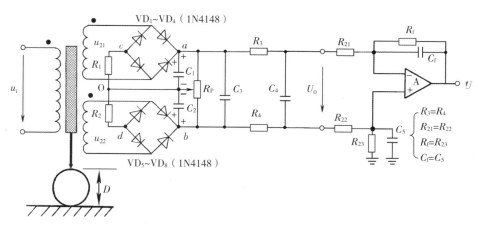

图 3 - 28　差动变压器式传感器的测量电路

图 3 - 28 中，差动变压器的二次电压 u_{21}、u_{22} 分别经 $VD_1 \sim VD_4$、$VD_5 \sim VD_8$ 组成的两个普通桥式电路整流，变成直流电压 U_{a0} 和 U_{b0}。由于 U_{a0} 与 U_{b0} 是反向串联的，所以 $U_{C_3} = U_{ab} = U_{a0} - U_{b0}$。该电路是以两个桥路整流后的直流电压之差作为输出，不涉及

相位。R_P 是调零电位器。

3. 差动变压器测位移实验

（1）实验原理

差动变压器在应用时要想法消除零点残余电动势和死区，应用合适的测量电路，如采用相敏检波电路，既可判别衔铁移动（位移）方向又可改善输出特性，消除测量范围内的死区。图 3 - 29 是差动变压器测位移原理框图。

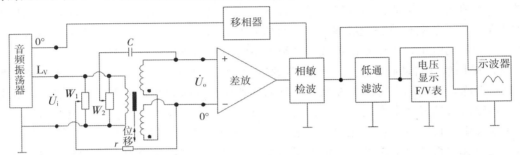

图 3 - 29　差动变压器测位移原理框图

（2）实验步骤

① 按图 3 - 30 示意接线。

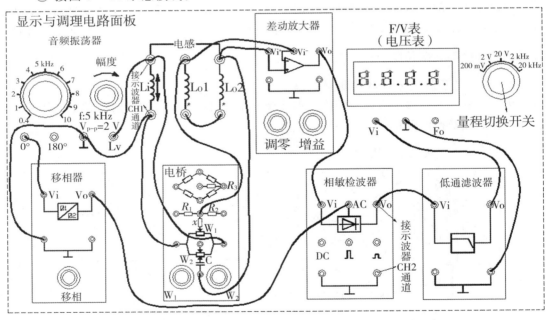

图 3 - 30　差动变压器测位移组成、接线示意图

② 将音频振荡器幅度调节到最小（幅度旋钮逆时针轻转到底）；电压表（F/V 表）的量程切换开关切到 2 V 挡。检查接线无误后合上主、副电源开关。调节音频振荡器（用示波器监测），频率 $f = 5$ kHz，幅值 $V_{p-p} = 2$ V。

③ 调整差动放大器增益：差动放大器增益旋钮顺时针缓慢转到底，再逆时针回转 $\dfrac{1}{2}$。

④ 调节测微头到 15 mm 处，使差动变压器衔铁明显偏离位移中点位置后，调节移相器的移相旋钮使相敏检波器输出为全波整流波形（示波器监测），如相邻波形谷底不在同一水平线上，则调节差动放大器的调零旋钮使相邻波形谷底在同一水平线上。再仔细调节测微头，使相敏检波器输出波形幅值绝对值尽量为最小（衔铁处在初级线圈的中点位置）。

⑤ 调节电桥单元中的 W_1、W_2（二者交替配合反复调节），使相敏检波器输出波形趋于水平线（可相应调节示波器量程挡观察），并且电压表显示趋于 0（以电压表显示为主）。

⑥ 调节测微头到 20 mm 处并记录电压表读数作为位移始点，以后顺时针方向调节测微头每隔 $\Delta X = 0.2$ mm 从电压表上读出输出电压值（20 mm 全行程范围），填入表 3 - 1。

表 3 - 1　差动变压器测位移实验数据

X（mm）								
V（mV）								

⑦根据表 3 - 1 的实验数据作出实验曲线（自设十字坐标）并在曲线上截取线性较好的曲线段作为位移测量范围（作为传感器的量程）计算灵敏度 $S = \dfrac{\Delta V}{\Delta X}$ 与线性度。

三、电位器式传感器

电位器是一种常用的机电元件，广泛应用于各种电器和电子设备中。它主要是一种把机械的线位移或角位移输入量转换为与它成一定函数关系的电阻或电压输出的传感元件来使用。它们主要用于测量压力、高度、加速度等各种参数。

电位器式传感器具有一系列优点，如结构简单、尺寸小、重量轻、精度高、输出信号大、性能稳定并容易实现任意函数。其缺点是要求输入能量大，电刷与电阻元件之间容易磨损。

电位器的种类很多，按其结构形式不同，可分为线绕式、薄膜式、光电式等；按特性不同，可分为线性电位器和非线性电位器。目前常用的以单圈线绕电位器居多。

1. 电位器式传感器的工作原理和输出特性

由于测量领域的不同，电位器结构及材料选择有所不同。但是其基本结构是相近的。电位器通常都由骨架、电阻元件及活动电刷组成。常用的线绕式电位器的电阻元件由金属电阻丝绕成。

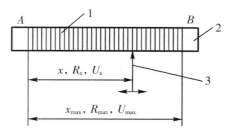

图 3 - 31　电位器式位移传感器原理图

线性电位器的理想空载特性曲线应具有严格的线性关系。如图 3 - 31 所示为电位器式位移传感器原理图。如果把它作为变阻器使用，假定全长为 x_{max} 的电位器其总电阻为 R_{max}，电阻沿长度的分布是均匀的，则当滑臂由 A 向 B 移动 x 后，A 点到电刷间的阻值为

$$R_x = \frac{x}{x_{max}} R_{max} \tag{3 - 10}$$

若把它作为分压器使用，且假定加在电位器 A，B 之间的电压为 U_{max}，则输出电压为

$$U_x = \frac{x}{x_{max}} U_{max} \tag{3 - 11}$$

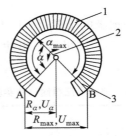

图 3 - 32　电位器式角度传感器

图 3 - 32 所示为电位器式角度传感器。作变阻器使用，则电阻与角度的关系为

$$R_a = \frac{\alpha}{\alpha_{max}} R_{max} \tag{3 - 12}$$

线性线绕式电位器理想的输出、输入关系遵循上述三个公式。因此对如图 3 - 33 所示的线性线绕式电位器来说，因为

$$R_{max} = \frac{\rho}{A} 2(b+h)\ n$$
$$x_{max} = nt \tag{3 - 13}$$

其灵敏度应为

$$k_R = \frac{R_{max}}{x_{max}} = \frac{2(b+h)\rho}{At}$$
$$k_X = \frac{U_{max}}{x_{max}} = I \cdot \frac{2(b+h)\rho}{At} \tag{3 - 14}$$

式中，k_R、k_X 分别为电阻灵敏度、电压灵敏度，ρ 为导线电阻率，A 为导线横截面积，n 为线绕电位器绕线总匝数。

由式 3 - 14 可以看出，线性线绕式电位器的电阻灵敏度和电压灵敏度除与电阻率 ρ 有关外，还与骨架尺寸 h 和 b、导线横截面积 A（导线直径 d）、绕线节距 t 等结构参数有关；电压灵敏度还与通过电位器的电流 I 的大小有关。

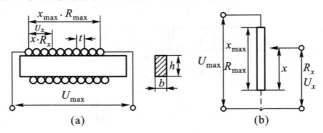

图 3 - 33　线性线绕式电位器示意图

电刷在电位器的线圈上移动时，线圈一圈一圈地变化，因此，电位器阻值随电刷移动不是连续地改变，导线与一匝接触的过程中，虽有微小位移，但电阻值并无变化，因而输出电压也不改变，在输出特性曲线上对应地出现平直段；当电刷离开这一匝而与下一匝接触时，电阻突然增加一匝阻值，因此特性曲线相应出现阶跃段。工程上常把那种实际阶梯曲线简化成理想阶梯曲线，如图 3 - 34 所示。

电位器空载特性相当于负载开路或为无穷大时的情况，而一般情况下，电位器接有负载，接入负载时，由于负载电阻和电位器的比值为有限值，此时所得的特性为负载特性，负载特性偏离理想空载特性的偏差称为电位器的负载误差，对于线性电位器负载误差即非线性误差。带负载的电位器的电路如图 3 - 35 所示。电位器的负载电阻为 R_L，则此电位器的输出电压为

$$U_L = U \frac{R_x \cdot R_L}{R_L \cdot R_{max} + R_x \cdot R_{max} - R_x^2} \tag{3 - 15}$$

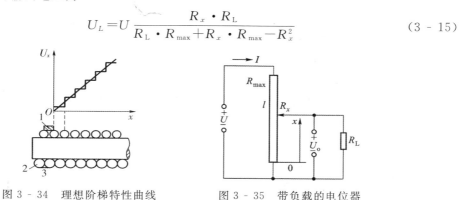

图 3 - 34 理想阶梯特性曲线 　　　　图 3 - 35 带负载的电位器

2. 电位器式传感器的应用

（1）电位器式压力传感器

电位器式压力传感器是利用弹性元件（如弹簧管、膜片或膜盒）把被测的压力变换为弹性元件的位移，并使此位移变为电刷触点的移动，从而引起输出电压或电流的相应变化。

弹簧管内通入被测流体，在流体压力的作用下，弹簧管产生弹性位移，使曲柄轴带动电位器的电刷在电位器绕组上滑动，因而输出一个与被测压力成比例的电压信号。该电压信号可远距离传送，故可作为远程压力表。

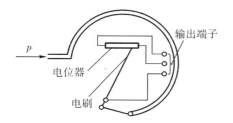

图 3 - 36 YCO—150 型压力传感器原理图

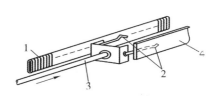

图 3 - 37 电位器式位移传感器示意图

（2）电位器式位移传感器

电位器式位移传感器常用于测量几毫米到几十米的位移和几度到 360°的角度。图 3 - 37 为电位器式位移传感器，其中 3 为输入轴，电阻线 1 以均匀的间隔绕在用绝缘材

料制成的骨架上，触点 2 沿着电阻丝的裸露部分滑动，并由导电片 4 输出。

（3）电位器式加速度传感器

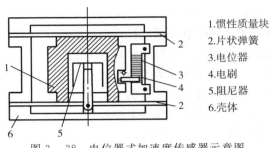

1.惯性质量块
2.片状弹簧
3.电位器
4.电刷
5.阻尼器
6.壳体

图 3 - 38　电位器式加速度传感器示意图

图 3 - 38 所示为电位器式加速度传感器，惯性质量块在被测加速度的作用下，使片状弹簧产生正比于被测加速度的位移，从而使电刷在电位器的电阻元件上滑动，输出与加速度成比例的电压信号。

电位器式传感器的结构简单，价格低廉，性能稳定，能承受恶劣环境条件，输出功率大，一般不需要对输出信号放大就可以直接驱动伺服元件和显示仪表；其缺点是精度不高，动态响应较差，不适于测量快速变化量。

四、霍尔传感器

霍尔传感器是根据霍尔效应制作的一种磁场传感器。霍尔效应是磁电效应的一种，这一现象是霍尔于 1879 年在研究金属的导电机构时发现的。后来发现半导体、导电流体等也有这种效应，而半导体的霍尔效应比金属强得多，利用这现象制成的各种霍尔元件，广泛地应用于工业自动化技术、检测技术及信息处理等方面。

1. 霍尔元件的工作原理和输出特性

霍尔元件分为霍尔元件和霍尔集成电路两大类。前者是一个简单的霍尔片，使用时常需要将获得的霍尔电压进行放大；后者将霍尔片和它的信号处理电路集成在同一个芯片上。产生霍尔效应的元件为霍尔元件，霍尔元件可由多种半导体材料制作。如 Ce、Si、InSb、GaAs、lnAs、InAsP 以及多层半导体异质结构量子阱材料等。霍尔元件是半导体四端薄片，一般做成正方形，在片的相对两侧对称地焊上两对电极引出线（其中 a、b 电极用于加控制电流，即控制电极：另一对 c、d 电极用于引出霍尔电势，即霍尔电势输出极），如图 3 - 39 所示，在外面用金属、陶瓷、环氧树脂等封装。

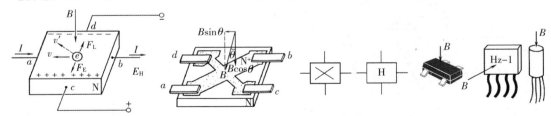

（a）N 型硅霍尔元件结构示意图　　（b）霍尔元件图形符号　　（c）常见霍尔元件外形

图 3 - 39 霍尔元件示意图

在垂直于外磁场 B 的方向上放置半导体薄片，当半导体薄片流有电流 I（称控制电流）时，在半导体薄片前、后两个端面之间产生霍尔电势 U_H。由实验可知，霍尔电势的大小与激励电流 I 和磁场的磁感应强度成正比，与半导体薄片厚度 d 成反比，即

$$U_H = R_H \frac{IB}{d} \tag{3-16}$$

式中，R_H 为霍尔常数。

霍尔效应是半导体中的载流子（电流的运动方向）在磁场中受洛伦兹力 F 作用发生横向漂移的结果。如图 3-39（a）所示，长、宽、高分别为 L、W、H 的 N 型半导体薄片的相对两侧 a、b 通以控制电流，在薄片垂直方向加以磁场 B。在图示方向磁场的作用下，电子将受到一个由 c 侧指向 d 侧方向力的作用，这个力就是洛伦兹力，大小为

$$F_L = qvB \tag{3-17}$$

c、d 两端面因电荷积累而建立了一个电场 E_H，称为霍尔电场。该电场对电子的作用力与洛伦兹力的方向相反，即阻止电荷的继续积累。当电场力与洛伦兹力相等时，达到动态平衡。

霍尔电场的强度为：

$$E_H = vB \tag{3-18}$$

在 c 与 d 两侧面间建立的电势差称为霍尔电压，为

$$U_H = R_H \frac{IB}{H} \tag{3-19}$$

$$K_H = \frac{R_H}{H} \tag{3-20}$$

则霍尔电压为：

$$U_H = K_H IB \tag{3-21}$$

式（3-19）至式（3-20）中，R_H 为霍尔系数，它反映材料霍尔效应的强弱；K_H 为霍尔灵敏度，它表示一个霍尔元件在单位控制电流和单位磁感应强度时产生的霍尔电压的大小。

从式（3-21）可以看出霍尔电压具有以下特性：

（1）霍尔电压 U_H 大小与材料的性质有关。

（2）霍尔电压 U_H 大小与元件的尺寸有关。

（3）霍尔电压 U_H 大小与控制电流及磁场强度有关。

若磁感应强度 B 不垂直于霍尔元件，而是与其法线成某一角度 θ 时，实际上作用于霍尔元件上的有效磁感应强度是其法线方向（与薄片垂直的方向）的分量，即 $B\cos\theta$，这时的霍尔电动势为 $E_H = K_H IB\cos\theta$。

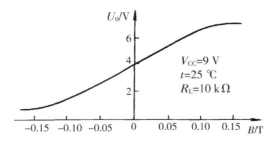

图 3-40　霍尔元件的输出特性

图 3－40 是霍尔元件的输出特性，在中间位置接近线性，因此霍尔元件的线性度好。

2. 霍尔元件的主要特性参数

当磁场和环境温度一定时，霍尔元件输出的霍尔电势与控制电流 I 成正比。同样，当控制电流和环境温度一定时，霍尔元件的输出电势与磁场的磁感应强度 B 成正比。当然，环境温度一定时，输出的霍尔电势与 I 和 B 的乘积成正比。用上述的一些线性关系可以制作多种类型的传感器。但注意，只有磁感应强度小于 0.5 T 时，上述的线性关系才较好。

霍尔元件的主要特性参数如下：

（1）输入电阻和输出电阻

霍尔元件工作时需要加控制电流，这就需要知道控制电极间的电阻，即输入电阻。霍尔电极输出霍尔电势，对外它是电源，这就需要知道霍尔电极之间的电阻，即输出电阻。测量以上电阻时，应在没有外磁场和室温变化的条件下进行。

（2）额定控制电流和最大允许控制电流

当霍尔元件有控制电流使其本身在空气中产生 10 ℃ 温升时，对应的控制电流值称为额定控制电流。以元件允许的最大温升限制所对应的控制电流值为最大允许控制电流。因霍尔电势随控制电流的增加而线性增加，所以使用中总希望选用尽可能大的控制电流，因而需要知道元件的最大允许控制电流。当然，与许多电气元件一样，改善它的散热条件还可以增大最大允许控制电流值。

（3）不等位电势 U_0 和不等位电阻 r_0

当霍尔元件的控制电流为额定值时，若元件所处位置的磁感应强度为零，则它的霍尔电势应该为零，实际不为零，这时测得的空载霍尔电势称为不等位电势 U_0。这是由于两个霍尔电极安装时不在同一个电位面上所致，如图 3－41 所示。从图中可以看出，不等位电势是由霍尔电极 2 和 2′之间的电阻 r_0 决定的，r_0 为不等位电阻。不等位电势就是控制电流 I 流经不等位电阻 r_0 产生的电压。

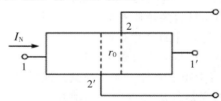

图 3－41　霍尔元件不等位电势示意图

（4）寄生直流电势

当没有外加磁场，霍尔元件用交流控制电流时，霍尔电极的输出除了交流不等位电势外，还有一个直流电势，即寄生直流电势。控制电极和霍尔电极与基片的连接属于金属与半导体的连接，这种连接是非完全欧姆接触时，会产生整流效应。控制电流和霍尔电势都是交流时，经整流效应，它们各自在霍尔电极之间建立直流电势。此外，两个霍尔电极焊点的不一致，造成两焊点热容量、散热状态的不一致，因而引起两电极温度不同产生温差电势，也是寄生直流电势的一部分。寄生直流电势是霍尔元件零位误差的一部分。

（5）霍尔电势温度系数

在一定磁感应强度和控制电流下，温度每变化 1 ℃ 时，霍尔电势变化的百分率为霍尔电势温度系数。它也是霍尔系数的温度系数。

3. 霍尔传感器的测量电路

霍尔元件的基本测量电路如图 3 - 42。控制电流 I 由电源 E 供给，R 是调节电阻，用于根据要求改变 I 的大小。所施加的外电场 B 一般与霍尔元件的平面垂直。控制电流也可以是交流电。

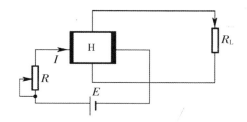 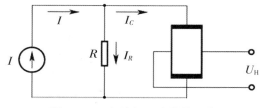

图 3 - 42　霍尔元件的基本测量电路　　　　图 3 - 43　恒流源温度补偿电路

霍尔元件对温度的变化很敏感，因此，霍尔元件的输入电阻、输出电阻、乘积灵敏度等将受到温度变化的影响，从而给测量带来较大的误差。为了减少测量中的温度误差，除了选用温度系数小的霍尔元件或采取一些恒温措施外，也可使用以下的温度补偿方法。

（1）恒流源供电

恒流源温度补偿电路如图 3 - 43 所示。

（2）采用热敏元件

对于由温度系数较大的半导体材料制成的霍尔元件，可采用以下温度补偿电路。图 3 - 44 是在输入回路进行温度补偿，图 3 - 45 是在输出回路进行温度补偿。在安装测量电路时，热敏元件最好和霍尔元件封装在一起或尽量靠近，以使二者的温度变化一致。

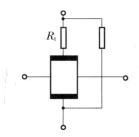 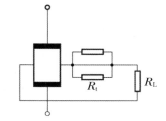

图 3 - 44　在输入回路进行补偿　　　　图 3 - 45　在输出回路进行补偿

（3）不等位电势的补偿

不等位电势与霍尔电势具有相同的数量级，有时甚至超过霍尔电势。实用中，若想消除不等位电势是极其困难的，因而只有采用补偿的方法。

不等位电势由不等位电阻产生，因此可以用分析电阻的方法找到一个不等位电势的补偿方法。

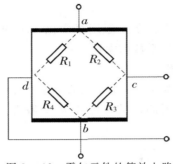

图 3 - 46 霍尔元件的等效电路

由于矩形霍尔片有两对电极，各个相邻电极之间有 4 个电阻 R_1、R_2、R_3、R_4，因而可把霍尔元件视为一个 4 臂电阻电桥，这样不等位电势就相当于电桥的初始不平衡输出电压。

理想情况下，不等位电势为零，即电桥平衡，相当于 $R_1=R_2=R_3=R_4$，则所有能够使电桥达到平衡的方法均可用于补偿不等位电势，使不等位电势为零。

① 基本补偿电路

霍尔元件的不等位电势补偿电路有很多形式（图 3 - 47）。图 3 - 47（a）是在造成电桥不平衡的电阻值较大的一个桥臂上并联 R_P，通过调节 R_P 使电桥达到平衡状态，即不对称补偿电路。图 3 - 47（b）相当于在两个电桥臂上并联调用电阻，即对称补偿电路。

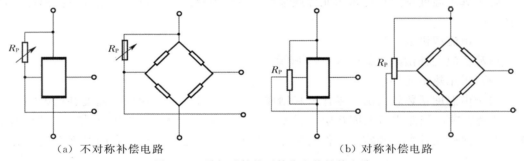

（a）不对称补偿电路   （b）对称补偿电路

图 3 - 47 霍尔元件的不等位电势补偿电路

② 具有温度补偿的补偿电路

图 3 - 48 是一种常见的具有温度补偿的不等位电势补偿电路。其中一个桥为热敏电阻 R_t，并且 R_t 与霍尔元件的等效电路的温度特性相同。在磁感应强度 B 为零时调节 R_{P_1} 和 R_{P_2}，使补偿电压抵消霍尔元件，此时输出不等位电势，从而使 $B=0$ 时的总输出电压为零。

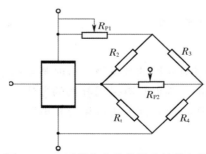

图 3 - 48 不等位电势的桥式补偿电路

4. 霍尔元件传感器的应用

霍尔元件具有结构简单、体积小、重量轻、频带宽、动态性能好和寿命长等许多优点，因而得到广泛应用。

霍尔电势是关于 I、B、θ 三个变量的函数，即

$$E_H = K_H I B \cos \theta$$

利用这个关系可以使其中两个量不变，将第三个量作为变量，或者固定其中一个量，其余两个量都作为变量。这使得霍尔传感器可以有许多用途。

在电磁测量中，用它测量恒定的或交变的磁感应强度、有功功率、无功功率、相位、电能等参数；在自动检测系统中，多用于位移、压力、转速的测量。

（1）小位移测量

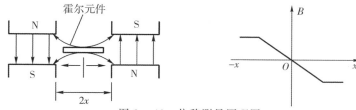

图 3 - 49　位移测量原理图

在测量时，磁场分布越均匀，输出线性越好。在磁铁中心位置，由于元件受到大小相等方向相反的磁通（$B=0$）作用的结果，霍尔电动势输出为 0。一般可用来测量 $1\sim 2\ \text{mm}$ 的小位移，其特点是惯性小、响应速度快、无接触测量。利用这一原理还可以测量其他非电量，如力、压力、压差、液位和加速度等。

（2）霍尔接近开关

霍尔接近开关是一个无接触磁控开关，当磁铁靠近时，开关接通；当磁铁离开后，开关断开。

（3）霍尔式压力传感器

霍尔元件组成的压力传感器包括两部分：一部分是弹性元件，如弹簧管或膜盒等，用它感受压力，并把它转换成位移量；另一部分是霍尔元件和磁路系统。

如图 3 - 50 中弹性元件是弹簧管，当被测压力发生变化时，弹簧管端部发生位移，带动霍尔片在均匀梯度磁场中移动，作用在霍尔片的磁场发生变化，输出的霍尔电势随之改变，由此知道压力的变化。霍尔电势与位移（压力）成线性关系，其位移量在 $\pm 1.5\ \text{mm}$ 范围内输出的霍尔电势值约为 $\pm 20\ \text{mV}$。

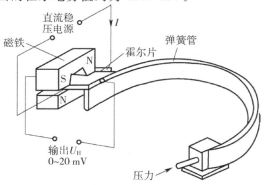

图 3 - 50　霍尔式压力传感器工作原理图

（4）霍尔式转速传感器

转盘的输入轴与被测转轴相连，当被测转轴转动时，转盘随之转动，固定在转盘附近的霍尔传感器可在每一个小磁场通过时产生一个相应的脉冲，检测出单位时间的脉冲数，便可知道被测转速。根据磁性转盘上小磁铁数目就可确定传感器测量转速的分辨率。

汽车速度测量：

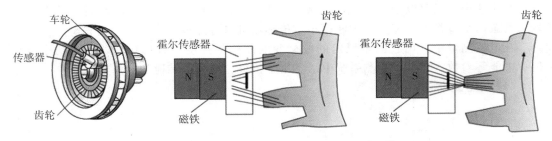

图 3-51　霍尔式转速传感器的工作原理图

5．线性霍尔式传感器位移特性实验

（1）实验原理

采用的霍尔式位移（小位移 1～2 mm）传感器是由线性霍尔元件、两个半圆形永久磁钢组成，其他很多物理量，如力、压力、机械振动等本质上都可转变成位移的变化来测量。霍尔式位移传感器的工作原理和实验电路原理如图 3-52（a）（b）所示。将磁场强度相同的两个永久磁钢极性相对放置着，线性霍尔元件置于两块磁钢间的上、下中点位置，其磁感应强度为 0，设这个位置为位移的零点，即 $x=0$，因磁感应强度 $B=0$，故输出电压 $U_H=0$。

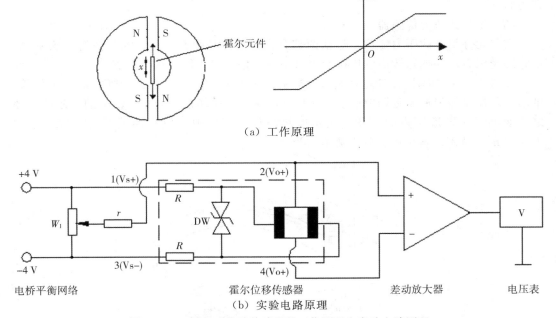

（a）工作原理

（b）实验电路原理

图 3-52　霍尔式位移传感器的工作原理和实验电路原理

当霍尔元件沿 x 轴有位移时，由于 $B \neq 0$，则有一电压 U_H 输出，U_H 经差动放大器放大输出为 V。V 与 B、B 与 x 有一一对应的线性关系。图 3 - 52（b）中的 W_1 是调节霍尔片的不定位电势，所谓不定位电势：$B = 0$ 时，$U_H \neq 0$。

（2）实验步骤

① 差动放大器调零：按图 3 - 53 示意接线，电压表（F/V 表）量程切换开关打到 2 V 挡，检查接线无误后合上主、副电源开关。将差动放大器的增益电位器顺时针方向缓慢转到底，再逆时针回转一点点（防止电位器的可调触点在极限端点位置接触不良）；调节差动放大器的调零电位器，使电压表显示为 0。关闭主电源。

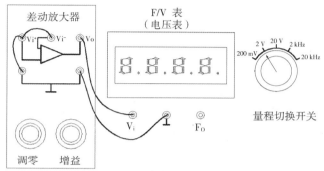

图 3 - 53　差动放大器调零接线图

② 在振动台与测微头吸合的情况下，调节测微头到 10 mm 处使振动台上的霍尔片大约处在两块磁钢间的上、下中点位置（目测）。将 ±2 V～±10 V 步进可调直流稳压电源切换到 4 V 挡，再按图 3 - 54 示意图接线，将差动放大器的增益电位器逆时针方向缓慢转到底（增益最小）。检查接线无误后合上主电源开关，仔细调节电桥单元中的 W_1 电位器，使电压表显示 0 V。

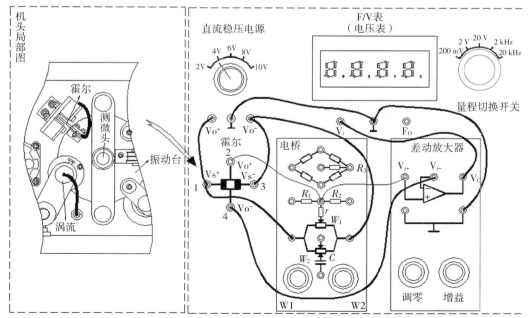

图 3 - 54　线性霍尔传感器（直流激励）位移特性实验接线示意图

注意：线性霍尔元件有四个引线端。涂黑二端 1（V_{s+}）、3（V_{s-}）是电源输入激励端，另外二个 2（V_{o+}）、4（V_{o-}）是输出端。接线时，电源输入激励端与输出端千万不能颠倒，否则霍尔元件要损坏。

③ 将测微头从 10 mm 处调到 15 mm 处作为位移起点并记录电压表读数。以后，反方向（顺时针方向）仔细调节测微头的微分筒（0.01 mm/每小格）$\Delta x = 0.1$ mm（实验总位移从 15 mm～5 mm）从电压表上读出相应的电压值，填入下表 3 - 2。

表 3 - 2　霍尔传感器位移实验数据

x（mm）										
V_0（V）										

五、光纤传感器

光纤传感器是一种将被测对象的状态转变为可测的光信号的传感器。光纤传感器的工作原理是将光源入射的光束经由光纤送入调制器，在调制器内与外界被测参数的相互作用，使光的光学性质，如光的强度、波长、频率、相位、偏振态等发生变化，成为被调制的光信号，再经过光纤送入光电器件、经解调器后获得被测参数。整个过程中，光束经由光纤导入，通过调制器后再射出。一方面，光纤的作用首先是传输光束，另一方面，起到光调制器的作用。

光纤传感器的优点是与传统的各类传感器相比，光纤传感器用光作为敏感信息的载体，用光纤作为传递敏感信息的媒质，具有光纤及光学测量的特点，有一系列独特的优点：电绝缘性能好，抗电磁干扰能力强，非侵入性，高灵敏度，容易实现对被测信号的远距离监控，耐腐蚀，防爆，光路有可挠曲性，便于与计算机连接。

在使用光纤通信过程中发现，光纤受到外界环境因素的影响，如压力、温度、电场、磁场等环境条件变化时，将引起光纤传输的光波量，如光强、相位、频率、偏振态等变化。因此，如果能测量出光波量变化的大小，就可以知道导致这些光波量变化的压力、温度、电场、磁场等物理量的大小，于是就出现了光纤传感器技术。

1. 光纤传感器的工作原理

光纤由四层结构组成，如图 3 - 55，中心的圆柱叫作纤芯，一般采用石英材料制成。围绕着纤芯的圆形外层叫作包层。纤芯和包层主要由不同掺杂的石英玻璃制成。纤芯的折射率 n_1 略大于包层的折射率 n_2，在包层外面还常有一层保护套，多为尼龙材料。光纤的导光能力取决于纤芯和包层的性质，而光纤的机械度由保护套维持。在保护套和包层间为涂覆层。

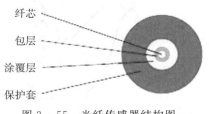

图 3 - 55　光纤传感器结构图

光纤传感器所用光纤有单模光纤和多模光纤。单模光纤的纤芯直径通常为 $2\sim12~\mu m$，很细的纤芯半径接近于光源波长的长度，似能维持一种模式传播，一般相位调制型和偏振调制型的光纤传感器采用单模光纤；光强度调制型或传光型光纤传感器多采用多模光纤。

光纤传感器是一种把被测量的状态转变为可测的光信号的装置。由光发送器、敏感元件（光纤或非光纤的）、光接收器、信号处理系统及光纤构成，如图 3 - 56 所示。由光发送器发出的光源经光纤引导至敏感元件。在这里，光的某一性质受到被测量的调制，已调光经接收光纤耦合到光接收器，使光信号变为电信号，最后经信号处理系统得到所期待的被测量。

图 3 - 56　光纤传感器原理图

从本质上分析，光就是一种电磁波，其波长范围从极远红外的 1 mm 到极远紫外的 10 mm。电磁波的物理作用和生物化学作用主要因其中的电场而引起。因此，在讨论光的敏感测量时，必须考虑光的电矢量 E 的振动。只要使光的强度、偏振态（矢量 B 的方向）、频率和相位等参量之一随被测量状态的变化而变化，或者说受被测量调制，那么就有可能通过对光的强度调制、偏振调制、频率调制或相位调制等进行解调，获得所需要被测量的信息。

2. 光纤传感器的分类

光纤传感器技术领域里，可以利用的光学性质和光学现象很多。而且光纤传感器的应用领域极广，从最简单的产品统计，到对被测对象的物理、化学或生物等参量进行连续监测、控制等，都可采用光纤传感器。因此，至今虽然只有十几年的历史，然而却已研制出了百余种光纤传感器。归纳起来为如表 3 - 3 所示的几类，其分类法可根据光纤在其中的作用、光受被测量调制的形式或根据光纤传感器中对光信号的检测方法的不同划分。

表 3 - 3　光纤传感器的原理及分类

传感器		光学现象	被测量	光纤	分类
干涉型	粗位调制光纤传感器	干涉（磁致伸缩）	电流、磁场	SM，PM	a
		干涉（电致伸缩）	电场、电压	SM，PM	a
		Sagnac 效应	角速度	SM，PM	a
		光弹效应	振动、压力、加速度、位移	SM，PM	a
		干涉	温度	SM，PM	a

传感器		光学现象	被测量	光纤	分类
非干涉型	强度调制光纤传感器	遮光板断光路	温度、振动、压力、加速度、位移	MM	b
		半导体透射率的变化	温度	MM	b
		荧光辐射、黑体辐射	温度	MM	b
		光纤微弯损耗	振动、压力、加速度、位移	SM	b
		振动膜或液晶的反射	振动、压力、位移	MM	b
		气体分子吸收	气体浓度	MM	b
		光纤泄漏模	液位	MM	b
	偏振调制光纤传感器	法拉第效应	电流、磁场	SM	b, a
		泡克尔斯效应	电场、电压	MM	b
		双折射变化	温度	SM	b
		光弹效应	振动、压力、加速度、位移	MM	b
	频率调制光纤传感器	多普勒效应	速度、流速、振动、加速度	MM	e
		受激拉曼散射	气体浓度	MM	b
		光致发光	温度	MM	b

（1）根据光纤在传感器中的作用分类

光纤传感器分为功能型、非功能型和拾光型三大类，如图 3 - 57 所示。

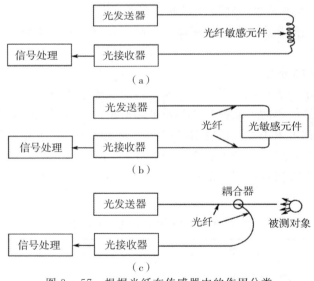

图 3 - 57　根据光纤在传感器中的作用分类

① 功能型（全光纤型）光纤传感器

如图 3 - 57（a）所示，光纤在其中不仅是导光媒质，而且是敏感元件，光在光纤内受被测量调制。此类传感器的优点是结构紧凑、灵敏度高，但是，它需用特殊光纤和先进的检测技术，因此成本高。其典型例子如光纤陀螺、光纤水听器等。

② 非功能型（或称传光型）光纤传感器

如图 3 - 57（b）所示，光纤在其中仅起导光作用，光照在光敏感元件上受被测量调制。此类光纤传感器无须特殊光纤及其他特殊技术，比较容易实现，成本低，但灵敏度也较低，应用于对灵敏度要求不太高的场合。目前，已实用化或尚在研制中的光纤传感器大多是非功能型的。

③ 拾光型光纤传感器

如图 3-57（c）所示，用光纤作为探头，接收由被测对象辐射的光或被其反射、散射的光。其典型例子如光纤激光多普勒速度计、辐射式光纤温度传感器等。

（2）根据光受被测对象的调制形式分类

光纤传感器可分为以下四种不同的调制形式。

① 强度调制型光纤传感器

这是一种利用被测对象的变化引起敏感元件的折射率、吸收或反射等参数的变化，而导致光强度变化实现敏感测量的传感器。常见的有利用光纤的微弯损耗，各种物质的吸收特性，振动膜或液晶的反射光强度的变化，物质因各种粒子射线或化学、机械的激励而发光的现象，以及物质的荧光辐射或光路的遮断等构成压力、振动、位移、气体等各种强度调制型光纤传感器。这类光纤传感器的优点是结构简单、容易实现、成本低。其缺点是受光源强度的波动和连接器损耗变化等的影响较大。

② 偏振调制光纤传感器

这是一种利用光的偏振态的变化传递被测对象信息的传感器。常见的有利用光在磁场媒质内传播的法拉第效应做成的电流、磁场传感器，利用光在电场中的压电晶体内传播的泡克尔斯效应做成的电场、电压传感器，利用物质的光弹效应构成的压力、振动或声传感器，以及利用光纤的双折射性做成的温度、压力、振动等传感器。这类传感器可以避免光源强度变化的影响，灵敏度高。

③ 频率调制光纤传感器

这是一种利用由被测对象引起的光频率的变化进行监测的传感器。通常有利用运动物体反射光和散射光的多普勒效应的光纤速度、流速、振动、压力、加速度传感器，利用物质受强光照射时的拉曼散射构成的测量气体浓度或监测大气污染的气体传感器，以及利用光致发光的温度传感器等。

④ 相位调制传感器

其基本原理是利用被测对象对敏感元件的作用，使敏感元件的折射率或传播常数发生变化，而导致光的相位变化，然后用干涉仪检测这种相位变化而得到被测对象的信息。通常有利用光弹效应的声、压力或振动传感器，利用磁致伸缩效应的电流、磁场传感器，利用电致伸缩的电场、电压传感器，以及利用 Sagnac 效应的旋转角速度传感器（光纤陀螺），等等。这类传感器的灵敏度很高，但由于需用特殊光纤及高精度检测系统，因此成本很高。

3. 光纤传感器的特点

（1）电绝缘

因为光纤本身是电介质，而且敏感元件也可用电介质材料制作，所以光纤传感器具有良好的电绝缘性，特别适用于高压供电系统及大容量电机的测试。

（2）抗电磁干扰

这是光纤测量及光纤传感器的极其独特的性能特征，因此光纤传感器特别适用于高压大电流、强磁场噪声、强辐射等恶劣环境，能解决许多传统传感器无法解决的问题。

（3）非侵入性

由于传感头可做成电绝缘的，而且其体积可以做得很小（最小可做到只稍大于光纤的芯径），因此它不仅对电磁场是非侵入式的，而且对速度场也是非侵入式的，故对被测场不产生干扰。这对于弱电磁场及小管道内流速、流量等的监测特别具有实用价值。

（4）高灵敏度

高灵敏度是光学测量的优点之一。利用光作为信息载体的光纤传感器的灵敏度很高，它是某些精密测量与控制的必不可少的工具。

（5）容易实现对被测信号的远距离监控

由于光纤的传输损耗很小（目前石英玻璃系光纤的最小光损耗可低达 0.16 dB/km），因此光纤传感器技术与遥测技术相结合，很容易实现对被测场的远距离监控，这对于工业生产过程的自动控制及对核辐射、易燃、易爆气体和大气污染等进行监测尤为重要。

4. 光纤传感器的应用

（1）反射式光纤位移传感器

射线理论认为，光在光纤中传播主要是依据全反射原理。光线垂直光线端面射入，并与光纤轴心线重合时，光线沿轴心线向前传播。光的波长必须在一定范围内才能实现传输，光纤中常用的波长有 850 纳米、1320 纳米及 1550 纳米三个波段。

反射式光纤位移传感器通过改变反射面与光纤端面之间的距离来调制反射光的强度。Y 形光纤束由几百根至几千根直径为几十毫米的阶跃型多模光纤集束而成。它被分成纤维数目大致相等、长度相同的两束。

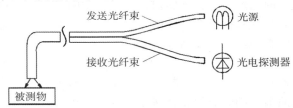

图 3 - 58　反射式光纤位移传感器传感原理图

反射光强转化为输出电压与位移的关系，如图 3 - 59 所示。可以看出，在位移—输出电压曲线的前坡区，输出信号的强度增加得非常快，这一区域可以用来进行微米级的位移测量。在后坡区，信号的减弱约与探头和被测表面之间的距离成反比，可用于距离较远而灵敏度、线性度和精度要求不高的测量。在光峰区，信号达到最大值，其大小取决于被测表面的状态，所以这个区域可用于对表面状态进行光学测量。

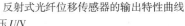

反射式光纤位移传感器的输出特性曲线

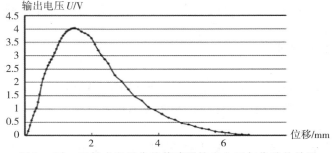

图 3 - 59　反射式光纤位移传感器输出电压与位移的关系

（2）光纤温度传感器

光纤测温技术是一种新技术，光纤温度传感器是工业中应用最多的光纤传感器之一。按调制原理分为相干型和非相干型两类。在相干型中有偏振干涉、相位干涉以及分布式温度传感器等；在非相干型中有辐射温度计、半导体吸收式温度计、荧光温度计等。

半导体材料的光吸收和温度的关系曲线如图 3 - 60 所示。半导体材料的吸收边波长随温度增加而向较长波长方向位移。

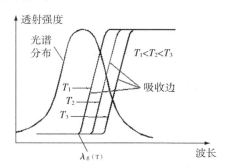

图 3 - 60   半导体材料的光吸收和温度的关系曲线

若能适当选择发光二极管，使其光谱范围正好落在吸收边的区域，即可做成透射式光纤温度传感器。透过半导体的光强随温度的升高而减少。

（3）光纤多普勒血流传感器

利用多普勒效应可构成光纤速度传感器。由于光纤很细（外径约几十毫米），能装在注射器针头内，插入血管中。又由于光纤速度传感器没有触电的危险，所以用于测量心脏内的血流十分安全。

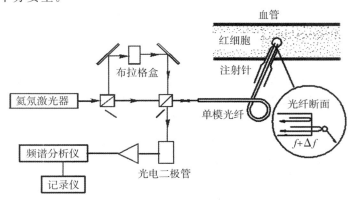

图 3 - 61   光纤多普勒血流传感器的原理图

图 3 - 61 为光纤多普勒血流传感器的原理图。测量光束通过光纤探针进入被测血流中，经直径约 7 μm 的红细胞散射，一部分光按原路返回，得到多普勒频移信号 $f + \Delta f$，另一束进入驱动频率为 $f_1 = 40$ MHz 的布拉格盒（频移器），得到频率为 $f - f_1$ 的参考光信号。将参考光信号与多普勒频移信号进行混频，就得到要探测的信号。这种方法被称为光学外差法。经光电二极管将混频信号变换成光电流送入频谱分析仪，得出对应于血流速度的多普勒频移谱（速度谱），如图 3 - 62 所示。

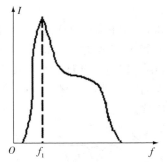

图 3 - 62　光电流-血流速度的多普勒频移谱

5. 光纤位移传感器测位移特性实验

（1）基本原理

实验采用的是传光型光纤位移传感器，它由两束光纤混合后，组成 Y 形光纤，半圆分布即双 D 分布，一束光纤端部与光源相接发射光束，另一束端部与光电转换器相接接收光束。两光束混合后的端部是工作端亦称探头，它与被测体相距 d，由光源发出的光纤传到端部出射后再经被测体反射回来，另一束光纤接收光信号由光电转换器转换成电量，如图 3 - 63 所示。

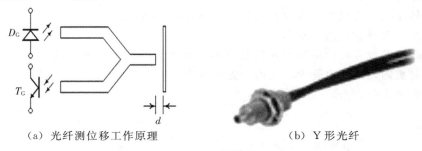

（a）光纤测位移工作原理　　　　　（b）Y 形光纤

图 3 - 63　Y 形光纤测位移工作原理图

传光型光纤传感器位移量测是根据传输光纤的光场与接收光纤交叉地方视景做决定的。当光纤探头与被测物接触或零间隙时（$d=0$），则全部传输光量直接被反射至传输光纤。没有提供光给接收端的光纤，输出信号便为"零"。当探头与被测物之间的距离增加时，接收端的光纤接收的光量也越多，输出信号便增大，当探头与被测物之间的距离增加到一定值时，接收端光纤全部被照明为止，此时也被称为"光峰值"。达到光峰值之后，探针与被测物之间的距离继续增加时，将造成反射光扩散或超过接收端接收视野，使得输出信号与量测距离成反比例关系。如图 3 - 64 曲线所示，一般都选用线性范围较好的前坡为测试区域。

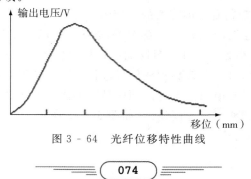

图 3 - 64　光纤位移特性曲线

（2）实验步骤

① 拧松光纤探头支架，安装轴套上的螺钉，小心缓慢地拔出支架安装轴。观察两根多模光纤组成的 Y 形位移传感器：将两根光纤尾部端面（包铁端部）对住自然光照射，观察探头端面现象，当其中一根光纤的尾部端面用不透光纸挡住时，探头端面为半圆双 D 形结构。

② 按图 3 - 65 所示安装、接线：在振动台上安装被测体（铁圆片抛光反射面），在振动台与测微头吸合的情况下调节测微头到 10 mm 处。安装光纤：安装光纤时，要用手抓捏两根光纤尾部的包铁部分轻轻插入光纤座中，绝对不能用手抓捏光纤的黑色包皮部分进行插拔，插入时不要过分用力，以免损坏光纤座组件中光电管。将光纤探头支架安装轴插入轴套中，调节光纤探头支架，当光纤探头自由贴住振动台的被测体反射面时拧紧轴套的紧固螺钉。

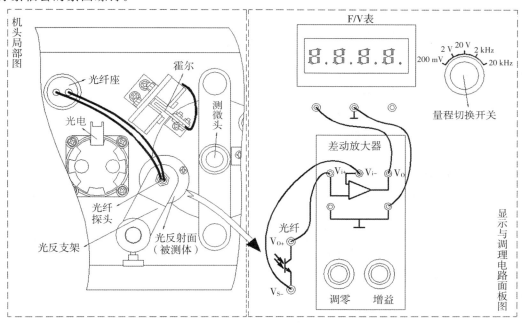

图 3 - 65　光纤传感器位移实验安装、接线示意图

③ 检查接线无误后合上主、副电源开关，将 F/V 表的量程切换开关切换到 2 V 挡。将差动放大器的增益电位器顺时针方向缓慢转到底后再逆向回转一点点，调节差动放大器的调零电位器使 F/V 表显示为 0。

④ 顺时针调节测微头，每隔 $\Delta x = 0.1$ mm 读取电压表显示值（取 $x > 8$ mm 行程的数据），将数据填入表 3 - 4。

表 3 - 4　光纤位移传感器输出电压与位移数据

x（mm）										
V（V）										

六、光电编码器

数字式传感器是把输入量转换成数字量输出的传感器，它有一系列优点：测量精度和分辨率高，抗干扰能力强，能避免在读标尺和曲线图时产生人为的视觉误差，便于用计算机处理。数字式传感器近年来发展很快，它是测量技术、计算技术和微电子技术的综合产物。最简单的数字式传感器是编码器，它能把角位移或线位移经过简单的转换变成数字量，相应的编码器是角度数字编码器（码盘）或直线位移编码器（码尺）。现代的编码器比目前同样尺寸的任何模拟式传感器都具有更高的分辨率、更高的可靠性和更高的精度。由编码器制作的数字式传感器，其分辨率取决于码道的多少。编码器按原理分类有电触式、电容式、感应式和光电式等。这里只讨论光电式，称为光学编码器。

光电编码器是一种旋转式位置传感器，在现代伺服系统中广泛应用于角位移或角速率的测量，它的转轴通常与被测旋转轴连接，随被测轴一起转动。它能将被测轴的角位移转换成二进制编码或一串脉冲。

光电编码器分为绝对式和增量式两种类型。增量式光电编码器具有结构简单、体积小、价格低、精度高、响应速度快、性能稳定等优点，应用更为广泛。在高分辨率和大量程角速率位移测量系统中，增量式光电编码器更具优越性。绝对式编码器能直接给出对应于每个转角的数字信息，便于计算机处理，但当进给转数大于一转时，须做特别处理，而且必须用减速齿轮将两个以上的编码器连接起来，组成多级检测装置，使其结构复杂、成本高。

1. 绝对式编码器

绝对式角编码器按照角度直接进行编码。根据内部结构和检测方式分为接触式、光电式、磁阻式等。

绝对式角编码器是用光电方法把被测角位移转换成以数字代码形式表示的电信号的转换部件。如图 3-66 所示为光电码盘工作原理示意图。由光源 1 发出的光线，经柱面镜 2 变成一束平行光或会聚光，照射到码盘 3 上。码盘由光学玻璃制成，其上刻有许多同心码道，每个码道上都有按一定规律排列着的若干透光和不透光部分，即亮区和暗区。通过亮区的光线经狭缝 4 后，形成一束很窄的光束照射在元件 5 上。光电元件的排列与码道一一对应。当有光照射时，对应于亮区和暗区的光电元件的输出相反，如前者为 1，后者为 0。光电元件的各种信号组合，反映出按一定规律编码的数字量，代表了码盘转角的大小。由此可见，码盘在传感器中是将轴的转角转换成代码输出的主要元件。

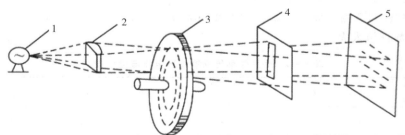

图 3-66 光电码盘工作原理示意图

（1）码盘和码制

一个 6 位的二进制码盘，最内圈称为 C_6 码道，一半透光，一半不透光。最外圈称为 C_1 码道，一共分成 26（=64）个黑白间隔。每一个角度方位对应于不同的编码。例如，零位对应 000000（全黑），第 23 个方位对应 010111。测量时，只要根据码盘的起始和终止位置即可确定转角，与转动的中间过程无关。

（2）二进制码盘具有的主要特点

① n 位（n 个码道）的二进制码盘具有 $2n$ 种不同编码，称其容量为 $2n$，其最小分辨率 $\theta_1 = \dfrac{360°}{2n}$，它的最外圈角节距为 $2\theta_1$。

② 二进制码为有权码，编码 C_n，C_{n-1}，$\cdots$，C_1 对应于由零位算起的转角为

$$\sum_{i=1}^{n} C_i 2^{i-1} \theta_1$$

③ 码盘转动中，C_i 变化时，所有 C_j（$j<i$）应同时变化。

为了达到 1″ 左右的分辨率，二进制码盘需要采用 20 或 21 位码盘。一个刻画直径为 400 mm 的 20 位码盘，其外圈间隔稍大于 1 μm。不仅要求各个码道刻画精确，而且要求彼此对准，这给码盘制作造成很大困难。

由于微小的制作误差，二进制码盘只要有一个码道提前或延后改变，就可能造成输出的粗大误差。究其原因，是当某一较高位的数码改变时，所有比它低的各位数码应同时改变，若由于刻画误差等原因，某一较高位未能同时改变，而是提前或延后改变所致。二进制码是有权码，就会引起粗大误差，采用其他有权码编码器时也存在类似问题。图 3-67（a）所示为一个 4 位二进制码盘展开图。当狭缝处于 AA 位置时，正确读数为 0111，为十进制数 7。若码道 C_4 黑区做得太短，就误读为 1111，为十进制数 15；反之，若黑区 C_4 太长，当狭缝处于 $A'A'$ 时，就会将 1000 读为 0000。在这两种情况下都将产生粗大误差。

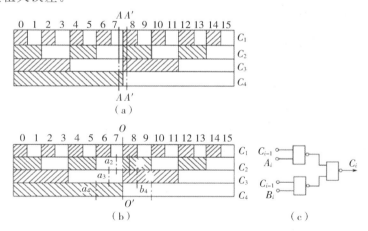

图 3-67　二进制码盘的粗大误差及消除

为了消除粗大误差，通常采用双读数头法，或者用循环码代替二进制码。图 3-67（b）所示为采用双读数头消除粗大误差的示意图。采用双读数头法时，C_1 码道仍只有一个读数狭缝，例如在 OO' 线位置，其他码道都有两个读数狭缝，如 a_2 和 b_2，a_3 和 b_3，a_4 和 b_4 等。它们对称地分布在 OO' 线的两侧，每个码道上狭缝 a_i 与 b_i 之间的距离

不超过该码道分度间隔的一半，即第 i 码道 a_i 与 b_i 之间距离不超过 $2i-2\theta_1$（$i=2\sim n$）。设由第 i 码道 a_i 和 b_i 两狭缝读出的信号分别为 A_i 和 B_i，而第 $i-1$ 码道的示数为 C_{i-1}，若 $C_{i-1}=1$，由图 3 - 67（c）所示电路可知 $C_i=A_i$，若 $C_{i-1}=0$，则 $C_i=B_i$。即若低一位的读数为 1，则高一位按 A_i 的值读出；若低一位的读数为 0，则高一位按 B_i 的值读出。只要由于刻画等原因造成的总误差不超过相应码道 a_i 与 b_i 之间的距离，就不会产生粗大误差。在不发生粗大误差的条件下，整个编码器的精度由它的最低位（即 C_1 码道）决定。双读数头的缺点是读数头的个数增加了一倍。当编码器位数很多时，光电元件安装位置也有困难。

（3）循环码码盘具有的主要特点

6 位的循环码码盘如图 3 - 68 所示。循环码码盘具有以下特点。

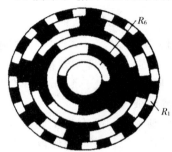

图 3 - 68　6 位循环码码盘

① n 位循环码码盘，与二进制码一样具有 $2n$ 种不同编码，最小分辨率为 $\theta_1=\dfrac{360°}{2n}$。最内圈为 R_n 码道，一半透光，一半不透光。其他第 i 码道相当于二进制码码盘第 $i+1$ 码道向零位方向转过 θ_1 角，它的最外圈 R_1 码道的角节距为 $4\theta_1$。

② 循环码码盘具有轴对称性，其最高位相反，而其余各位相同。

③ 循环码为无权码。

④ 循环码码盘转到相邻区域时，编码中只有一位发生变化，不会产生粗大误差。由于这一原因使得循环码码盘获得了广泛应用。

循环码是无权码，直接译码有困难，一般先把它转换为二进制码后再译码。这就决定了由循环码转换成二进制码的电路使用较多。并行转换速度快，所用元件较多；串行转换所用元件少，但速度慢，只能用于速度要求不高的场合。

大多数编码器是单盘的，全部码道在一个圆盘上，结构简单，使用方便。但当位数要求增多的情况下，若要求具有很高的分辨率，则制造困难，圆盘直径也要大。这时为了提高分辨率，可以采用几个码盘通过机械传动装置连成一起的码盘组，即可大大提高分辨率，而且可以用来测定转速，例如常用的双盘编码器。双盘编码器与单盘的区别在于它是由两个分辨率较低的码盘组合而成的一种高分辨率的编码器。两码盘间通过一个增速轮系相连接，相互之间保持一定的速比，并采用电气逻辑纠错以消除编码器的进位误差。

2. 增量式编码器

增量式编码器是将位移转换成周期性的电信号，再把这个电信号转变成计数脉冲，用脉冲的个数表示位移的大小。

增量式编码器的原理如图 3 - 69 所示，码盘边缘等间隔地制出 n 个透光槽。发光二极管（LED）发出的光透过槽孔被光敏二极管所接收。当码盘转过$\frac{1}{n}$圈时，光敏元件发出一个计数脉冲，计数器对脉冲的个数进行加减增量计数，从而判断码盘旋转的相对角度。为了得到码盘转动的绝对位置，还须设置一个基准点，即"零位标志槽"。为了判断码盘转动的方向，实际上设置了两套光电元件，即正弦信号接收器和余弦信号接收器，光敏元件所产生的信号 A、B 彼此相差 $90°$ 相位。当码盘正转时，A 信号超前 B 信号 $90°$；当码盘反转时，B 信号超前 A 信号 $90°$。

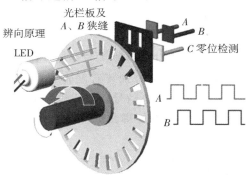

图 3-69　增量式编码器结构示意图

　　增量式编码器除了可以测角位移外，还可以道过测量光电脉冲的频率，用来测量转速。如果通过机械装置将直线位移转换成角位移，还可以用来测量直线位移，最简单的方法是采用齿轮—齿条或滚珠螺母—丝杆机械系统。这种测量直线位移的精度与机械式直线—旋转转换器的精度有关。

3. 光电编码器的应用

（1）位置测量

　　把输出的脉冲 f 和 g 分别输入到可逆计数器的正、反计数端进行计数，可检测到输出脉冲的数量，把这个数量乘以脉冲当量（转角/脉冲）就可测出编码盘转过的角度。为了能够得到绝对转角，在起始位置，对可逆计数器清零。

　　在进行直线距离测量时，通常把它装到伺服电机轴上，伺服电机又与滚珠丝杠相连，当伺服电机转动时，由滚珠丝杠带动工作台或刀具移动，这时编码器的转角对应直线移动部件的移动量，因此可根据伺服电机和丝杠的传动以及丝杠的导程来计算移动部件的位置。

　　光电编码器的典型应用产品是轴环式数显表，它是一个将光电编码器与数字电路装在一起的数字式转角测量仪表，其外形如图 3-70 所示。它适用于车床、铣床等中小型机床的进给量和位移量的显示。

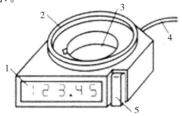

1—数显面板　2—轴环　3—穿轴孔　4—电源线　5—复位机构

图 3-70　轴环式数显表外形图

（2）转速测量

转速可由编码器发出的脉冲频率（或脉冲周期）来测量。利用脉冲频率测量是在给定的时间内对编码器发出的脉冲计数，然后由下式求出其转速（单位为 r/min）

$$n = \frac{N_1}{N} \cdot \frac{60}{t} \qquad (3-22)$$

式中：t——测速采样时间，N_1——t 时间内测得的脉冲个数，N——编码器每转的脉冲数。

4. 光电传感器测转速实验

（1）实验原理

光电式转速传感器有反射型和透射型两种。本实验装置使用的是透射型的（光电断续器也被称为光耦），传感器端部二内侧分别装有发光管和光电管，发光管发出的光源透过转盘上的孔后由光电管接收转换成电信号，由于转盘上有均匀间隔的 6 个孔，转动时将获得与转速有关的脉冲数，脉冲经处理由频率表显示 f，即可得到转速 $n=10f$。实验原理框图如图 3-71 所示。

图 3-71 光耦测转速实验原理框图

（2）实验步骤

① 按图 3-72 所示接线，将 F/V 表切换到频率 2 kHz 挡。直流稳压电源调到 10 V 挡。

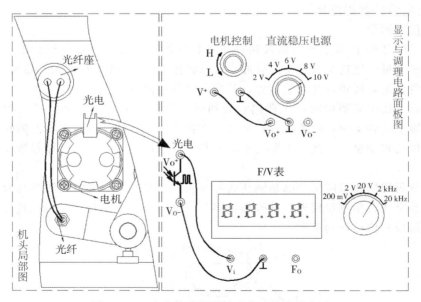

图 3-72 光电传感器测转速实验接线示意图

② 检查接线无误后，合上主、副电源开关，调节电机控制旋钮，F/V 表就显示相应的频率 f，计算转速为 $n=10f$。

七、光栅传感器

光栅传感器指采用光栅叠栅条纹原理测量位移的传感器。光栅式传感器经常用于机床与现在加工中心以及测量仪器等方面，可用作直线位移或者角位移的检测。其测量输出的信号为数字脉冲，具有检测范围大、检测精度高、响应速度快等特点。光栅传感器在现代工业中的作用是巨大的，不仅进一步完善了代加工工业的精度，还提高了其工作效率。随着国内加工业、制造业等越来越成熟，对加工的精度要求也日益提高。因此，越来越多的企业选择在各种机床上安装光栅传感器，例如：铣床、磨床、车庆、线切割、电火花等。其工作环境相对来说并不苛刻，操作也很简单。

1. 光栅传感器的结构

如图 3 - 73 所示的光栅传感器由光源、透镜、光栅副（主光栅和指示光栅）和光电接收元件组成。光栅副是光栅传感器的主要部分。在长度计量中应用的光栅通常称为计量光栅，它主要由主光栅（也称标尺光栅）和指示光栅组成。当标尺光栅相对于指示光栅移动时，形成亮暗交替变化的莫尔条纹。利用光电接收元件将莫尔条纹亮暗变化的光信号，转换成电脉冲信号，并用数字显示，便可测量出标尺光栅的移动距离。

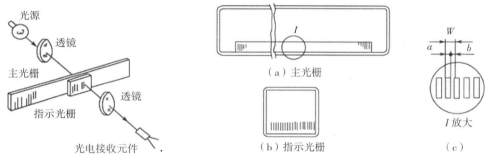

图 3 - 73　光栅传感器的结构　　　　　图 3 - 74　透射光栅

光源：一般用钨丝灯泡，它有较大的输出功率，较宽的工作范围，工作范围为 $-40\ ℃\sim130\ ℃$，但是它与光电元件相组合的转换效率低。在机械振动和冲击条件下工作时，使用寿命将降低，因此，必须定期更换照明灯泡以防止由于灯泡失效而造成的失误。近年来，半导体发光器件发展很快，如砷化镓发光二极管可以在 $-66\ ℃\sim100\ ℃$ 的温度下工作，发出的光为近似红外光（$91\sim94\ \mu m$），接近硅光敏三极管的敏感波长。虽然砷化镓发光二极管的输出功率比钨丝灯泡低，但是它与硅光敏三极管相结合，有很高的转换效率，最高可达 30% 左右。此外，砷化镓发光二极管的脉冲响应时间约为几十纳秒，与光敏三极管组合可得到 $2\ \mu s$ 的响应速度。这种快速的响应特征，可以使光源工作在触发状态，从而减小功耗和热耗散。

光栅副：如图 3 - 74 所示为透射光栅，它是一个长光栅，在一块长方形的光学玻璃上均匀地刻上许多条纹，形成规则排列的明暗线条。图中，a 为刻线宽度，b 为刻线间的缝隙宽度，$a+b=W$ 称为光栅的栅距（或光栅常数）。通常情况下，$a=b=\dfrac{W}{2}$，也可以做成 $a:b=1.1:0.9$。刻线密度一般为每毫米 10、25、50、100 线。

指示光栅一般比主光栅短得多，通常刻有与主光栅同样密度的线纹。

光电元件有光电池和光敏三极管等。在采用固态光源时，需要选用敏感波长与光源相接近的光敏元件，以获得高的转换效率。在光敏元件的输出端，常接有放大器，通过放大器得到足够的信号输出以防干扰的影响。

2. 光栅传感器的工作原理

光栅是由很多间距相等的透光缝隙和不透光的刻线构成的。常用的有物理光栅和计量光栅。这里只介绍计量光栅的原理和应用。

计量光栅又分长光栅和圆光栅两种。它们分别能把位移和角位移转变为数字信号，其分辨率取决于光栅刻线的密度。光栅刻线越密，对位移、角位移的分辨率越强。目前，常用的长光栅每毫米有10、25、50或100条刻线，圆光栅在整个圆周上通常刻有2700、5400、10800、21600或32400条刻线。如果采用光、电、机械等细分技术，还可以进一步提高光栅的分辨力，因此光栅作为精密传感器，在位移、角位移、速度、转速的高精度测量中得到了广泛应用。

（1）常见光栅的工作原理

常见光栅的工作原理都是根据物理上莫尔条纹的形成原理进行工作的。当使指示光栅上的线纹与标尺光栅上的线纹成一角度来放置两光栅尺时，必然会造成两光栅尺上的线纹互相交叉。在光源的照射下，交叉点近旁的小区域内由于黑色线纹重叠，因而遮光面积最小，挡光效应最弱，光的累积作用使得这个区域出现亮带。相反，距交叉点较远的区域，因两光栅尺不透明的黑色线纹的重叠部分变得越来越少，不透明区域面积逐渐变大，即遮光面积逐渐变大，使得挡光效应变强，只有较少的光线能通过这个区域透过光栅，使这个区域出现暗带，从而形成了我们所见到的莫尔条纹。

莫尔条纹以透射光栅（另外一种为反射光栅）为例，当指示光栅上的线纹和标尺光栅上的线纹之间形成一个小角度 θ，并且两个光栅尺刻面相对平行放置时，在光源的照射下，位于几乎垂直的栅纹上，形成明暗相间的条纹。这种条纹为"莫尔条纹"。严格来说，莫尔条纹排列的方向是与两片光栅线纹夹角的平分线相垂直。莫尔条纹中两条亮纹或两条暗纹之间的距离为莫尔条纹的宽度。

莫尔条纹的宽度：

$$W = \frac{P}{\sin\theta} \approx \frac{P}{\theta} \tag{3-23}$$

式中：P—光栅栅距；θ—两条光栅线纹间夹角，单位为 rad。

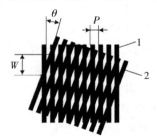

1——标尺光栅　2——指示光栅

图 3-75　莫尔条纹原理图

直线位移反映在光栅的栅距上，当光栅移动一个栅距时，莫尔条纹相应移动一个纹距。根据栅距移动与莫尔条纹移动的对应关系，通过光敏元件将近似正弦的光强信号变为同频率的电压信号，再经过放大器放大，整形电路整形后，得到两路相差为 90°的正弦波或方波。由此可知，每产生一个方波，就表示光栅移动了一个栅距。最后通过鉴向倍频电路中的微分电路变为一个窄脉冲。这样就变成了由脉冲来表示栅距，而通过对脉冲计数便可得到工作台的移动距离。

莫尔条纹除测量的作用外，还具有平均作用和放大作用。莫尔条纹是由光栅的大量栅线共同形成的，对光栅栅线的刻线误差有平均作用，从而能在很大程度上消除刻线周期误差对测量精度的影响。从下面的表达式可以看出，当主光栅和指示光栅的夹角 θ 很小的时候，进行测量的莫尔条纹间距 B 相当于将栅距扩大了 $\frac{1}{\theta}$ 倍。例如：$W=0.02$ mm，$\theta=0.1°$，则 $B=11.4592$ mm，其放大倍数值约为 573，用其他方法很难得到这样大的放大倍数。

$$B=\frac{\frac{W}{2}}{\sin\frac{\theta}{2}}\approx\frac{\frac{W}{2}}{\sin\frac{\theta}{2}}=\frac{W}{\theta} \qquad (3-24)$$

（2）莫尔条纹技术的特点

① 由式（3-24）可知，虽然光栅常数 W 很小，但只要调整夹角 θ 即可得到很大的莫尔条纹宽度 B，起到了放大的作用。这样，就把一个微小移动量的测量转变成一个较大移动量的测量，既方便又提高了测量精度。

② 莫尔条纹的光强度变化近似正弦变化，因此便于将电信号做进一步细分，即采用倍频技术。将计数单位变成比一个周期 W 更小的单位，例如变成 $\frac{W}{10}$ 记一个数，这样可以提高测量精度或可以采用较粗的光栅。

③ 光电元件接收的并不只是固定一点的条纹，而是在一定长度范围内所有刻线产生的条纹。这样，对于光栅刻线的误差起到了平均作用，也就是说，刻线的局部误差和周期误差对于测量精度没有直接的影响，因此，就有可能得到比光栅本身的刻线精度高的测量精度。

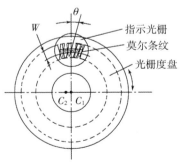

图 3-76　径向光栅

上述是基于莫尔条纹技术利用长光栅进行位移测量，除此之外还可以用径向光栅进行角度测量。如图 3-76 所示，径向光栅就是在一圆盘面上刻有由圆心向四周辐射的等角间距的辐射线。当两块径向光栅重叠在一起时，如果使指示光栅刻线的辐射中心 C_2 略微偏离标尺光栅（度盘光栅）的中心 C_1，便形成莫尔条纹，条纹垂直于两中心连线的垂直平分线。当标尺光栅相对于指示光栅转动时，条纹即沿径向移动，测出条纹的移动数目，即可得到标尺光栅相对于指示光栅转动的角度，以刻线的角间距为单位表示。目前，径向光栅的刻线角间距范围多为 20″～20′（相当于一圆周内刻有 1080 至 64800 条线）。

3. 光栅的光路

如上所述，光栅式传感器的光路通常有两种形式：透射式光路和反射式光路。

（1）透射式光路

在透明的玻璃上均匀地刻画间距、宽度相等的条纹而形成的光栅称为透射光栅。透射光栅的主光栅一般采用普通工业用白玻璃，而指示光栅最好用光学玻璃。如图 3 - 77 所示为垂直透射式光路。光源 1 发出的光，经准直透镜 2 形成平行光束，垂直投射到光栅上，由主光栅 3 和指示光栅 4 形成的莫尔条纹光信号由光电元件 5 接收。

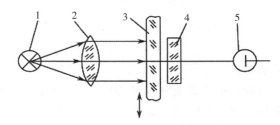

图 3 - 77　垂直透射式光路

此光路适用于粗栅距的黑白透射光栅。这种光路特点是结构简单，位置紧凑，调整使用方便，目前应用比较广泛。

（2）反射式光路

在具有强反射能力的基体（不锈钢或玻璃镀金属膜）上，均匀地刻画间距、宽度相等的条纹而形成的光栅称为反射光栅，如图 3 - 78 所示。光源 6 经聚光镜 5 和场镜 3 后形成平行光束，以一定角度射向指示光栅 2，经反射主光栅 1 反射后形成莫尔条纹，再经反射镜 4 和物镜 7 在光电电池 8 上成像。该光路适用于黑白反射光栅。

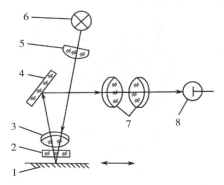

图 3 - 78　反射式光路

4. 辨向原理

在实际应用中，常常要确定物体的绝对位置，这就要求知道物体的运动方向。当物体向前运动时，做加法计数；当物体向后运动时，则做减法计数。因此，光栅传感器应

084

有分辨运动方向的能力。为了做到这一点，可以利用莫尔条纹有稳定相位关系这一特点，在莫尔条纹的 0 处和 $\frac{1}{4}B$ 处安放两个光电元件。这时，它们输出的交流信号部分相位相差 90°，为了消除其直流成分，在 $\frac{1}{2}B$ 和 $\frac{3}{4}B$ 处再放置两个光电元件，依次把它们叫元件 1、2、3、4（见图 3 - 79）。元件 1 和元件 3 的输出信号有直流信号相等、交流信号相位相差 180° 的特点，将它们输入差动放大器相减，直流成分正好抵消，交流成分则相加，得到一个纯交流的信号 u_1'。同样，将元件 2 和 4 的信号输入差动放大器相减，得到另一个交流信号 u_2'，这两个正弦信号相位相差 90°。当光栅正向运动时，u_1' 超前 u_2' 相位 90°；光栅反向运动时，u_2' 超前 u_1' 相位 90°。利用这一特点，可构成图 3 - 80 所示的辨向可逆计数电路。

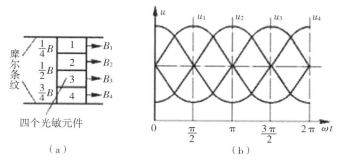

图 3 - 79　光电元件的安放和波形

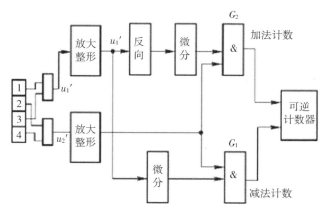

图 3 - 80　辨向可逆计数电路

利用光栅进行测量时，当运动部件移动一个栅距时，输出一个周期的交变信号，即产生一个脉冲间隔。那么每个脉冲间隔代表移过一个栅距，即分辨率（或称脉冲当量）为一个栅距。例如，每毫米 250 条栅线的长光栅，栅距为 4 μm，那么其分辨率（脉冲当量）为 4 μm。随着对测量精度要求的提高，分辨率为 4 μm 是不够的，希望提高到 1 μm、0.1 μm 或更高。如果以光栅的栅距直接作为计量单位，则对长光栅来说，这意味着栅线的密度要达到每毫米千条线到万条线之多。就目前先进的工艺水平看，栅线密度为每毫米 7000 条线还能实现，但要达到每毫米万条线尚无法实现。另外，从经济角度看，采用密度太大的光栅作为标准器也不合适，因此人们广为采用的方法是：在选择合适的光栅栅距的前提下，以对栅距进行测微（电子学中称细分），来得到所需的最小读数值。

所谓细分就是在莫尔条纹变化一周期时，不只输出 1 个脉冲，而是输出若干个脉冲，以减小脉冲当量提高分辨率。例如，莫尔条纹变化一周期不是输出 1 个脉冲数，而是输出 4 个脉冲数，这就叫四细分。在采用四细分的情况下，栅距为 4 μm 的光栅，其分辨率可从 4 μm 提高到 1 μm。细分越多，分辨率越高。

细分的方法有多种，如直接细分、电桥细分、锁相细分、调制信号细分、软件细分等。下面介绍常用的直接细分方法。

（1）直接细分

直接细分又称位置细分，常用细分数为 4，因此也称为四倍频细分。图 3 - 81 给出了一种四倍频细分电路及其波形。在上述辨向电路的基础上，将获得的两个相位相差 90°的正弦信号分别整形和反相，就可得到 4 个相位依次为 0°（s）、90°（c）、180°（s）、270°（c）的方波信号，经 RC 微分电路后就可在光栅移动一个栅距时，得到均匀分布的 4 个计数脉冲，再送到可逆计数器进行加法或减法计数，这样可将分辨率提高 4 倍。

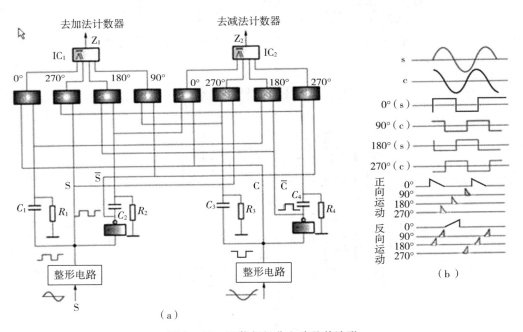

图 3 - 81　四倍频细分电路及其波形

位置细分法的优点：对莫尔条纹信号波形要求不严格，电路简单，可用于静态和动态测量系统；缺点：由于光电元件安放困难，细分数不能太高。

由位置细分的分析可见，细分的关键是在莫尔条纹一个周期内得到彼此相差同一相位角的若干个正弦交流信号，从而通过电路处理，一个莫尔条纹周期就可得到若干个计数脉冲，从而达到细分的目的。

在微机光栅数显表中，放大、整形采用传统的集成电路，辨向、细分由单片机来完成。

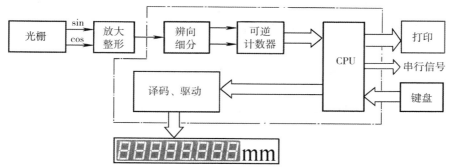

图 3 - 82 微机光栅数显表

（2）电阻电桥细分法（矢量和法）

如图 3 - 83 所示，由同频率的两个信号源 e_1 和 e_2 及电阻 R_1 和 R_2 组成电桥，其输出电压为

$$U_{sc} = \frac{R_2}{R_1 + R_2} e_1 + \frac{R_1}{R_1 + R_2} e_2 \qquad (3 - 25)$$

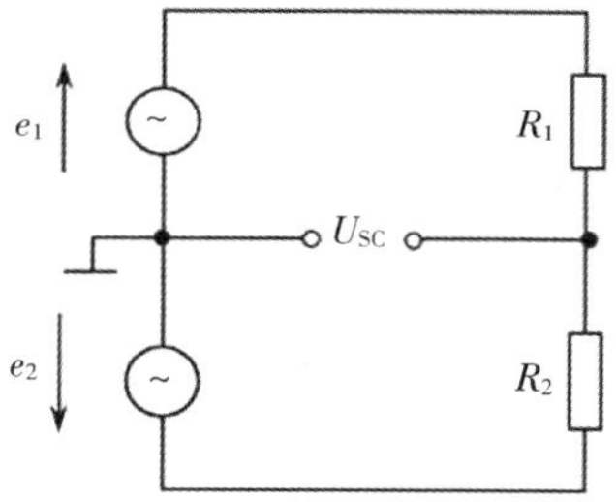

图 3 - 83 电阻电桥细分原理

若 $e_1 = A \sin \theta$，$e_2 = A \cos \theta$，同时设 $\dfrac{R_1}{R_2} = \tan \alpha$，则

$$U_{sc} = \frac{A \sin (\theta + \alpha)}{\sin \alpha + \cos \alpha} \qquad (3 - 26)$$

用此信号去触发施密特电路，当 $\theta = -\alpha$（或 $\theta = 360° - \alpha$）时，$U_{sc} = 0$，施密特电路被触发（过零触发），发出脉冲信号。α 角按细分数选择，即事先安排好 $\dfrac{R_1}{R_2}$ 值。图 3 - 84 所示是这种电阻电桥细分法用于十细分的例子。

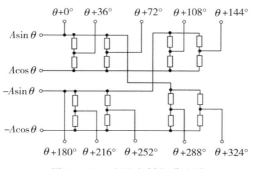

图 3 - 84 电阻电桥细分电路

（3）电阻链细分法（电阻分割法）

这种方法的实质是用电阻衰减器进行细分。

图 3 - 85 所示为等电阻链细分电路的原理，来自 4 个光电元件的信号 $\sin\theta$、$\cos\theta$、$-\sin\theta$、$-\cos\theta$，通过差分放大器提高了共模抑制能力，并得到 $\sin\theta$、$\cos\theta$ 和信号。通过电阻 $R_1 \sim R_{10}$ 的分压（$R_1 \sim R_{10}$ 为等值电阻），并分别触发过零触发电路 $SM_1 \sim SM_{10}$，于是在 $SM_1 \sim SM_{10}$ 的输出端得到相位差为 $18°$ 的方形脉冲，即得到 10 倍频信号。

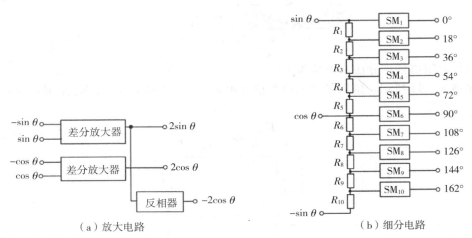

（a）放大电路　　　　　　　　　　（b）细分电路

图 3 - 85　等电阻链细分电路

八、磁栅传感器

磁栅式传感器是利用磁栅与磁头的磁作用进行测量的位移传感器。它是一种新型的数字式传感器，成本较低且便于安装和使用。当需要时，可将原来的磁信号（磁栅）抹去，重新录制，还可以安装在机床上后再录制磁信号，这对于消除安装误差和机床本身的几何误差，以及提高测量精度都十分有利，并且可以采用激光定位录磁，而不需要采用感光、腐蚀等工艺，因而精度较高，可达±0.01毫米/米，分辨率为1～5微米。

磁栅传感器具有制作简单、录磁方便、易于安装调整、测量范围可达十几米不需接长、抗干扰能力强等优点，因而在大型机床的数字检测、自动化机床的自动控制及定位控制等方面得到了广泛的应用。磁栅价格低于光栅，且录磁方便、易于安装，测量范围宽可超过十几米，抗干扰能力强。磁栅可分为长磁栅和圆磁栅。长磁栅主要用于直线位移测量，圆磁栅主要用于角位移测量。目前还出现了磁敏电阻原理的磁头，可不必设置励磁电路，检测速度也进一步提高。还有一种"空间静磁栅"，在"失电→上电"后，仍能正确地反映失电前的位置或角度，实现了磁栅的"绝对编码"。

1. 磁栅的结构

磁栅由磁栅基体和磁性薄膜组成，结构如图 3 - 86 所示，磁栅基体是用非导磁材料做成的，上面镀一层均匀的磁性薄膜，经过录磁，录磁信号幅度均匀，幅度变化小于10%，节距均匀。目前长磁栅常用的磁信号节距一般为 0.05 mm 和 0.02 mm 两种，圆磁栅的角节距一般为几分至几十分。

长磁栅又分为尺型、同轴型和带型三种，如图 3 - 87 所示。尺型磁栅工作时磁头架沿磁尺的基准面运动，不与磁尺接触，主要用于精度要求较高的场合。同轴型磁栅的磁头套在磁棒上工作，两者之间仅有微小的间隙，该类磁栅抗干扰能力强，结构小巧，可用于结构紧凑的场合和小型测量装置中。带型磁栅的磁头在接触状态下读取信号，能在振动环境中正常工作，适用于量程较大或安装面不好安排的场合。为防止磁尺磨损，可在磁尺表面涂上几微米厚的保护层。

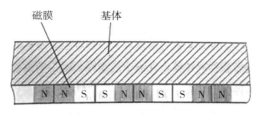

图 3 - 86　磁栅的结构

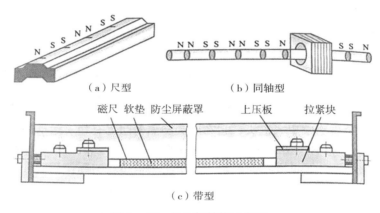

（a）尺型　　　　　　　　（b）同轴型

（c）带型

图 3 - 87　长磁栅结构示意图

圆磁栅结构示意图如图 3 - 88 所示。磁盘圆柱面上的磁信号由磁头读取，安装时在磁头与磁盘之间应有微小的间隙以免磨损。

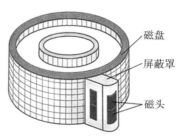

图 3 - 88　圆磁栅结构示意图

2. 磁栅传感器工作原理

（1）磁栅的使用

① 磁栅的基尺（磁尺）要求不导磁，线膨胀系数应与仪器或机床的相应部分相近。又因为在基尺上要镀一层磁性薄膜，所以要求基尺有良好的加工和电镀性能。当采用一般钢材做基尺材料时，必须用镀铜的方法解决绝磁的问题，铜镀层厚度约 0.15～0.20 mm。

② 为了使磁尺上录的磁信号能长时期保存，并希望产生较大的输出信号，要求磁性薄膜剩磁感应要大，矫顽力要高，电镀要均匀，目前常用 Ni—Co—P 合金。

③对磁尺表面要求长磁栅平直度为 0.005～0.01 mm/m，圆磁栅的不圆度为 0.005～0.01 mm，表面粗糙度要小。另外，还要求所录磁信号幅度均匀，幅度变化小于 10%，节距均匀，满足一定的精度要求。

(2) 磁头的使用

磁栅上的磁信号先由录磁头录好，然后由读磁头将磁信号读出。按读取信号的方式，读磁头可分为动态磁头与静态磁头两种。

① 动态磁头

动态磁头又称速度响应式磁头，它只有一组输出绕组，只有当磁头磁栅有相对运动时，才有信号输出，故不适用于速度不均匀、时走时停的机床。其输出信号的幅值随运动速度变化而变化。为了保证一定幅值的输出，通常规定磁头以一定速度运行。通常见的录音机信号的读取就属此类。

用此类磁头读取信号原理如图 3-89 所示。图中 1 为动态磁头，2 为磁栅，3 为读出的正弦信号。此信号表明磁信号在 N、N 相重叠处为最强正值，磁信号在 S、S 重叠处为最强负值、图中 W 为磁信号节距。当磁头沿着磁栅表面做相对位移时，就输出周期性的正弦电信号，若记下输出信号的周期数 n，就可以测量出位移量。

② 静态磁头

静态磁头又称磁通响应式磁头，它在磁头和磁栅间没有相对运动的情况下也有信号输出，如图 3-90 所示。在 H 形铁芯上绕有两个线圈，一个为励磁绕组，另一个为输出绕组。静态磁头与磁栅间无相对运动，为了增大输出，实际使用时常将这种磁头多个串联起来做成一体，称为多间隙静态磁头。当在励磁绕组上施加交变的励磁信号时，H 形铁芯的中间部分在每个周期内两次被励磁信号产生磁通而饱和，此时铁芯的磁阻很大，磁栅上的信号磁通不能通过磁头，因而输出绕组无感应电动势输出。

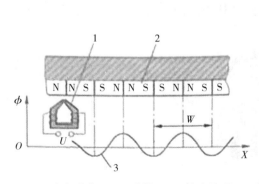

1—动态磁头　2—磁栅　3—输出波形

图 3-89　磁头读取信号原理

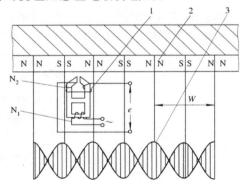

1—磁头　2—磁栅　3—输出波形

图 3-90　静态磁头原理

只有当励磁信号两次过零时，铁芯不饱和，磁栅上的信号磁通才能通过输出绕组的铁芯而产生感应电动势。磁栅信号的频率是励磁信号的两倍，幅值与磁栅信号磁通的大小成比例。输出电压可用下式表示

$$U = U_m \sin \frac{2\pi x}{W} \sin \omega t \tag{3-27}$$

式中，U_m——幅值系数；

x——磁头与磁栅的相对位移；

W——磁栅的节距；

ω——励磁信号的两倍角频率。

为增大输出，实际使用时常采用多间隙磁头。多间隙磁头的输出是许多个间隙磁头所取得信号的平均值，有平均效应作用，因而可提高测量精度。

3. 磁栅式位移传感器的选型

根据磁栅位移传感器的相关知识，数控机床的线位移检测可选用静态磁头长栅位移传感器。如图 3 - 91 所示为磁栅数显表检测机床进给轴坐标的示意图。它用磁栅来检测位移，并用数显表显示，代替了传统的标尺刻度读数，提高了加工精度和加工效率。图 3 - 91 以 y 轴运动为例，磁尺固定在立柱上，磁头固定在主轴箱上，当主轴箱沿着机床立柱上下移动时，数显表显示出位移量。

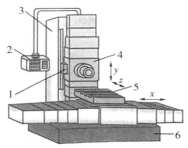

1—磁栅　2—显示面板　3—立柱　4—主轴箱　5—工作台　6—床身

图 3 - 91　磁栅数显表检测机床进给轴坐标的示意图

4. 测量参考电路

磁栅数字式位移显示装置一般采用较为成熟的鉴相型磁栅数显表，如图 3 - 92 所示。

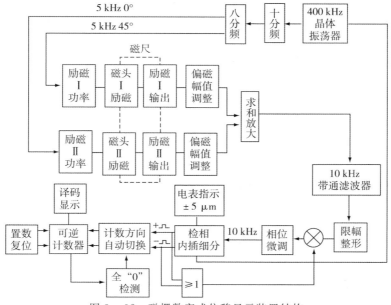

图 3 - 92　磁栅数字式位移显示装置结构

5. 磁栅式位移传感器的实际应用

如图 3 - 92 所示，400 kHz 晶体振荡器是磁头励磁及系统逻辑判别的信号源。由振荡器输出电路进行细分与输出 400 kHz 的方波信号，经"十分频"和"八分频"电路后，变为 5 kHz 的方波信号，并同时被分相为 0″ 和 45″ 两路励磁信号，此两路励磁信号分别送入励磁功率放大器 I 和 II 进行功率放大，然后对磁头进行励磁。功率放大器中没有一个电位器，对输出的励磁电压进行调整，保证两相励磁电压对称。

两只磁头的输出信号分别送到各自的偏磁幅值调整电路，以便保证两路信号的最大幅值相等。由于磁头铁芯存在剩磁，所以设置偏磁调整电位器，对磁头的输出加上一微小的直流电流（称为偏磁电流），通过调整偏磁电位器以使两磁头的剩磁情况对称，可以获得两路较对称的输出电信号。经过上述处理后，将两路信号送入求和放大电路，使输出的合成信号的相位与磁头和磁栅的相对位置相对应，再将此输出信号送入"带通滤波器"，滤去高频、基波和干扰等无用的信号波，取出二次谐波（10 kHz 的正弦波），此正弦波的相位角是随磁头与磁栅的相对位置变化而变化的。当磁头相对磁栅移动一个节距 $w=0.20$ mm 时，其相位角就变化了 $360°$，检测此正弦波的相位变化，就能得到磁头和磁栅的相对位移量的变化。

6. 总结调试

为了检测更小的位移量，需要将输出的正弦波送到限幅整形电路，使其成为方波，经相位微调电路，进入检相内插细分电路。每当相位变化 $9°$ 时，检相内插细分电路输出一个计数脉冲，此脉冲表示磁头相对磁栅位移 5 μm，因

$$\Delta\varphi=\frac{2\pi}{W}\Delta x，故 \Delta\varphi=\frac{2\pi}{W}\Delta x=\frac{0.20}{360°}\times9°=5 \mu m。$$

磁头相对磁栅的位移方向是由相位超前或滞后一个预先设计好的基准相位来判别的。例如，磁头相对磁栅向右移动时，相位是超前的，则检相内插细分电路输出"＋"脉冲；若反之，检相内插细分电路输出"－"脉冲。"＋"和"－"脉冲经方向判别电路送到可逆计数器记录下来，再经译码显示电路指示出磁头与磁栅的相对位移量。

如果位移量小于 5 μm 时，则检相内插细分电路关闭，无计数脉冲输出，此时其位移量由表头指示出来。此外系统还设置了置数、复位和预置"＋""－"符号。为了保证末位数字显示清晰，仪器还设置了相位微调电路等。

任务二　位置的测量

位置是日常生活和工业生产中经常关注的物理量。例如在机械工程中，对流水线的工件进行加工时，经常要求测量零工件的位置。工件位置的变化可以通过传感器来转换成电信号。

可以测量位置的传感器种类较多，例如电容传感器、霍尔传感器、电涡流传感器、超声波传感器等。

电涡流传感器及其应用

电涡流传感器能静态和动态地非接触、高线性度、高分辨力地测量被测金属导体距

探头表面的距离。它是一种非接触的线性化计量工具。电涡流传感器能准确测量被测体（必须是金属导体）与探头端面之间静态和动态的相对位移变化。在高速旋转机械和往复式运动机械的状态分析、振动研究、分析测量中，对非接触的高精度振动、位移信号，能连续准确地采集到转子振动状态的多种参数。如轴的径向振动、振幅以及轴向位置。在所有与机械状态有关的故障征兆中，机械振动测量是最具权威性的，这是因为它同时含有幅值、相位和频率的信息。机械振动测量占有优势的另一个原因：它能反映出机械所有的损坏，并易于测量。从转子动力学、轴承学的理论上分析，大型旋转机械的运动状态主要取决于其核心——转轴，而电涡流传感器能直接非接触测量转轴的状态，对诸如转子的不平衡、不对中、轴承磨损、轴裂纹及发生摩擦等机械问题的早期判定提供关键的信息。电涡流传感器以其长期工作可靠性好、测量范围宽、灵敏度高、分辨率高、响应速度快、抗干扰力强、不受油污等介质的影响、结构简单等优点，在大型旋转机械状态的在线监测与故障诊断中得到广泛应用。

1. 电涡流传感器的工作原理

电涡流传感器是一种建立在涡流效应原理上的传感器。图 3 - 93 所示为 CZF1 型高频反射式电涡流传感器的结构。它主要由一个固定在框架上的扁平线圈组成。可以把线圈粘贴于框架上，也可以在框架上开一条槽，把导线绕制在槽内而形成一个线圈。线圈的导线一般采用高强度漆包铜线，如要求高一些，可用银或银合金导线，在较高的温度条件下，须用高温漆包线。

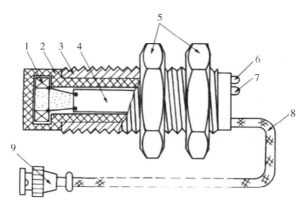

1—电涡流线圈　2—探头壳体　3—位置调节螺纹
4—印制线路板　5—夹持螺母　6—电源指示灯
7—阈值指示灯　8—输出屏蔽电缆线　9—电缆插头
图 3 - 93　CZF1 型高频反射式电涡流传感器的结构

根据电磁感应原理，当传感器线圈（一个扁平线圈）通以交变电流（频率较高，一般为 1 MHz～2 MHz）I_1 时，线圈周围空间会产生交变磁场 H_1，当线圈平面靠近某一导体面时，由于线圈磁通链穿过导体，使导体的表面层感应出呈旋涡状自行闭合的电流 I_2，而 I_2 所形成的磁通链又穿过传感器线圈，这样线圈与涡流"线圈"形成了有一定耦合的互感，最终原线圈反馈一等效电感，从而导致传感器线圈的阻抗 Z 发生变化。我们可以把被测导体上形成的电涡等效成一个短路环，这样就可得到如图 3 - 95 的等效电路。图中 R_1、L_1 为传感器线圈的电阻和电感。短路环可以认为是一匝短路线圈，其

电阻为 R_2、电感为 L_2。线圈与导体间存在一个互感 M，它随线圈与导体间距的减小而增大。

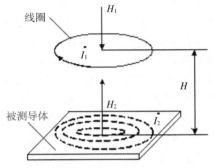

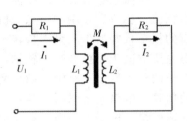

图 3 - 94　电涡流传感器原理图　　　　图 3 - 95　电涡流传感器等效电路图

线圈与金属导体系统的阻抗 Z、电感 L 和品质因数 Q 都是该系统互感系数平方的函数，它们的变化与导体的电导率、磁导率、几何形状、线圈的几何参数、激励电流频率以及线圈到被测导体间的距离有关。如果控制上述参数中的一个参数改变，而其余参数不变，则阻抗就成为这个变化参数的单值函数。当电涡流线圈、金属涡流片以及激励源确定后，并保持环境温度不变，则只与距离 x 有关。因此，通过传感器的调理电路（前置器）处理，将线圈阻抗 Z、L、Q 的变化转化成电压或电流的变化输出。输出信号的大小随探头到被测体表面之间的间距而变化，电涡流传感器就是根据这一原理实现对金属物体的位移、振动等参数的测量。

为实现电涡流位移测量，必须有一个专用的测量电路。这一测量电路（称为前置器，也称为电涡流变换器）应包括具有一定频率的稳定的振荡器和一个检波电路等。

2. 电涡流传感器的输出特性

电涡流传感器的输出特性可用位移和电压曲线表示，如图 3 - 96 所示。图示的横坐标表示位移的变化，纵坐标代表前置器输出电压的变化。理想位移和电压曲线是斜率恒定的直线，直线的 $a \sim c$ 段为线性区，即有效测量段。b 点为传感器线性中点。

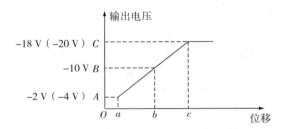

图 3 - 96　电涡流传感器位移－电压输出曲线

3. 电涡流传感器的应用

电涡流传感器系统广泛应用于电力、石油、化工、冶金等行业和一些科研单位。对汽轮机、水轮机、鼓风机、压缩机、空分机、齿轮箱、大型冷却泵等大型旋转机械轴的径向振动、轴向位移、轴转速、偏心，以及转子动力学研究和零件尺寸检验等进行在线测量和保护。

（1）电涡流传感器测量齿轮转速的应用

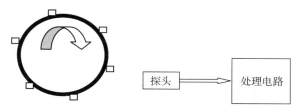

图 3 - 97 测量转速的示意图

转速的测量实际上是对转子旋转引起的周期信号的频率进行测量。转速测量方法有多种，我们采用计数法进行转速测量，即在一定时间间隔内，根据被测信号的周期数求转速。在本系统中，测速圆盘上有 $i=6$ 个突出的齿牙，转子每转一周，电涡流传感器将输出 6 个周期信号。假设单位为 s，齿轮数为 N，f 为频率，转子转速 n 的单位为 r/min，可由下式求

$$n=\left(\frac{f}{N}\right)\cdot 60 \qquad\qquad (3 - 28)$$

（2）电涡流传感器测量电路

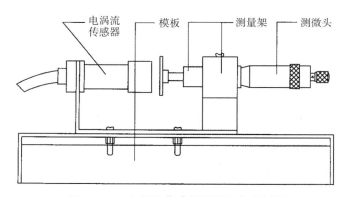

图 3 - 98 电涡流传感器测量电路示意图

当金属体处在交变磁场时，根据电磁感应原理，金属体内产生电流，该电流在金属体内自行闭合，并呈旋涡状，故称为涡流。涡流的大小与金属导体的电阻率、磁导率、厚度、线圈激磁电流频率及线圈与金属体表面的距离 x 等参数有关。电涡流的产生必然要消耗一部分磁场能量，从而改变磁线线圈阻抗，涡流传感器就是基于这种涡流效应制成的。电涡流工作在非接触状态（线圈与金属体表面不接触），当线圈与金属表面的距离 x 以外的所有参数一定时可以进行位移测量。

4. 电涡流传感器测振动实验

（1）实验原理

根据电涡流传感器的位移特性，根据被测材料选择合适的工作点即可测量振动。

（2）实验步骤

① 调节测微头远离振动台，不能妨碍振动台的上下运动。按图 3 - 99 示意接线。

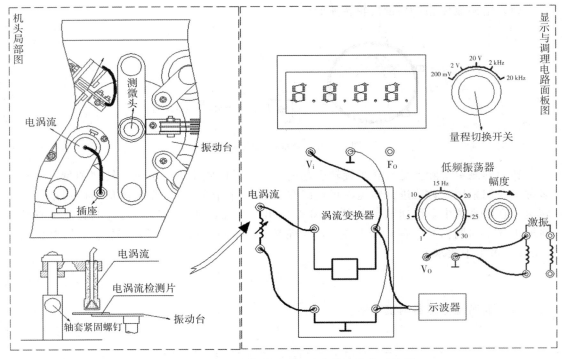

图 3 - 99　电涡流传感器测振动安装、接线示意图

② 将低频振荡器幅度旋钮逆时针转到底（低频输出幅度最小）；电压表的量程旋转到 20 V 挡。检查接线无误后合上主、副电源开关，松开电涡流传感器的安装轴，套紧固螺钉，调整电涡流传感器与电涡流检测片的间隙，在电压表显示为 2.5 V 左右时拧紧轴套紧固螺钉（传感器与被测体铁圆片静态时的最佳距离为线性区域中点）。

③ 调节低频振荡器的频率为 8 Hz 左右，再调节低频振荡器幅度使振动台起振，振动幅度不能过大（电涡流传感器测小位移，否则超线性区域）。用示波器监测涡流变换器的输出波形，再分别改变低频振荡器的振荡频率、幅度，分别观察、体会涡流变换器输出波形的变化。

项目小结

1. 自感式电感传感器属于电感式传感器的一种。它是利用线圈自感量的变化来实现位移与位置的测量的，它由线圈、铁芯和衔铁三部分组成。

2. 差动变压器式传感器由两个或多个带铁芯的线圈构成，初、次级线圈间的互感能随衔铁或两个线圈间的相对移动而改变，传感器在使用中常采取两个同名端串接的次级绕组线圈，以差动方式输出，主要用于测量位移和能转换成位移量的力、张力、压力、加速度、应变、流量、厚度、比重、转矩等参量。

3. 霍尔传感器是根据霍尔效应制作的一种磁场传感器，可以对很多物理量进行测量，例如力、力矩、压力、应力、位置、位移、速度、加速度、角度、角速度、转数、转速以及工作状态发生变化的时间等。

4. 电位器传感器就是将机械位移通过电位器转换为与之成一定函数关系的电阻或

电压输出的传感器，可用于测力、测压、称重、测位移、测加速度、测扭矩、测温度等。

　　5. 光纤传感器是一种将被测对象的状态转变为可测的光信号的传感器。光纤传感器可用于位移、振动、转动、压力、弯曲、应变、速度、加速度、电流、磁场、电压、湿度、温度、声场、流量、浓度、pH 和应变等物理量的测量。

　　6. 光电编码器是一种旋转式位置传感器，在现代伺服系统中广泛应用于角位移或角速率的测量。

　　7. 光栅式传感器是指采用光栅叠栅条纹原理测量位移的传感器。光栅式传感器应用在程控、数控机床和三坐标测量机构中，可测量静、动态的直线位移和整圆角位移，在机械振动测量、变形测量等领域也有应用，在医学、电力、桥梁、化学、航天、船舶、工程上的应用很多。

　　8. 磁栅式传感器是利用磁栅与磁头的磁作用进行测量的位移传感器。在数字检测、自动化机床的自动控制及定位控制等方面得到了广泛的应用。

⊚ 自我测评

一、单项选择题

1. 差动变压器式传感器的测量电路不包括（　　　）。
A. 交流电桥　　　　　B. 直流电桥　　　　　C. 差动整流　　　　　D. 相敏检波

2. 电感式传感器采用变压器式交流电桥测量电路时，下列说法不正确的是（　　　）。
A. 衔铁上、下移动时，输出电压相位相反
B. 衔铁上、下移动时，输出电压随衔铁的位移而变化
C. 根据输出的指示可以判断位移的方向
D. 当衔铁位于中间位置时，电桥处于平衡状态

3. 下列说法正确的是（　　　）。
A. 差动整流电路可以消除零点残余电压，但不能判断衔铁的位置
B. 差动整流电路可以判断衔铁的位置，但不能判断运动的方向
C. 相敏检波电路可以判断位移的大小，但不能判断位移的方向
D. 相敏检波电路可以判断位移的大小，也可以判断位移的方向

4. 对于差动变压器，采用交流电压表测量输出电压时，下列说法正确的是（　　　）。
A. 既能反映衔铁位移的大小，也能反映位移的方向
B. 既能反映衔铁位移的大小，也能消除零点残余电压
C. 既不能反映位移的大小，也不能反映位移的方向
D. 既不能反映位移的方向，也不能消除零点残余电压

5. 差动螺线管式电感传感器配用的测量电路有（　　　）。
A. 直流电桥　　　　　　　　　　　B. 变压器式交流电桥
C. 差动相敏检波电路　　　　　　　D. 运算放大电路

6. 目前市面上常说的电感式传感器主要指自感式传感器主要指以下哪种？（　　　）
A. 自感式　　　　　B. 互感式　　　　　C. 电涡流式　　　　　D. 变压器式

7. 自感式传感器的运动部分与（　　　）部分相连。
A. 铁芯　　　　　B. 线圈　　　　　C. 衔铁　　　　　D. 都可以

8. 差动变压器式传感器的非线性误差的来源不包括（　　）。

A. 不敏感区　　　　　B. 零点残余电压　　　C. 温漂

9. 电位器式传感器不符合以下哪个公式？（　　）

A. $R_x = \dfrac{x}{x_{max}} = R_{max}$ 　　　　　　B. $U_x = \dfrac{x}{x_{max}} = U_{max}$

C. $R_a = \dfrac{a}{a_{max}} = R_{max}$ 　　　　　　D. $I_x = \dfrac{x}{x_{max}} I_{max}$

10. 电位器的电阻灵敏度和电压灵敏度与以下哪种物理量无关？（　　）

A. 电阻率　　　　　B. 电压　　　　　C. 绕线节距　　　　　D. 电流

二、填空题

1. 根据位移量的形式，位移检测可分为：_____检测和_____检测。

2. 将被测量转换成_____的传感器，称为电感式传感器。电感式传感器是建立在_____定律基础上的，它把被测_____转换成_____系数的变化，通过转换电路将位移的变化变成_____，实现位移的检测。

3. 自感式传感器主要由_____、_____和_____三部分组成。

4. 根据变化量的不同，可将自感传感器分为三种类型：_____式、_____式和_____式三种。

5. 为了减小非线性，在实际使用中常采用两个相同的自感传感器线圈共用一个活动的衔铁，构成_____式自感传感来提高系统灵敏度，减小测量误差。

6. 差动变压器式传感器也称_____式传感器，是把被测_____量转换为一次绕组与二次绕组间的_____量 M 的变化的装置

7. 对于螺线管式差动变压器，当活动衔铁位于中间位置时，桥路输出电压为_____。

8. 电位器式传感器主要是一种把机械的_____输入量转换为与它成一定函数关系的_____输出的传感元件。

9. 霍尔元件是半导体四端薄片，一般做成_____形，在片的相对两侧对称地焊上两对电极引出线，其中 a、b 电极用于加_____，称_____电极，另一对 c、d 电极用于引出_____，称_____极。

10. 光纤传感器是一种将被测对象的_____为可测的_____的传感器。

三、判断题

1. 由于自感式传感器通过将位移的变换转变为磁阻的变换，因此也称为变磁阻式传感器。　　　　　　　　　　　　　　　　　　　　　　（　　）

2. 变隙式传感器可以用于测量较大的位移。　　　　　　　　　　（　　）

3. 差动式自感传感器的两个绕组的结构不一定完全对称。　　　　（　　）

4. 差动式自感传感器和差动变压器式传感器的测量电路都要有检波和相敏电路。　　　　　　　　　　　　　　　　　　　　　　　　　　（　　）

5. 电位器式传感器的性质相当于滑动变阻器。　　　　　　　　　（　　）

6. 电位器式传感器空载特性相当于负载短路时的情况。　　　　　（　　）

7. 半导体薄片置于磁感应强度为 B 的磁场中，磁场方向垂直于薄片，当有电流 I 流过薄片时，在平行于电流和磁场的方向上将产生电动势 E_H，这种现象称为霍尔效应。　　　　　　　　　　　　　　　　　　　　　　　　　（　　）

8. 霍尔元件越厚，灵敏度越高。 （　　）

9. 霍尔元件的输出特性，在中间位置接近线性，因此霍尔元件的线性度好。 （　　）

10. 霍尔元件的控制电流必须是直流电。 （　　）

四、问答题

1. 差动变压器零点残余电压产生的原因？

2. 减小差动变压器零点残余电压可以采取哪些方法？

3. 霍尔元件对温度的变化很敏感，可以采取哪些温度补偿方法？

4. 光纤传感器的工作原理。

5. 光纤传感器的优点。

6. 光电编码器的类型及各自特点。

7. 如何提高光栅传感器的分辨率？

8. 为什么说电涡流传感器在机械振动测量方面具有优越的特性？

项目四　速度与振动的检测

项目描述

速度和振动是日常生产生活中需要被检测的重要数据，随着科学技术和经济的发展，传统的机械式仪表对数据的检测已经升级为新型传感器对速度与振动的监测和测量。

速度和加速度可直接反映物体运动的快慢程度和动态受力情况，某些情况下是控制产品质量的决定性因素。例如，轧钢速度检测直接关系到钢铁生产的连续性，过快或者过慢都可能发生事故。而加速度通过牛顿第二定律可直接联系到物体所受到的合外力，是表征动态力的重要指标。另外，在振动检测中，速度和加速度是表征振动的重要参数。

光电传感器是将被测参数的变化转换成光通量的变化，再通过光电元件转换成电信号的一种传感器。这种传感器具有结构简单、非接触、高可靠性、高精度和反应快等优点，故在自动检测技术中得到了广泛应用。本项目从应用角度出发介绍光敏电阻、光敏晶体管、光电池的工作原理，光电传感器的应用类型及一些应用案例。

压电式传感器是一种典型的自发电式传感器，它由传力机构、压电元件和测量转换电路组成。压电元件以某些电介质的压电效应为基础，在外力作用下，在电介质表面产生电荷，从而实现非电量电测的目的。压电元件是力敏感元件，它也可以测量最终能变换为力的那些非电物理量，如压力、加速度等。

磁电式传感器是通过磁电作用将被测量转换成电信号的一种传感器。磁电式传感器有磁电感应式传感器、霍尔式传感器等。

本项目主要讲解可以应用于速度和加速度检测的传感器。

知识目标

1. 了解速度传感器检测的原理和使用条件；
2. 掌握各种速度传感器的量程、精度等检测性能；
3. 掌握光电效应的原理及其应用；
4. 掌握压电效应的原理及其应用；
5. 掌握磁电式传感器的工作原理及其应用；
6. 了解各类传感器的测量转换电路及工作原理；
7. 理解不同类型传感器间测量速度的区别。

1. 认识磁电式速度传感器及其检测适应性;
2. 了解工业中常用的速度检测特点及位移传感器的基本选用原则;
3. 能熟练使用光电式传感器进行速度的测量;
4. 能熟练使用压电传感器进行振动的测量;
5. 能熟练使用磁电式传感器进行转速的测量。

任务一　转速的测量

一、光电传感器

1. 光电效应

光电元件的理论基础是光电效应。光电效应就是在光线作用下,物体吸收光能量而产生相应电效应的一种物理现象,通常可分为外光电效应和内光电效应两种类型。

（1）外光电效应

在光线作用下,电子从物体表面逸出的物理现象称为外光电效应,也称光电发射效应。基于外光电效应的光电元件有光电管。

（2）内光电效应

在光线作用下,物体电导性能发生变化或产生一定方向电动势的现象称为内光电效应。它又可分为光电导效应、光敏晶体管效应和光生伏特效应。基于内光电效应的光电元件有光敏电阻、光敏晶体管和光电池。

2. 光电元件及特性

（1）光电管

以外光电效应原理制作的光电管的结构是由真空管、光电阴极 K 和光电阳极 A 组成的,其结构如图 4 - 1 所示,其基本工作电路如图 4 - 2 所示。当一定频率的光照射到光电阴极时,阴极发射的电子在电场作用下被阳极所吸引,光电管电路中形成电流,称为光电流。不同材料的光电阴极对不同频率的入射光有不同的灵敏度,人们可以根据检测对象是红外光、可见光或紫外光而选择阴极材料不同的光电管。

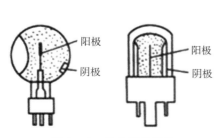

图 4 - 1　光电管的结构

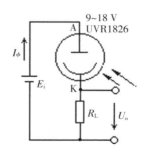

图 4 - 2　光电管的基本工作电路

（2）光敏电阻

光敏电阻的工作原理是内光电效应，在半导体光敏材料的两端装上电极引线，将其封在带有透明窗的管壳里就构成了光敏电阻。光敏电阻的特性和参数介绍如下：

① 暗电阻

置于室温、全暗条件下测得的稳定电阻值称为暗电阻，此时流过电阻的电流称为暗电流。

② 亮电阻

置于室温和一定光照条件下测得的稳定电阻值称为亮电阻，此时流过电阻的电流称为亮电流。

③ 伏安特性

光敏电阻两端所加的电压和流过光敏电阻的电流间的关系称为光敏电阻的伏安特性，如图 4 - 3 所示。从图中可知，伏安特性近似直线，但使用时应限制光敏电阻两端的电压，以免超过虚线所示的功耗区。

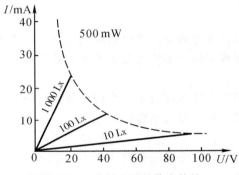

图 4 - 3　光敏电阻的伏安特性

④ 光电特性

在光敏电阻两极间电压固定不变时，光照度与亮电流间的关系称为光敏电阻的光电特性。光敏电阻的光电特性呈非线性，这是光敏电阻的主要缺点之一。

⑤ 光谱特性

入射光波长不同时，光敏电阻的灵敏度也不同。入射光波长与光敏器件相对灵敏度间的关系称为光敏电阻的光谱特性，如图 4 - 4 所示。使用时可根据被测光的波长范围，选择不同材料的光敏电阻。

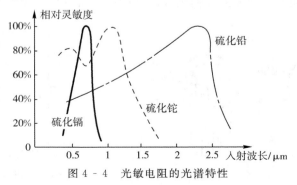

图 4 - 4　光敏电阻的光谱特性

⑥ 响应时间

光敏电阻受光照后，光电流需要经过一段时间（上升时间）才能达到其稳定值。同样，在停止光照后，光电流也需要经过一段时间（下降时间）才能恢复到其暗电流值，这就是光敏电阻的时延特性。光敏电阻上升响应时间和下降响应时间约为 $10^{-1} \sim 10^{-3}$ s，即频率响应为 $10 \sim 10^3$ Hz，可见，光敏电阻不能用在要求快速响应的场合，这是光敏电阻的另一个主要缺点。

⑦ 温度特性

光敏电阻受温度影响很大，温度上升，暗电流增大，灵敏度下降，这也是光敏电阻的一大缺点。

（3）光敏晶体管

光敏晶体管是光敏二极管、光敏三极管和光敏晶闸管的总称。它的工作原理也是内光电效应。

光敏二极管的结构与一般二极管相似，它的 PN 结装在管的顶部，可以直接受到光照射，光敏二极管在电路中一般处于反向工作状态。光敏二极管在不受光照射时处于截止状态，受光照射时光敏二极管处于导通状态。光敏二极管的外形图、内部组成、图形符号、光敏二极管的反向偏置接法如图 4-5 所示。

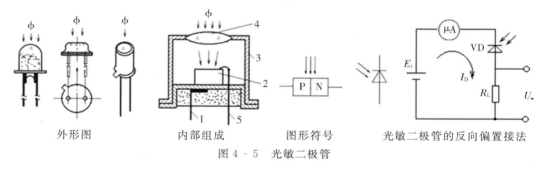

外形图　　　　　内部组成　　　　图形符号　　　光敏二极管的反向偏置接法

图 4-5　光敏二极管

光敏三极管有 PNP 型和 NPN 型两种。NPN 型光敏三极管的结构、等效电路、图形符号及应用电路如图 4-6 所示。光敏三极管的工作原理是由光敏二极管与普通三极管的工作原理组合而成的。光敏三极管在光照作用下，产生基极电流，即光电流，与普通三极管的放大作用相似，在集电极上产生的是光电流 β 倍的集电极电流，所以光敏三极管比光敏二极管具有更高的灵敏度。

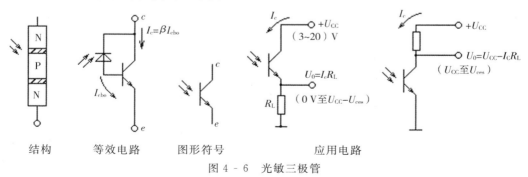

结构　　　　等效电路　　　图形符号　　　　应用电路

图 4-6　光敏三极管

有时生产厂家还将光敏三极管与另一个普通三极管制作在同一个管壳里，连接成复合管形式，称为达林顿型光敏三极管。它的灵敏度更大（$\beta=\beta_1\beta_2$）。但是达林顿光敏三极管的漏电（暗电流）较大，频响较差，温漂也较大。

光敏晶闸管也称光控晶闸管，它由 PNPN 四层半导体构成，其工作原理是由光敏二极管与普通晶闸管的工作原理组合而成的。

下面着重介绍光敏晶体管的基本特性。

① 光谱特性

光敏晶体管硅管的峰值波长为 $0.9\ \mu m$ 左右，锗管的峰值波长为 $1.5\ \mu m$ 左右。由于锗管的暗电流比硅管大，因此，一般来说锗管的性能较差，故在可见光或探测炽热状态物体时，都采用硅管。但对红外光进行探测时，锗管较为合适。

② 伏安特性

光敏三极管在不同照度下的伏安特性，就像一般三极管在不同的基极电流时的输出特性一样，只要将入射光在发射极与基极之间的 PN 结附近所产生的光电流看作基极电流，就可将光敏三极管看成一般的三极管。锗光敏三极管的伏安特性曲线如图 4 - 7 所示。

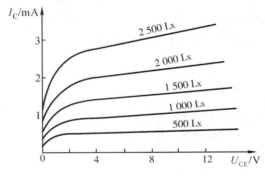

图 4 - 7　锗光敏三极管的伏安特性曲线

③ 光电特性

光敏晶体管的输出电流和光照度之间可近似地看作线性关系。

④ 温度特性

锗光敏晶体管的温度变化对输出电流的影响较小，输出电流主要由光照度决定，而暗电流随温度变化很大，所以在应用时应在线路上采取措施进行温度补偿。

⑤ 响应时间

硅和锗光敏二极管的响应时间分别为 10^{-6} s 和 10^{-4} s 左右，光敏三极管的响应时间比相应的二极管约慢一个数量级，因此，在要求快速响应或入射光调制频率较高时选用硅光敏二极管较合适。

（4）光电池

光电池的工作原理是光生伏特效应。它的种类有很多，如硅、硒、硫化铊和碲化镉等，其感光灵敏度随材料和工艺方法的不同而有差异，目前应用最广泛的是硅光电池，它具有性能稳定、光谱范围宽、频率特性好、传递效率高等优点，但对光的响应速度还不够快。另外，由于硒光电池的光谱峰值位置在人眼的视觉范围内，所以很多分析仪器、测量仪器也常用到它。

3．光电传感器的应用

光电传感器实际上是由光电元件、光源和光学元件组成一定的光路系统，并结合相应的测量转换电路而构成的。常用光源有各种白炽灯和发光二极管，常用光学元件有多种反射镜、透镜和半透半反镜等。关于光源、光学元件的参数及光学原理，读者可参阅有关书籍。但有一点要特别指出，光源与光电元件在光谱特性上应基本一致，即光源发出的光应该在光电元件接收灵敏度最高的频率范围内。

（1）光电传感器的应用类型

光电传感器的测量属于非接触式测量，目前越来越广泛地应用于生产的各个领域。光源对光电元件的作用方式不同，因而光学装置是多种多样的，按其输出量性质可分为模拟输出型光电传感器和数字输出型光电传感器两大类。无论是哪一类，依被测物与光电元件和光源之间的关系，光电传感器的应用可分为以下四种基本类型：

① 直射式

光辐射本身是被测物，由被测物发出的光通量到达光电元件上。光电元件的输出反映了光源的某些物理参数，如光电比色温度计和光照度计等。

② 透射式

恒光源发出的光通量穿过被测物，部分被吸收后到达光电元件上。吸收量取决于被测物的某些参数，如测量液体、气体透明度和混浊度的光电比色计等。

③ 遮挡式

从恒光源发射到光电元件的光通量遇到被测物被遮挡了一部分，由此改变了照射到光电元件上的光通量，光电元件的输出反映了被测物尺寸等参数，如振动测量和工件尺寸测量等。

④ 反射式

恒光源发出的光通量到达被测物，再从被测物体反射出来投射到光电元件上，光电元件的输出反映了被测物的某些参数，如测量表面粗糙度和纸张白度等。

（2）光电式转速表

由于机械式转速表和接触式电子转速表精度不高，且影响被测物的运转状态，已不能满足自动化的要求。光电式转速表有反射式和透射式两种，它可以在距被测物数十毫米处非接触地测量其转速。由于光电器件的动态特性较好，可以用于高转速的测量而又不影响被测物的转动，图4-8是利用光电开关制成的反射式光电转速表的原理图。

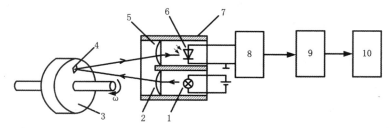

1—光源　2、5—聚集透镜　3—被旋转物　4—反光纸　6—光敏二极管　7—遮光罩
8—整形电路　9—频率计电路　10—显示器
图4-8　反射式光电转速表的原理图

光源 1 发出的光线经透镜 2 会聚成平行光束照射到旋转物上，光线经事先粘贴在旋转物体上的反光纸 4 反射回来，经透镜 5 聚焦后落在光敏二极管 6 上，它产生与转速对应的电脉冲信号，经放大整形电路 8 得到 TTL 电平的脉冲信号，经频率计电路 9 处理后由显示器 10 显示出每分钟或每秒钟的转数即转速。反光纸在圆周上可等分地贴多个，从而减少误差和提高精度。这里由于测量的是数字量，所以可不用参照信号。事实上，图 4－8 中的光源、透镜、光敏二极管和遮光罩就组成了一个光电开关。

应该指出的是用被测物反射形式的光电传感器并不仅仅用于数字量的检测，也可用于模拟量的检测，如纸张白度的测量。而用于模拟量检测的光路系统就与数字量的不同，除检测信号外，还必须有参照信号。

（3）光电比色计

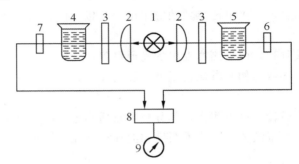

1－光源　2－光透镜　3－滤色镜　4－标准样品　5－被检测样品
6、7－光电池　8－差动放大器　9－指示仪表
图 4－9　光电比色计原理图

这是一种化学分析的仪器，如图 4－9 所示，光源 1 发出的光分为左右两束相等强度的光线。其中一束穿过光透镜 2，经滤色镜 3 把光线提纯，再通过标准样品 4 投射到光电池 7 上，另一束光线经过同样方式穿过被测样品 5 到达光电池 6 上。两光电池产生的电信号同时输送给差动放大器 8，放大器输出端的放大信号经指示仪表 9 指示出两样品的差值。由于被检测样品在颜色、成分或浑浊度等某一方面与标准样品不同，导致两光电池接收到的透射光强度不等，从而使光电池转换出来的电信号大小不同，经放大器放大后，用指示仪表显示出来，由此被测样品的某项指标即可被检测出来。

由于使用公共光源，不管光线强弱如何，光源光通量不稳定带来的变化可以被抵消，故其测量精度高。但两光电池的性能不可能完全一样，由此会带来一定误差。

4. 光电式传感器测转速实验

（1）实验目的

了解光电式转速传感器测量转速的原理及方法。

（2）基本原理

光电式转速传感器有反射型和透射型两种，本实验装置是透射型的（光电断续器也称光耦），传感器端部二内侧分别装有发光管和光电管，发光管发出的光源透过转盘上通孔后由光电管接收转换成电信号，由于转盘上有均匀间隔的 6 个孔，转动时将获得与转速有关的脉冲数，脉冲经处理由频率表显示 f，即可得到转速 $n = 10f$。实验原理框图如图 4－10 所示。

图 4 - 10　光耦测转速实验原理框图

（3）实验步骤

① 按图 4 - 11 所示接线，将 F/V 表切换到频率 2 kHz 挡。直流稳压电源调到 10 V 挡。

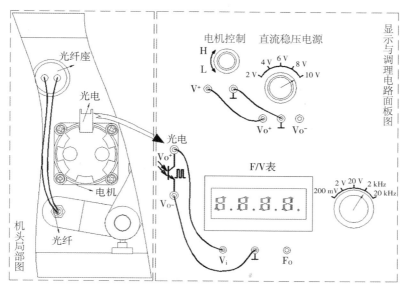

图 4 - 11　光电传感器测转速实验接线示意图

② 检查接线无误后，合上主、副电源开关，调节电机控制旋钮，F/V 表就显示相应的频率 f，计算转速为 $n = 10f$。实验完毕，关闭主、副电源。

二、测速发电机传感器的要求

测速发电机是一种检测机械转速的电磁装置。它能把机械转速变换成电压信号，其输出电压与输入的转速成正比关系，如图 4 - 12 所示。测速发电机在自动控制系统和计算装置中通常作为测速元件、校正元件、解算元件和角加速度信号元件等。自动控制系统对测速发电机的要求，主要是精确度高、灵敏度高、可靠性好等，具体如下。

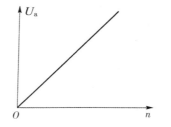

图 4 - 12　测速发电机输出电压特性

（1）输出电压与转速保持良好的线性关系。

（2）剩余电压（转速为零时的输出电压）要小。

（3）输出电压的极性和相位能反映被测对象的转向。

（4）温度变化对输出特性的影响小。

（5）输出电压的斜率大，即转速变化所引起的输出电压的变化要大。

（6）摩擦转矩和惯性要小。

此外，还要求它的体积小、重量轻、结构简单、工作可靠、对无线电通信的干扰小、噪声小等。

不同的自动控制系统对测速发电机的性能要求各有侧重，如做解算元件时，对线性误差、温度误差和剩余电压等都要求较高，一般允许在千分之几到万分之几的范围内，但对输出电压的斜率要求却不高；做校正元件时，对线性误差等精度指标的要求不高，而要求输出电压的斜率大。

测速发电机按输出信号的形式，可分为直流测速发电机和交流测速发电机两大类。

直流测速发电机有电磁式和永磁式两种。虽然它们存在机械换向问题，会产生火花和无线电干扰，但其输出不受负载性质的影响，也不存在相角误差，所以在实际中的应用也较广泛。此外，还有性能和可靠性更高的无刷式测速发电机。交流测速发电机有同步测速发电机和异步测速发电机两种。前者的输出电压虽然也与转速成正比，但输出电压的频率也随转速变化而变化，所以只做指示元件用；后者是目前应用最多的一种，尤其是空心杯转子异步测速发电机，其性能较好。

任务二　振动的测量

机械振动是工程技术和日常生活中常见的现象。在大多数情况下，机械振动是有害的。振动往往破坏机器的正常工作，振动的动载荷使机器加快失效，降低机器设备的使用寿命甚至使其损坏而造成事故。振动中的机器产生噪声，噪声从心理和生理方面危害人类健康，因而已被列为需要控制的公害。但振动也有可以被利用的一面，如运输、夯实、捣固、清洗、脱水、时效等振动机械。只要设计合理，它们都有耗能少、效率高、结构简单的特点。总之，除利用振动原理进行工作的机器设备外，对大多数机器都应将其振动量控制在允许的范围内。所有的机械，尤其是利用振动原理工作的机械都应该采取适当措施，不让其振动影响周围设备的工作或危及人类的安全。

机器运转中的振动及其产生的噪声，一般具有相同的频率组成。虽然两者传输方式及各自频率成分之间强度的比例都不一样，但它们的频谱都在某种程度上反映机器的运行状况，均可作为监测工况、评价运转质量时的测试参数。

随着现代工业技术的发展，除了要求各种机械具备低振动和低噪声的性能外，还需随时对其运行过程进行监测、诊断和对工作环境进行控制，这些技术措施都离不开对振动的检测。为了提高结构的抗震能力，在设计阶段往往需要对结构进行各种振动试验、分析和仿真设计。通过对具体结构或相应模型的振动试验，可以验证理论分析的正确性，找出薄弱环节，改善结构的抗震性能。由此可见，振动测试在生产和科研的许多方面都占有重要地位。

一般振动测试大致可分为两类。一类是检测设备和结构所存在的振动；另一类则是对设备或结构施加某种激励，使其产生振动，然后检测其振动，此类测振的目的是研究设备或结构的力学动态特性。对振动进行检测，有时只需测出被测对象某些点的位移或速度、加速度和振动频率；有时则需对所测得的振动信号做进一步的分析和处理，如频谱分析、相关分析等，进而确定被测对象的固有频率、阻尼比、刚度、振型等振动参数，求出被测对象的频率响应特性，或寻找振源，并为采取有效对策提供依据。

测量振动一般分为位移、速度和加速度三种检测方法，这三种方法均有自身的特点。采用位移方法的检测传感器为光学器件，如光杠杆和光干涉等，精度很高，检测设备复杂，在工程上难于实现；速度检测方法多采用机械振动带动传感器由磁场转换电能放大方法。如动圈式振动检测，其检测频率受限，对于高频率振动难于传递。加速度检测的工具均采用惯性加速度传感器，即拾振器。

拾振器方法实际上就是将传感器和被检测物体连接为一体，使得拾振器和被测物体一起振动，在拾振器内部装有弹簧和质量块构成的受力系统，在受力系统中由敏感元件——压电式传感器基于压电效应输出电荷，经过放大变换后输出电压。

一、压电式传感器

1. 基本工作原理

（1）压电效应

某些电介质在沿一定方向上受到外力的作用产生变形时，内部会产生极化现象，同时在其表面产生电荷，当外力去掉后，又重新回到不带电状态，这种现象称为压电效应。反之，在电介质的极化方向上施加交变电场，它会产生机械变形，当去掉外加电场时，电介质变形随之消失，这种现象称为逆压电效应或称为电致伸缩效应。力学压电传感器都是利用压电材料的正压电效应。在水声和超声技术中，则利用逆压电效应制作声波和超声波的发射换能器。

（2）压电材料的主要特性指标

① 压电系数 d，表示压电材料产生电荷与作用力的关系。一般为单位作用力下产生电荷的多少，单位为 C/N（库/牛）。

② 刚度，压电材料的刚度是它固有频率的重要参数。

③ 介电常数 ε，这是决定压电晶体固有电容的主要参数，而固有电容影响传感器工作频率的下限值。

④ 电阻 R，它是压电晶体的内阻，它的大小决定其泄漏电流。

⑤ 居里点，压电效应消失的温度转变点。

2. 测量转换电路

（1）压电元件的等效电路

压电元件在承受沿其敏感轴方向的外力作用时产生电荷，因此它相当于一个电荷发生器。当压电元件表面聚集电荷时，它又相当于一个以压电材料为介质的电容器。因此，可以把压电材料等效为一个电荷源与一个电容相并联的电荷等效电路，如图 4 - 13（a）所示。电容器上的电压 U_a、电荷量 Q 和电容 C_a 三者关系为：$U_a = \dfrac{Q}{C_a}$。

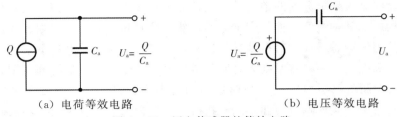

（a）电荷等效电路　　　　　　　　　（b）电压等效电路

图 4 - 13　压电传感器的等效电路

压电材料也可以等效为一个电压源和一个串联电容表示的电压等效电路，如图 4 - 13（b）所示。

由于外力作用在压电元件上产生的电荷只有在无泄漏的情况下才能保存，即需要转换电路具有无限大的输入阻抗，这实际上是不可能的，因此压电式传感器不能用于静态测量。压电元件在交变力的作用下，电荷可以不断补充，可以供给转换电路一定的电流，故只适用于动态测量。

（2）测量转换电路

压电式传感器的输出信号非常微弱，一般需要将电信号放大后才能检测出来，但因传感器的内阻抗较高，因此，它需要与高输入阻抗的前置放大器配合，然后再采用一般的放大、检波、显示、记录电路。根据压电式传感器的工作原理及等效电路，它的输出可以是电荷信号，也可以是电压信号，因此与之相配的前置放大器也有电荷前置放大器和电压前置放大器两种形式。由于电压前置放大器中的输出电压与电缆电容有关，故目前采用电荷前置放大器。

电荷放大器实际上是一个具有反馈电容 C_f 的高增益运算放大器电路，如图 4 - 14 所示。当放大器的电压放大倍数 $A \gg 1$ 时，经推导可得

$$U_0 \approx -\frac{Q}{C_f} \tag{4 - 1}$$

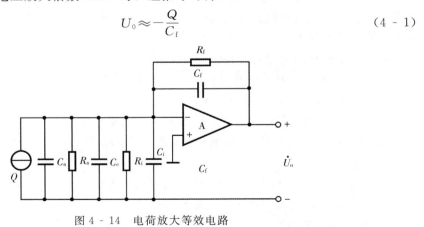

图 4 - 14　电荷放大等效电路

由公式可见，电荷放大器的输出电压仅与输入电荷量和反馈电容有关，电缆电容等其他因素可忽略不计，这是电荷放大器的特点。

3．压电式传感器的结构和应用

压电式传感器主要用于动态作用力、压力和加速度的测量。

（1）压电式力传感器

压电式力传感器是以压电元件为转换元件，输出电荷与作用力成正比的力—电转换

装置。常用的形式为荷重垫圈式，它由基座、盖板、石英晶片、电极以及引出插座等组成，图 4 - 15 所示为 YDS—78 型压电式单向动态力传感器的结构，它主要用于变化频率不太高的动态力的测量。测力范围达几万牛以上，非线性误差小于 1%，固有频率可达数千赫兹。

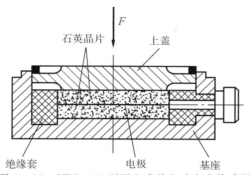

图 4 - 15　YDS—78 型压电式单向动态力传感器

被测力通过传力上盖使压电元件受压力作用而产生电荷。由于传力上盖的弹性形变部分的厚度很薄，只有 $0.1 \sim 0.5$ mm，因此灵敏度很高。这种力传感器的体积小，重量轻（10 kg 左右），分辨力可达 10^{-3} g，固有频率为 $50 \sim 60$ kHz，主要用于频率变化小于 20 kHz 的动态力测量。其典型应用有：在车床动态切削力的测试、表面粗糙度测量仪或轴承支座反力时做力传感器。使用时，压电元件装配时必须施加较大的预紧力，以消除各部件与压电元件之间、压电元件与压电元件之间因接触不良而引起的非线性误差，使传感器工作在线性范围。

（2）压电式加速度传感器

压电式加速度传感器主要由压电元件、质量块、预压弹簧、基座及外壳等组成。整个部件装在外壳内，并用螺栓加以固定。当加速度传感器和被测物一起受到冲击振动时，压电元件受质量块惯性的作用，根据牛顿第二定律，此惯性是加速度的函数，力 F 作用于压电元件上，因而产生电荷 Q，当传感器选定后，传感器输出电荷与加速度 a 成正比。因此，测得加速度传感器输出的电荷便可知加速度的大小。

（3）声振动报警器

由压电晶体 HTD—27 声传感器构成的声振动报警实物如图 4 - 16 所示，电路如图 4 - 17 所示。它广泛应用于各种场合下的振动报警，如脚步声、敲打声、喊叫声、车辆行驶路面引起的振动声等。凡是利用振动传感器报警的场合均可使用。

图 4 - 16　声振动报警器实物

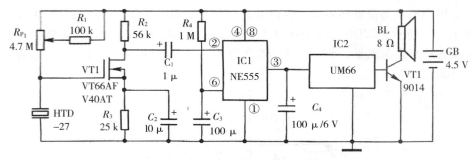

图 4-17 声振动报警器电路

该电路主要由 IC1（NE555）、IC2（UM66）及声传感器 HTD 等组成。其中 HTD 与场效应管 VT1 构成声振动传感接收与放大电路；R_{P1} 为声控灵敏度调整电位器，IC1 与 R_4、C_3 组成单稳态触发延时电路；IC2 及其外围元件构成报警电路。

4. 压电式传感器测振动实验

（1）实验目的

了解压电传感器的原理和测量振动的方法。

（2）基本原理

压电式传感器是一种典型的发电型传感器，其传感元件是压电材料，它以压电材料的压电效应为转换机理实现力到电量的转换。压电式传感器可以对各种动态力、机械冲击和振动进行测量，在声学、医学、力学、导航方面都得到了广泛的应用。

① 压电效应

具有压电效应的材料称为压电材料，常见的压电材料有两类：压电单晶体，如石英、酒石酸钾钠等；人工多晶体压电陶瓷，如钛酸钡、锆钛酸铅等。

压电材料受到外力作用时，在发生变形的同时内部产生极化现象，它表面会产生符号相反的电荷。当外力去掉时，又重新回复到原来不带电的状态，当作用力的方向改变后电荷的极性也随之改变，如图 4-18（a）（b）（c）所示。这种现象称为压电效应。

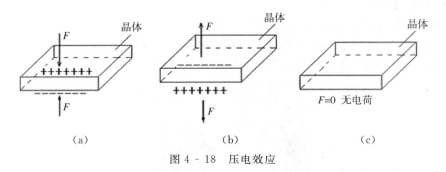

图 4-18 压电效应

② 压电晶片及其等效电路

多晶体压电陶瓷的灵敏度比压电单晶体要高很多，压电传感器的压电元件是在两个工作面上蒸镀有金属膜的压电晶片，金属膜构成两个电极，如图 4-19（a）所示。当压电晶片受到力的作用时，便有电荷聚集在两极上，一面为正电荷，一面为等量的负电荷。这种情况和电容器十分相似，不同的是晶片表面上的电荷会随着时间的推移逐渐漏掉，因为压电晶片材料的绝缘电阻（也称漏电阻）虽然很大，但毕竟不是无穷大，从信号变换角度来看，压电元件相当于一个电荷发生器。从结构上看，它又是一个电容器。因此通常将压电元件等效为一个电荷源与电容相并联的电路如图 4 - 19（b）所示。其中 $e_a = \dfrac{Q}{C_a}$。式中，e_a 为压电晶片受力后所呈现的电压，也称为极板上的开路电压；Q 为压电晶片表面上的电荷；C_a 为压电晶片的电容。

实际的压电传感器中，往往用两片或两片以上的压电晶片进行并联或串联。压电晶片并联时如图 4 - 19（c）所示，两晶片正极集中在中间极板上，负电极在两侧的电极上，因而电容量大，输出电荷量大，时间常数大，宜于测量缓变信号并以电荷量作为输出。

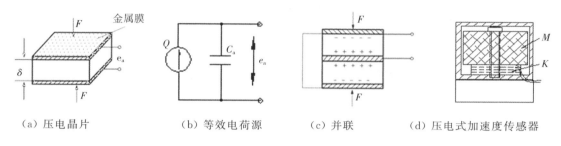

（a）压电晶片　　　　　　（b）等效电荷源　　　　　（c）并联　　　　（d）压电式加速度传感器

图 4 - 19　压电晶片及等效电路

压电传感器的输出，理论上应当是压电晶片表面上的电荷 Q。根据图 4 - 19（b）可知测试中也可取等效电容 C_a 上的电压值，作为压电传感器的输出。因此，压电式传感器就有电荷和电压两种输出形式。

③ 压电式加速度传感器

图 4 - 19（d）是压电式加速度传感器的结构图。图中，M 是惯性质量块，K 是压电晶片。压电式加速度传感器实质上是一个惯性传感器。在压电晶片 K 上，放有质量块 M。当壳体随被测振动体一起振动时，作用在压电晶体上的力 $F = Ma$。当质量 M 一定时，压电晶体上产生的电荷与加速度 a 成正比。

④ 压电式加速度传感器和放大器等效电路

压电传感器的输出信号很弱小，必须进行放大，压电传感器所配接的放大器有两种结构形式：一种是带电阻反馈的电压放大器，其输出电压与输入电压（即传感器的输出电压）成正比；另一种是带电容反馈的电荷放大器，其输出电压与输入电荷量成正比。

电压放大器测量系统的输出电压对电缆电容 C_c 敏感。当电缆长度变化时，C_c 就变化，使得放大器输入电压 e_i 变化，系统的电压灵敏度也将发生变化，这就增加了测量的困难。电荷放大器则克服了上述电压放大器的缺点。它是一个高增益带电容反馈的运算放大器。当略去传感器的漏电阻 R_a 和电荷放大器的输入电阻 R_i 影响时，有 $Q = e_i (C_a + C_c + C_i) + (e_i - e_y) C_f$。

式中，e_i 为放大器输入端电压，e_y 为放大器输出端电压 $e_y = Ke_i$，K 为电荷放大器开环放大倍数，C_f 为电荷放大器反馈电容。将 $e_y = K e_i$ 代入式中，可得到放大器输出端电压 e_y 与传感器电荷 Q 的关系式：

$$设\ C = C_a + C_c + C_i$$

$$e_y = \frac{-KQ}{(C + C_f) + K C_f} \qquad (4-2)$$

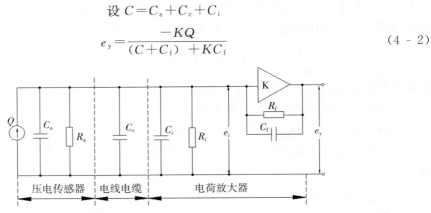

图 4 - 20 传感器—电缆—电荷放大器系统的等效电路图

当放大器的开环增益足够大时，则有 $K C_f \gg C + C_f$ 简化为

$$e_y = \frac{-Q}{C_f} \qquad (4-3)$$

式（4 - 3）表明，在一定条件下，电荷放大器的输出电压与传感器的电荷量成正比，而与电缆的分布电容无关，输出灵敏度取决于反馈电容 C_f。所以，电荷放大器的灵敏度调节，都是采用切换运算放大器反馈电容 C_f 的办法。采用电荷放大器时，即使连接电缆长度达百米以上，其灵敏度也无明显变化，这是电荷放大器的主要优点。

⑤ 压电加速度传感器实验原理图

压电加速度传感器实验原理、电荷放大器与实验面板图由图 4 - 21（a）（b）所示。

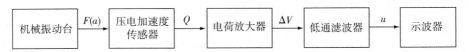

（a）压电加速度传感器实验原理框图

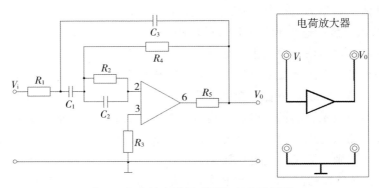

（b）　电荷放大器原理图与实验面板图

图 4 - 21

（3）实验步骤

① 按图 4 - 22 示意接线。

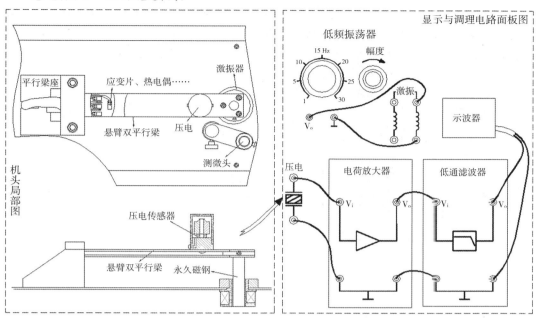

图 4 - 22　压电传感器测振动实验接线示意图

② 将显示面板中的低频振荡器幅度旋钮逆时针缓慢转到底（低频输出幅度最小），调节低频振荡器的频率在 8 Hz～10 Hz 左右。检查接线无误后合上主、副电源开关。再调节低频振荡器的幅度使振动台明显振动（如振动不明显可调频率）。

③ 用示波器的两个通道［正确选择双线（双踪）示波器的"触发"方式及其他（TIME/DIV：在 50 ms～20 ms 范围内选择；VOLTS/DIV：1 V～0.□ V 范围内选择）设置］同时观察低通滤波器输入端和输出端波形；在振动台正常振动时用手指敲击振动台同时观察输出波形变化。

④ 改变低频振荡器的频率，观察输出波形变化。实验完毕，关闭所有电源开关。

二、磁电感应式传感器

　　磁电感应式传感器又称磁电式传感器，是利用电磁感应原理将被测量（如振动、位移、转速等）转换成电信号的一种传感器。它不需要辅助电源就能把被测对象的机械量转换成易于测量的电信号，是有源传感器。由于它输出功率大且性能稳定，具有一定的工作带宽（10 Hz～1000 Hz），所以得到普遍应用。

1. 磁电感应式传感器工作原理

　　根据电磁感应定律，当 N 匝线圈在均恒磁场内运动时，设穿过线圈的磁通为 Φ，则线圈内的感应电动势 E 与磁通变化率 $\dfrac{\mathrm{d}\Phi}{\mathrm{d}t}$ 有如下关系：

$$E = -N\,\frac{\mathrm{d}\varphi}{\mathrm{d}t} \tag{4-4}$$

　　根据这一原理，可以设计成两种磁电传感器结构：变磁通式和恒磁通式。

　　图4-23是变磁通式磁电传感器，用来测量旋转物体的角速度。图4-23（a）为开磁路变磁通式，线圈、磁铁静止不动，测量齿轮安装在被测旋转体上，随之一起产生感应电势，其变化频率等于被测转速与测量齿轮齿数的乘积。这种传感器结构简单，但输出信号较小，且因高速轴上加装齿轮较危险而不宜测量高转速。图4-23（b）为闭磁路变磁通式，它由装在转轴上的内齿轮和外齿轮、永久磁铁和感应线圈组成，内、外齿轮齿数相同。当转轴连接到被测转轴上时，外齿轮不动，内齿轮随被测轴而转动，内、外齿轮的相对转动使气隙磁阻产生周期性变化，从而引起磁路中磁通的变化，使线圈内产生周期性变化的感应电动势，显然感应电动势的频率与被测转速成正比。

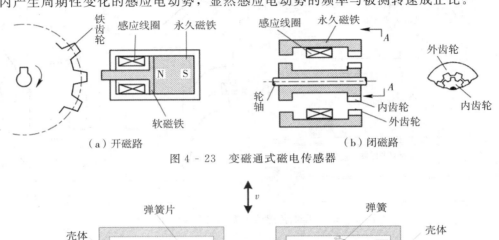

图4-23　变磁通式磁电传感器

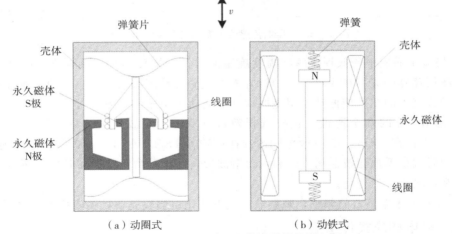

图4-24　恒磁通式磁电传感器结构原理图

　　图4-24为恒磁通式磁电传感器典型结构，它由永久磁铁、线圈、弹簧等组成。磁路系统产生恒定的直流磁场，磁路中的工作气隙固定不变，因而气隙中磁通也是恒定不变的。其运动部件可以是线圈（动圈式），也可以是磁铁（动铁式），动圈式［图4-24（a）］和动铁式［图4-24（b）］的工作原理是完全相同的。当壳体随被测振动体一起振动时，由于弹簧较软，运动部件质量相对较大。当振动频率足够高（远大于传感器固有的频率）时，运动部件惯性很大，来不及随振动体一起振动，近乎静止不动，振动能量几乎全被弹簧吸收，永久磁铁与线圈之间的相对运动速度接近于振动体振动速度，磁铁与线圈的相对运动切割磁力线，产生感应电动为

$$E = -B_0 L N v \qquad (4-5)$$

　　式中：B_0——工作气隙磁感应强度；

L——每匝线圈的平均长度；

N——线圈在工作气隙磁场中的匝数；

v——相对运动速度。

2. 磁电感应式传感器的测量电路

磁电感应式传感器直接输出感应电势，且传感器通常具有较高的灵敏度，所以一般不需要高增益放大器。但磁电式传感器是速度传感器，若要获取被测位移或加速度信号，则需要配用积分或微分电路。图 4 - 25 为一般测量电路方框图。

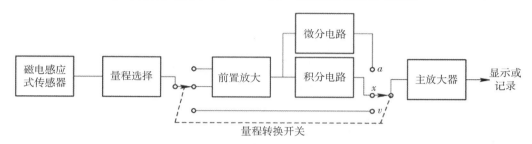

图 4 - 25　磁电式传感器测量电路方框图

3. 磁电感应式传感器的应用

（1）动圈式振动速度传感器

动圈式振动速度传感器如图 4 - 26 所示，其结构主要由钢制圆形外壳制成，里面用铝支架将圆柱形永久磁铁与外壳固定成一体，永久磁铁中间有一小孔，穿过小孔的芯轴两端架起线圈和阻尼环，芯轴两端通过圆形膜片支撑架空且与外壳相连。

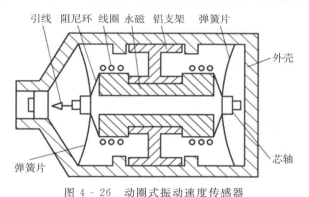

图 4 - 26　动圈式振动速度传感器

工作时，传感器与被测物体刚性连接，当物体振动时传感器外壳和永久磁铁随之振动，而架空的芯轴、线圈和阻尼环因惯性而不随振动。因此，磁路空气隙中的线圈切割磁力线产生正比于振动速度的感应电动势，线圈的输出通过引线输出到测量电路。该传感器测量的是振动速度参数，若在测量电路中接入积分电路，则输出电势与位移成正比；若在测量电路中接入微分电路，则其输出与加速度成正比。

（2）磁电式扭矩传感器

图 4 - 27 是磁电式扭矩传感器的工作原理图。在驱动源和负载之间的扭转轴的两侧安装有齿形圆盘，它们旁边装有相同的两个磁电传感器。磁电传感器的结构如图 4 - 28 所示。传感器的检测元件部分由永久磁铁、感应线圈和铁芯组成。当齿形圆盘旋转时，

圆盘齿凹凸引起磁路气隙的变化，于是磁通量也发生变化，线圈中感应出交流电压，其频率等于圆盘上齿数与转数的乘积。

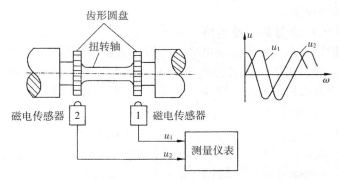

图4-27　磁电式扭矩传感器的工作原理图

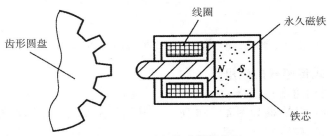

图4-28　磁电传感器结构图

当扭矩作用在扭转轴上时，两个磁电传感器输出的感应电压 u_1 和 u_2 存在相位差。这个相位差与扭转轴的扭转角成正比。这样，传感器就可以把扭矩引起的转角换成电信号的相位差。

4. 霍尔式传感器转速测量

图4-29是几种霍尔式传感器转速信号检测示意图。在被测转速的转轴上安装一个转盘，也可选取机械系统中的一个齿轮，将开关型霍尔元件及磁路系统靠近齿盘，随着转盘的转动，磁路的磁阻也周期性变化，测量霍尔元件输出的脉冲频率就可以确定被测物的转速。转速 n 与脉冲频率 f 关系满足：

$$n = \frac{60f}{z} \qquad (4-6)$$

式中：z——齿盘每圈齿数，n——转速（单位：r/min）。

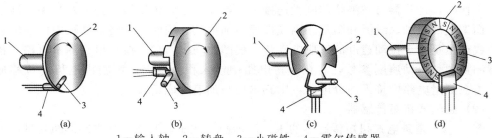

1—输入轴　2—转盘　3—小磁铁　4—霍尔传感器

图4-29　霍尔传感器转速测量示意图

霍尔式传感器转速测量系统如图 4 - 30 所示，由霍尔式转速传感器（包含霍尔元件及相关测量转换电路）及转速显示仪表（也称转速二次仪表）构成，其中转速二次仪表包括电源电路、计频电路、运算电路、显示电路等。

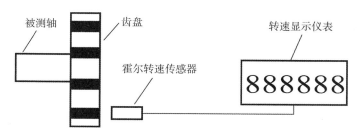

图 4 - 30　霍尔转速传感器转速测量系统

5. 磁电式传感器特性实验

（1）实验目的

了解磁电式测量转速的原理。

（2）基本原理

磁电传感器是一种将被测物理量转换成为感应电势的有源传感器（不需要电源激励），也称为电动式传感器或感应式传感器。根据电磁感应定律，一个匝数为 N 的线圈在磁场中切割磁感线时，穿过线圈的磁通量发生变化，线圈两端就会产生感应电势，线圈中感应电势：$E = -N \dfrac{\mathrm{d}\Phi}{\mathrm{d}t}$。线圈感应电势的大小在线圈匝数一定的情况下与穿过该线圈的磁通变化率成正比。当传感器的线圈匝数和永久磁钢选定（即磁场强度已定）后，使穿过线圈的磁通量发生变化的方法通常有两种：一种是让线圈和磁感线做相对运动，即利用线圈切割磁感线而使线圈产生感应电势；另一种则是把线圈和磁钢部固定，靠衔铁运动来改变磁路中的磁阻，从而改变通过线圈的磁通量。因此，磁电式传感器可分成两大类型：动磁式及可动衔铁式（即可变磁阻式）。本实验应用动磁式磁电传感器，是速度型传感器（$E = -N \dfrac{\mathrm{d}\Phi}{\mathrm{d}t}$），实验原理框图如图 4 - 31 所示。

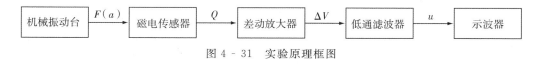

图 4 - 31　实验原理框图

（3）实验步骤

① 调节测微头远离振动台，不能妨碍振动台的上下运动。按图 4 - 32 所示接线，用示波器［正确选择双线（双踪）示波器的"触发"方式及其他（TIME/DIV：在 50 ms～20 ms 范围内选择；VOLTS/DIV：1 V～0.1 V 范围内选择）设置］监测差动放大器及低通滤波器（传感器信号）输出。

② 将低频振荡器幅度旋钮逆时针转到底（低频输出幅度最小），将低频振荡器的频率调到 8 Hz 左右，将差动放大器的增益电位器顺时针方向缓慢转到底，再逆时针回转 $\dfrac{1}{2}$。检查接线无误后合上主、副电源开关，调节差动放大器的调零电位器使示波器的轨

迹线（扫描线）移到中间（当示波器设置在 DC 挡有效）。

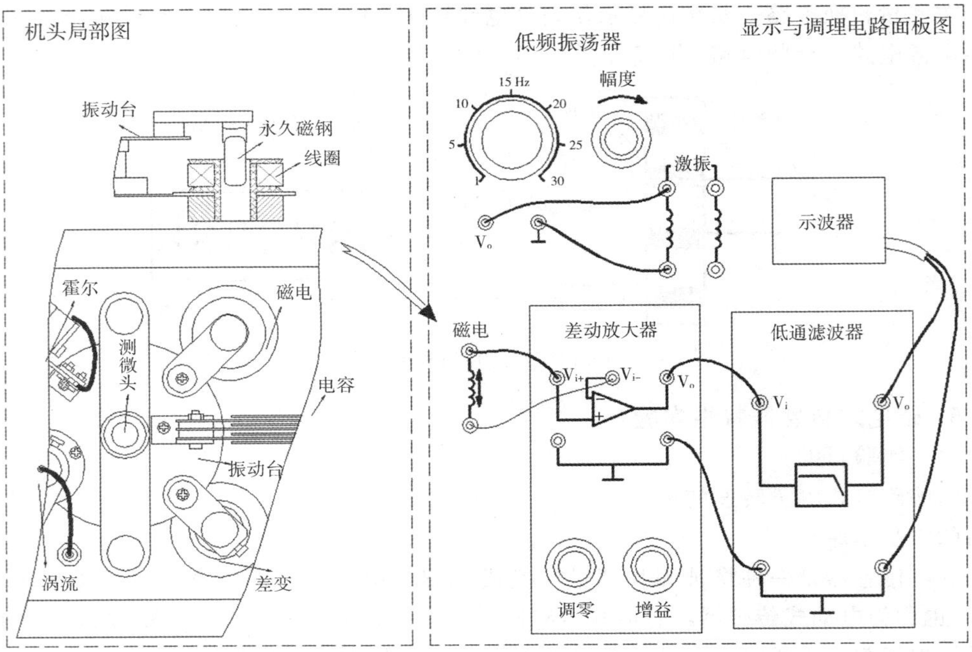

图 4 - 32　磁电传感器实验接线示意图

③ 调节低频振荡器幅度旋钮，使振动台振动较为明显（如振动不明显再调节频率），观察低通滤波器（传感器信号）输出波形的周期和幅值。

④ 在振动台起振范围内调节低频振荡器的频率观察输出波形的周期和幅值，调节低频振荡器的幅度观察输出波形的周期和幅值。

⑤ 从实验现象分析磁电传感器的特性（提示：与振动台的频率有关、速度型）。实验完毕关闭所有电源。

三、加速度计简介与选型

现代技术的发展使得加速度计日趋小型化，微机械加速度计的外形比硬币还小，并且已经集成到芯片上，而检测精度也普遍显著提高，如市场上流行的智能手机中也应用了类似的加速度计，作为重力下控制显示方向的开关。这种集成化是现代加速度计的重要发展方向。

工业中应用的加速度计一般为压电晶体传感器，除了压电式以外，还有电容式或电感式加速度计。如图 4 - 33 所示为压电加速度计的外形和内部结构原理。一般加速度计底面需要和振动体连接，而连接的牢固程度是表征拾振能力的重要指标。如果不够牢固，有可能使某些振动无法被检测到。例如，某一种压电传感器的最大拾振能力在用螺钉刚性连接时为 10 kHz（±10％误差），在用环氧胶或 502 胶水安装时为 6 kHz，在用磁力吸盘安装时为 2 kHz，在用双面胶安装时为 1 kHz。显然，螺纹连接的预紧力增加了传感器与检测表面的连接刚性。

如图 4 - 33（b）所示，加速度计中心部位是压电晶体质量块，而压电晶体通过弹簧（及阻尼）受力后产生电荷，电荷经过放大后转换为电压信号输出。需要指出的是，测定振动对人的影响时，常用重力加速度 g 作为单位。而分析和检测振动时常用加速度级来表述，加速度级是振动加速度同基准加速度之比的常用对数乘以 20，单位为分贝（dB），基准加速度规定为 $1~\mu m/s^2$。

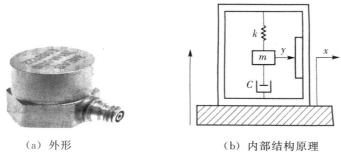

（a）外形　　　　　　　　　（b）内部结构原理

图 4-33　压电加速度计外形及内部结构原理

测量时，用户主要关心的技术指标为灵敏度、频率范围、内部结构、内置电路、现场环境与后续仪器配置等。

制造商在产品介绍或说明书中一般都给出传感器的灵敏度和参考量程范围，目的是让用户在选择不同灵敏度的加速度传感器时能方便地选出合适的产品。最小加速度检测值也称最小分辨力，考虑到后级放大电路噪声问题，应尽量远离最小可用值，以确保最佳信噪比。最大检测极限要考虑加速度传感器自身的非线性影响和后续仪器的最大输出电压。估算方法是"最大被测加速度×传感器电荷（电压）灵敏度"，其数值是否超过配套仪器的最大输入电荷（电压）值。如已知被测加速度范围可在传感器指标中的"参考量程范围"中选择（兼顾频率响应、质量）。同时，在频率响应、质量允许的情况下，尽量选择高灵敏度的传感器，以提高后续仪器输入信号的能力，提高信噪比。

在兼顾频率响应、质量的同时，可参照以下范围选择传感器灵敏度。土木工程和超大型机械结构的振动在 $1\sim100~m/s^2$，可选择灵敏度为 $300\sim30~pC/(m \cdot s^{-2})$ 的加速度传感器；特殊的土木结构（如桩基）和机械设备的振动在 $100\sim1~000~m/s^2$，可选择 $20\sim2~pC/(m \cdot s^{-2})$ 的加速度传感器。碰撞、冲击检测一般振动在 $10~000\sim1~000~000~m/s^2$，可选择 $0.2\sim0.002~pC/(m \cdot s^{-2})$ 的加速度传感器。

选择加速度传感器的频率范围应高于被测试件的振动频率。有倍频分析要求的加速度传感器的频率响应应更高。土木工程中的振动一般是低频振动，加速度传感器频率响应范围可选择 $0.2\sim1~kHz$，机械设备一般在中频段，可根据设备转速、刚度等因素综合估算振动频率，选择 $0.5~Hz\sim5~kHz$ 的加速度传感器。如发电机转速在 $3000~r/min$ 时，此时它的主频率为 $50~Hz$。碰撞、冲击检测高频居多。加速度传感器的质量、灵敏度与使用频率成反比，灵敏度高，质量大，使用频率低。

如内置电路传感器灵敏度的选型计算方法为：被测加速度值（g）＝最大输出电压（mV）/传感器灵敏度（mV/g）。如选用目前最为通用的 100 mV/g，可测 50 g 以内振动，如检测 100 g 的振动，则用 50 mV/g 的加速度计，其余以此类推。

某些测试现场的环境较为恶劣，考虑的因素较多，如防水、高温、安装位置、强磁电场及地回路等，均会给检测带来很大的影响。具体考虑环境因素如下。

1. 防水

防水有两个概念，即浅层防水和深层防水，深层防水较难，如三峡工程永久船闸闸门的振动监测，水深近百米，它涉及地回路干扰、高压渗水、导线防护、长期可靠性等诸多问题。

2. 高温

多数厂商给出的传感器温度范围为可用值，而不是高温状况的灵敏度。实际上，高温时灵敏度偏差较大，特殊用户应向厂商索取专用的高温时的灵敏度指标。灵敏度指标是保证测试准确的关键。

3. 位置限制

加速度传感器永久安装在现场会受到人为碰撞，应选择工业型长期监测加速度传感器，它外加防护罩，三角法兰安装，具有对地绝缘、防尘的作用。对出线方向有要求的可向制造商提出。对于不能触及的部位，可使用手持式加速度传感器（带长探针）。

4. 绝缘、地回路及磁电场

对磁电场较强的测试现场，应选择特殊外壳材料的加速度传感器和专用导线，此类研究国内少见。对于两点接地、潮湿等现场，可采用浮地型加速度传感器或绝缘型加速度传感器，同时要考虑导线接头的防护。没有特殊要求且干扰不大的工况，可用绝缘型加速度传感器，而永久型监测或干扰大的工况则应采用浮地型加速度传感器。这两种类型传感器的区别在于绝缘型产品的外壳为信号地，浮地型产品的外壳为屏蔽层。

附加质量在振动结构上安装的加速度传感器的质量要小于被测点的自身动态质量的 $\frac{1}{10}$ 即可，认为此时对被测信号的影响可以忽略。

需要指出的是，最全面反映振动的检测应该包括频率—幅值检测和频率—相位检测，一般工业检测只需要知道常用的某一频带的振动值，所以也出现了诸如振动烈度的概念。所谓振动烈度，依照振动速度，是指用振动速度的有效值来衡量机械振动特征。一般振动具有渐谐性质，所以有效值可以反映振动的烈度。有些国家采用振动速度的最大值作为衡量机械振动的指标。

项目小结

1. 光电效应就是在光线作用下，物体吸收光能量而产生相应电效应的一种物理现象。

2. 光电效应通常可分为外光电效应和内光电效应两种类型。

3. 在光线作用下，物体电导性能发生变化或产生一定方向电动势的现象称为内光电效应。

4. 基于内光电效应的光电元件有光敏电阻、光敏晶体管和光电池。

5. 在光线作用下，电子从物体表面逸出的物理现象称为外光电效应，也称光电发射效应。

6. 基于外光电效应的光电元件有光电管。

7. 光电传感器的测量属于非接触式测量，具有结构简单、非接触、高可靠性、高精度和反应快等优点。

8. 某些电介质在沿一定方向上受到外力的作用产生变形时，内部会产生极化现象，同时在其表面产生电荷；当外力去掉后，又重新回到不带电状态，这种现象称为压电效应。

9. 在电介质的极化方向上施加交变电场，它会产生机械变形，当去掉外加电场时，电介质变形随之消失，这种现象称为逆压电效应。

10. 压电式传感器主要用于动态作用力、压力和加速度的测量。

11. 磁电感应式传感器又称磁电式传感器，是利用电磁感应原理将被测量（如振动、位移、转速等）转换成电信号的一种传感器。

⊙ 自我测评

一、单项选择题

1. 下列哪一种接近开关对玻璃、陶瓷和塑料等材料的灵敏度最差？（　　　）
   A. 电感式　　　　　B. 电容式　　　　　C. 光电式　　　　　D. 霍尔式

2. 霍尔式接近开关的工作原理是（　　　）。
   A. 热电效应　　　B. 光电效应　　　C. 霍尔效应　　　D. 电涡流效应

3. 受到光照会改变电导率的元器件是（　　　）。
   A. 三极管　　　　B. 光敏电阻　　　C. 二极管　　　　D. 光电池

4. 压电式传感器目前多用于测量（　　　）。
   A. 静态的力或压力　　B. 动态的力或压力　C. 速度　　　　D. 加速度

5. 压电石英晶体表面上产生的电荷密度与（　　　）。
   A. 晶体厚度成反比　　　　　　　　B. 晶体面积成正比
   C. 作用在晶体上的压力成正比　　　D. 剩余极化强度成正比

6. 压电陶瓷传感器与压电石英晶体传感器的比较是（　　　）。
   A. 前者比后者灵敏度高得多　　　　B. 后者比前者灵敏度高得多
   C. 前者比后者性能稳定性高得多　　D. 后者比前者性能稳定性高得多

7. 在下列传感器中，将被测物理量的变化量直接转达化为电荷变化量的是（　　　）。
   A. 压电式传感器　　　　　　　　　B. 电容式传感器
   C. 自感式传感器　　　　　　　　　D. 电阻式传感器

8. 蜂鸣器中发出"嘀……嘀……"声的压电片发声原理是利用压电材料的（　　　）。
   A. 应变效应　　　B. 电涡流效应　　C. 压电效应　　　D. 逆压电效应

9. 将超声波（机械振动波）转换成电信号是利用压电材料的（　　　）。
   A. 应变效应　　　B. 电涡流效应　　C. 压电效应　　　D. 逆压电效应

10. 使用压电陶瓷制作的力或压力传感器可测量（　　　）。
    A. 人的体重　　　　　　　　　　　B. 车刀的压紧力
    C. 车刀在切削时感受到的切削力的变化量　D. 自来水管中的水的压力

二、填空题

1. 外光电效应可生成的光电元件有_____、光电倍增管、紫外线传感器。

2. 内光电效应可生成得光电元件有_____、光电池、光敏二极管、光敏晶体管、光敏晶闸管。

3. 光电检测需要具备的条件是：光源、＿＿＿＿和光电元件。

4. 光电传感器的类型有：被测物发光、＿＿＿＿、被测物透光、被测物遮光。

5. 常见的压电材料有：石英晶体、＿＿＿＿、高分子压电材料。

6. 超声波探头按原理分为压电式、＿＿＿＿、电磁式等。

7. 压电式传感器的工作原理是基于某些电介质材料的＿＿＿＿。

8. 用石英晶体制作的压电式传感器中，晶面上产生的＿＿＿＿与作用在晶面上的压强成正比，而与晶片的＿＿＿＿和面积无关。

9. 压电陶瓷是人工制造的多晶体，是由无数细微电畴组成的。电畴具有自己的＿＿＿＿方向。经过＿＿＿＿过的压电陶瓷才具有压电效应。

10. 沿着压电陶瓷极化方向加力时，其＿＿＿＿发生变化，引起垂直于极化方向的平面上电荷的变化而产生压电效应。

三、判断题

1. 光电式传感器的优点是能适应恶劣环境。（　）

2. 压电元件的输出量是电荷。（　）

3. 压电式加速度传感器在安装压电片时必须加一定的预应力，以保证压电片在交变力作用下始终受到力的作用。（　）

4. 压电式加速度传感器在安装压电片时必须加一定的预应力，以保证两压电片接触良好。（　）

5. 压力是垂直而均匀地作用在单位面积上的力。（　）

6. 动圈式显示仪表的测量机构为磁电系检流计。（　）

7. 对石英晶体施加变化的作用力时，晶体内部会产生极化现象，从而产生压电效应。（　）

8. 沿石英晶体的光轴方向施加作用力时，晶体内部会产生极化现象，从而产生压电效应。（　）

9. 光电效应就是在光线作用下，物体吸收光能量而产生相应电效应的一种物理现象。（　）

10. 压电式传感器主要用于动态作用力、压力和加速度的测量。（　）

四、问答题

1. 什么是压电效应？

2. 光电传感器的光电效应通常分为几类？与之对应的光电元器件有哪些？

3. 各种光电元器件的基本连接电路是怎么样的？

4. 举例说明光电传感器实际应用中的工作原理。

5. 磁电式传感器测量扭矩的工作原理是什么？

6. 简述霍尔传感器的基本工作原理及结构。

7. 霍尔元件在实际使用中应注意哪些主要问题？

8. 常用的压电材料有哪些？各有什么特点？

9. 以石英晶体为例说明压电晶体是怎么样产生压电效应的。

10. 霍尔式位移传感器是如何组成的？

项目五　液位与流量的检测

项目描述

我国是钢铁大国，2018 年我国的钢铁产量破 9 亿吨，其中在冶炼钢铁的过程中，熔化的铁水需要测量液位，液位测量就是通过对液体的高度测量来掌握液体有多少，凡是有液体池、液体罐的地方都会用到。自来水厂的各种净化处理水池就需要对液位进行测量，以掌握水的储量；路边的加油站也要用液位储量掌握储油池中的油量，液位的测量在现实生活中应用非常广泛。在工业生产过程中，不仅需要液位的检测，当物料在管道进行运输的时候还需要对物料的流量进行检测。

本项目主要讲解可用于进行液位和流量检测的传感器。

知识目标

1. 了解液位和流量的检测方法；
2. 掌握电容式传感器的测量液位工作原理；
3. 了解电容式传感器在其他方面的应用；
4. 掌握超声波传感器测量流量的工作原理；
5. 了解超声波传感器在其他方面的应用。

技能目标

1. 能根据被检测情况选择合适的传感器；
2. 能熟练使用电容式传感器和超声波传感器测量液位和流量；
3. 能准确连接测量电路；
4. 超声波传感器的应用。

任务一　液位计

液体介质液面的相对高度或表面位置称为液位。

同一容器中，两种密度不同但互不相容的液体介质，其分界面的位置称为界面。相应的测量仪表称为料位计或液位计、界面计，统称为物位计。

物位检测的目的在于正确获知容器设备中所储存物质的容积或质量，监视和控制容器内的介质物位，使它保持在一定的工艺要求的高度，或对它的上限和下限位置进行报警，以及根据物位来连续监视或调节容器中流入或流出物料的平衡。电容式传感器在检测液位中有着广泛的应用，我们这节课就来学习工作原理。

一、电容式传感器的原理及应用

电容式传感器是以各种类型的电容器作为传感元件，将被测的物理量或机械量转换成电容量变化的一种转换装置，再经转换电路转换为电压、电流。实际上就是一个具有可变参数的电容器。电容式传感器广泛应用于位移、液位、振动、速度、压力等方面的测量，最常见的是平行板型电容器或圆筒型电容器。电容式传感器的优点：（1）可获得200％以上的相对变化量；（2）能在恶劣的环境条件下工作；（3）所需的激励源功率小，本身发热问题可不予考虑；（4）动态响应比电感传感器快。

1. 电容式传感器的工作原理及结构形式

电容传感器的工作原理可以用平板电容器来说明。当忽略边缘效应时，其电容为

$$C=\frac{\varepsilon A}{d}=\frac{\varepsilon_0 \varepsilon_r A}{d} \tag{5-1}$$

式中：A——两极板相互遮盖的有效面积（m^2）；

d——两极板间的距离，也称为极距（m）；

ε——两极板间介质的介电常数（F/m）；

ε_r——两极板间介质的相对介电常数；

ε_0——真空介电常数，$\varepsilon_0=8.85\times10^{-12}$（F/m）

根据式（5-1）中 A、d、ε 三个参量，改变其中的一个参数，均可使电容 C 改变。也就是说，电容 C 是 A、d、ε 的函数，这就是电容传感器的基本工作原理。固定三个参量中的两个，可以制作成三种类型的电容传感器：变面积式电容传感器、变极距式电容传感器、变介电常数式电容传感器。

（1）变面积式电容传感器

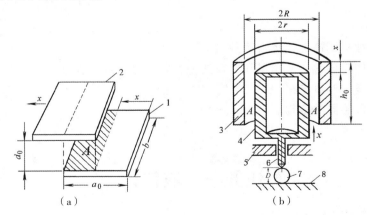

1—定极板 2—动极板 3—外圆筒 4—内圆筒 5—导轨 6—测杆 7—被测物 8—水平基准

图 5-1 变面积式电容传感器

图 5-1（a）是平板形直线位移式结构，其中极板 2 可以左右移动，称为动极板。极板 1 固定不动，称为定极板。图 5-1（b）是同心圆筒形变面积式传感器。外圆筒不

动，内圆筒在外圆筒内做上、下直线运动。

设两极板原来的遮盖长度为 a_0，极板宽度为 b，极距固定为 d_0，当动极板随被测物体向左移动 x 后，两极板的遮盖面积 A 将减小，电容也随之减小，电容 C_x 为

$$C_x = \frac{\varepsilon b (a_0 - x)}{d_0} = C_0 \left(1 - \frac{x}{a_0}\right) \tag{5-2}$$

式中：C_0——初始电容值。

$$C_0 = \frac{\varepsilon b a_0}{d_0} \tag{5-3}$$

在变面积电容传感器中，电容 C_x 与直线位移 x 成正比。

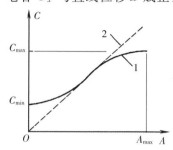

图 5-2　电容与直线位移图像

变面积式电容传感器的输出特性在一小段范围内是线性的，灵敏度是常数。这一类传感器多用于检测直线位移、角位移、尺寸等参量。

（2）变极距式电容传感器

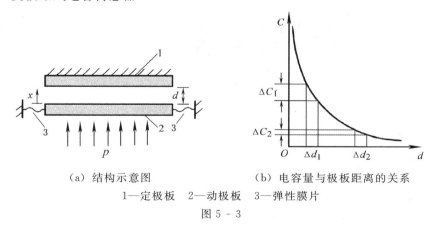

（a）结构示意图　　　　　（b）电容量与极板距离的关系

1—定极板　2—动极板　3—弹性膜片

图 5-3

当动极板 2 受被测物体的作用发生上下位移变化时，上下两极板的距离 d 发生变化，从而是电容发生了变化，设初始极距为 d_0，当动极板向上位移时，极板间距减小了 x 值后，忽略平板电容的边缘反应，其电容变大。则有

$$C_x = \frac{\varepsilon A}{d_0 - x} = C_0 \left(1 + \frac{x}{d_0 - x}\right) \tag{5-4}$$

（3）变介电常数式电容传感器

各种介质的相对介电常数不同，所以在电容器两极板间插入不同介质时，电容器的电容量也就不同。几种介质的相对介电常数如表 5-1。

表 5 - 1　　几种介质的相对介电常数

介质名称	相对介电常数（F/m）	介质名称	相对介电常数（F/m）
真空	1	玻璃釉	3～5
空气	略大于 1	SiO_2	38
其他气体	1～1.2	云母	5～8
变压器油	2～4	干的纸	2～4
硅油	2～3.5	干的谷物	3～5
聚丙烯	2～2.2	环氧树脂	3～10
聚苯乙烯	2.4～2.6	高频陶瓷	10～160
聚四氟乙烯	2.0	低频陶瓷、压电陶瓷	1000～10000
聚偏二氟乙烯	3～5	纯净的水	80

当某种被测介质处于两极板间时，介质的厚度 δ 越大，电容 C_δ 也就越大。C_δ 等效于空气所引起的电容 C_1 和被测介质所引起的电容 C_2 的并联。

$$C_\delta = \frac{1}{\frac{1}{C_1} + \frac{1}{C_2}} = \frac{1}{\frac{1}{\frac{\varepsilon_0 A}{d-\delta}} + \frac{1}{\frac{\varepsilon_0 \varepsilon_r A}{\delta}}} = \frac{\varepsilon_0 A}{d-\delta+\frac{\delta}{\varepsilon_r}} \qquad (5-5)$$

式中：C_1——空气介质引起的等效电容；C_2——被测介质引起的等效电容；δ——介质的厚度；d——极距。

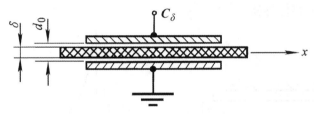

图 5 - 4　变介电常数电容传感器

不同介质对变介电常数电容器的影响很大。当介质厚度 δ 保持不变，而相对介电常数 ε_r 改变时，该电容器可作为相对介电常数 ε_r 的测试仪器。又如，当空气湿度变化，介质吸入潮气（$\varepsilon_{r水}=80$）时，电容将发生较大的变化。因此该电容器又可作为空气相对湿度传感器。反之，若 ε_r 不变，则可作为检测介质厚度的传感器。

2. 电容式传感器的测量转换电路

目前较常用的有电桥电路、调频电路、脉冲调宽电路和运算放大器式电路等，这里我们只介绍电桥电路和脉冲调制电路。

（1）二极管双 T 形交流电桥电路

U_i 是频率为 f 的高频激励电源（约 1 MHz），它提供了幅值对称的方波。VD_1、VD_2 为特性完全相同的两只二极管，固定电阻 $R_1 = R_2 = R$，C_1、C_2 为传感器的两个差动电容，初始值 $C_1 = C_2$。在 U_i 为正半周时，VD_1 导通、VD_2 截止，于是电容 C_1 快速充电到 U_i 的幅值，有电流 I_1 流过 R_L。在随后的负半周期间，VD_1 截止、VD_2 导通，于是电容 C_2 快速充电到 U_i 的幅值，而电容 C_1 放电，有电流 I_2 逆向流过 R_L。

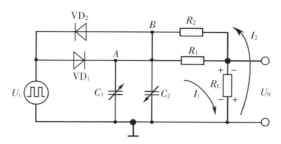

图 5 - 5 二极管双 T 形交流电桥电路

电路的灵敏度 K_T 与激励电源电压幅值 U_i 以及频率 f 有关，故对激励电源稳定型要求较高。选取 U_i 的幅值高于二极管死区电压的 10 倍以上，可使二极管 VD_1、VD_2 工作在线性区域。R_1、R_2 及 R_L 的取值范围为 $10\sim100$ kΩ。可以在 R_L 之后设置低通滤波器，能获得平稳的直流输出电压。

双 T 形电桥电路具有以下特点：

① 电路较为简单；

② 差动电容传感器、信号源、负载有一个公共的接地点，不易受干扰；

③ VD_1 和 VD_2 工作在伏安特性的线性段，死区电压影响较小；

④ 输出信号为幅值较高的直流电压。

（2）脉冲调制电路

利用某种方法对半导体开关器件的导通和关断进行控制，在电路的输出端得到一系列按一定规律变化的、幅值相等的、宽度不相等的脉冲。

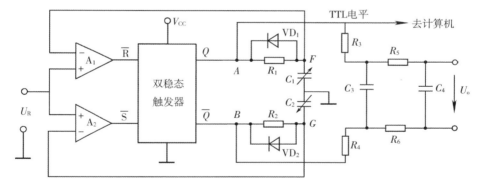

图 5 - 6 脉冲调制电路

脉冲调制电路分析：当双稳态触发器的 Q 端输出为高电平时，A 点通过 R_1 对 C_1 充电，F 点电位逐渐升高。在 Q 端为高电平期间，$\overline{Q}$ 端为低电平，电容 C_2 通过低内阻的二极管 VD_2 迅速放电，G 点电位被钳制在低电平。当 F 点电位升高超过参考电压 U_R 时，比较器 A_1 产生一个"置零脉冲"，触发双稳态触发器翻转，A 点跳变为低电位，B 点跳变为高电位。此时 C_1 经二极管 VD_1 迅速放电，F 点被钳制在低电平，而同时 B 点高电位经 R_2 向 C_2 充电。当 G 点电位超过 U_R 时，比较器 A_2 产生一个"置 1 脉冲"，使触发器再次翻转，A 点恢复为高电位，B 点恢复为低电位。如此周而复始，在双稳态触发器的两输出端各自产生一个宽度受 C_1、C_2 调制的脉冲波形。当 $C_1>C_2$ 时，$t_1>$

t_2，经低通滤波器后，获得的输出电压平均值 U_o 为正值。

3. 电容式传感器的位移实验

（1）基本原理

电容传感器是以各种类型的电容器为传感元件，将被测物理量转换成电容量的变化来实现测量的。电容传感器的输出是电容的变化量。利用电容 $C = \dfrac{\varepsilon A}{d}$ 关系式通过相应的结构和测量电路可以选择 ε、A、d 中三个参数中，保持两个参数不变，而只改变其中一个参数，则可以得到测干燥度（ε 变）、测位移（d 变）和测液位（A 变）等多种电容传感器。电容传感器极板形状分成平板、圆板形和圆柱（圆筒）形，虽然还有球面形和锯齿形等其他的形状，但一般很少用。本实验采用的传感器为两组静态极片与一组动极片组成两个平板式变面积差动结构（两个平板式变面积电容变化量之差 $\Delta C = \Delta C_1 - \Delta C_2$）的电容位移传感器，差动式一般优于单组（单边）式的传感器。它灵敏度高、线性范围宽、稳定性高。二极管环形充放电电路如图 5 - 7 所示。

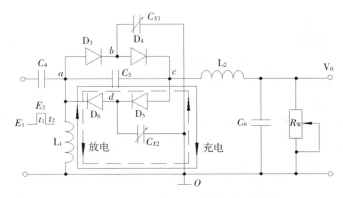

图 5 - 7　二极管环形充放电电路

在图 5 - 7 中，环形充放电电路由 D_3、D_4、D_5、D_6 二极管、C_5 电容、L_1 电感和 C_{X1}、C_{X2} 实验差动电容位移传感器组成。

当高频激励电压（$f > 100\ \text{kHz}$）输入到 a 点，由低电平 E_1 跃到高电平 E_2 时，电容 C_{X1} 和 C_{X2} 两端电压均由 E_1 充到 E_2。充电电荷一路由 a 点经 D_3 到 b 点，再对 C_{X1} 充电到 O 点（地）；另一路由 a 点经 C_5 到 c 点，再经 D_5 到 d 点对 C_{X2} 充电到 O 点。此时，D_4 和 D_6 由于反偏置而截止。在 t_1 充电时间内，由 a 到 c 点的电荷量为

$$Q_1 = C_{X2}\ (E_2 - E_1) \tag{5 - 6}$$

当高频激励电压由高电平 E_2 返回到低电平 E_1 时，电容 C_{X1} 和 C_{X2} 均放电。C_{X1} 经 b 点、D_4、c 点、C_5、a 点、L_1 放电到 O 点；C_{X2} 经 d 点、D_6、L_1 放电到 O 点。在 t_2 放电时间内由 c 点到 a 点的电荷量为

$$Q_2 = C_{X1}\ (E_2 - E_1) \tag{5 - 7}$$

当然，式（5 - 7）和式（5 - 8）是在 C_5 电容值远远大于传感器的 C_{X1} 和 C_{X2} 电容值的前提下得到的结果。电容 C_5 的充放电回路如图 5 - 7 中实线、虚线箭头所示。

在一个充放电周期内（$T = t_1 + t_2$），由 c 点到 a 点的电荷量为

$$Q = Q_2 - Q_1 = (C_{X1} - C_{X2})(E_2 - E_1) = \Delta C_X\,\Delta E \tag{5 - 8}$$

式中：C_{X_1} 与 C_{X_2} 的变化趋势是相反的（传感器的结构决定的，是差动式）。

设激励电压频率 $f=\dfrac{1}{T}$，则流过 ac 支路输出的平均电流 i 为：

$$i=fQ=f\,\Delta C_X\,\Delta E \qquad\qquad (5-9)$$

式中：ΔE——激励电压幅值；ΔC_X——传感器的电容变化量。

由式（5-10）可看出：f、ΔE 一定时，输出平均电流 i 与 ΔC_X 成正比，此输出平均电流 i 经电路中的电感 L_2、电容 C_6 滤波变为直流 I 输出，再经 R_W 转换成电压输出 $V_{o1}=IR_W$。由传感器原理已知 ΔC 与 ΔX 位移成正比，所以通过测量电路的输出电压 V_{o1} 就可知 ΔX 位移。

（1）电容式位移传感器实验原理方块图（如图 5-9）

图 5-8　电容式位移传感器实验方块图

（2）需用器件与单元

机头中的振动台、测微头、电容传感器；显示面板中的 F/V 表（或电压表）；调理电路面板传感器输出单元中的电容；调理电路单元中的电容变换器、电压放大器。

（3）实验步骤

① 按图 5-9 所示接线。调节测微头的微分筒使测微头的测杆端部与振动台吸合，再逆时针调节测微头的微分筒（振动台带动电容传感器的动片阻上升），直到电容传感器的动片组与静片组上沿基本平齐为止（测微头的读数大约为 20 mm 左右），作为位移的起始点。

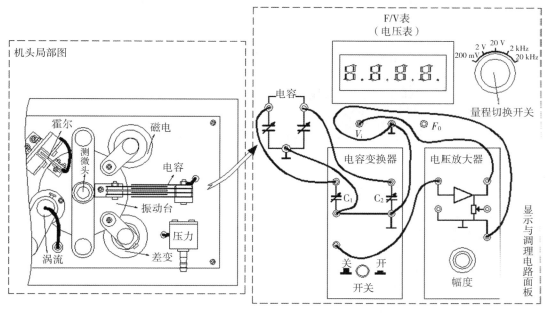

图 5-9　电容传感器位移测量系统接线示意图

② 将显示面板中的 F/V 表（或电压表）的量程切换开关切换到 20 V 挡，再将电容

变换器的按钮开关按一下（开）。检查接线无误后，合上主、副电源开关，读取电压表显示值为起始点的电压，填入下表 5 - 2 中。

③ 仔细、缓慢地顺时针调节测微头的微分筒一圈 $\Delta X = 0.5$ mm（不能转动过量，否则回转会引起机械回程差）从 F/V 表（或电压表）上读出相应的电压值，填入下表中，以后，每调节测微头的微分筒一圈 $\Delta X = 0.5$ mm 读出相应的输出电压直到电容传感器的动片组与静片组下沿基本平齐为止。

表 5 - 2　电容传感器测位移实验数据

X（mm）			……			……		
V（V）								

④根据表 5 - 2 数据作出 ΔX-ΔV 实验曲线，在实验曲线上截取线性比较好的线段作为测量范围并在测量范围内计算灵敏度 $S = \dfrac{\Delta V}{\Delta X}$ 与线性度。实验完毕，关闭所有电源开关。

二、电容式传感器在其他方面的应用

电容式传感器不仅在测量液位时有着广泛应用，而且在其他场合应用也非常广泛。例如，加速度传感器在汽车中的应用。

1. 电容加速度传感器

图 5 - 10　安全气囊的使用

当测得的负加速度值超过设定值时，气囊电控单元据此判断发生了碰撞，就会启动轿车前部的折叠式安全气囊使其迅速充气而膨胀，托住驾驶员及前排乘员的胸部和头部。

微电子机械系统（MEMS）技术可以将一块多晶硅加工成多层结构，制作"三明治"摆式硅微电容加速度传感器。在硅衬底上，制造出三个多晶硅电极，组成差动电容 C_1、C_2。底层多晶硅和顶层多晶硅固定不动。中间层多晶硅是一个可以上下微动的振动片，左端固定在衬底上，所以相当于悬臂梁。它的核心部分可以比 φ 小 3 mm 左右，与测量转换电路一起封装在贴片 IC 封装中。工作电压为 $2.7 \sim 5$ V，可输出与加速度成正比的电压。

"三明治"摆式硅微电容加速度传感器结构有：

（1）贴片封装外形。

（2）"三明治"多晶硅多层结构。

（3）加速度测试单元的工作原理。

2. 电容式油量表

当油箱中无油时，电容传感器的电容 C_{x0} 为最小值。此时应使电桥输出为零。油量表调零过程如下：首先断开减速箱与 R_P 的机械连接，将 R_P 人为地调到零，即电位器 R_P 的滑动臂位于 0 点。此时 $R_3 = R_4$。再调节可变电容 C_0，使 $C_0 = C_{x0}$；

此时，电桥满足：$\dfrac{X_{Cx0}}{X_{C0}} = \dfrac{R_4}{R_3}$。

当油箱中注入油，液位上升至 h 处，$C_x = C_{x0} + \Delta C_x$，$\Delta C_x$ 与 h 成正比。此时电桥失去平衡，电桥的输出电压经放大后驱动伺服电动机，再由减速箱减速后，带动指针顺时针偏转，同时带动 R_P 的滑动臂向 c 点移动，从而使 R_P 的阻值增大，$R_{cd} = R_3 + R_P$ 也随之增大。当 R_P 阻值达到一定值时，$\dfrac{(C_{x0} + \Delta C_x)}{C_0} = \dfrac{(R_3 + R_P)}{R_4}$，电桥又达到新的平衡状态，输出电压再次等于零，于是伺服电动机停转，指针停留在转角为 $\theta_{\max}$ 处。

当油位降低时，伺服电动机反转，指针逆时针偏转，同时带动 R_E 的滑动臂移动，使 R_P 阻值减小。当 R_P 阻值达到某一数值时，电桥又达到新的平衡状态，$U_0 = 0$，于是伺服电动机再次停转，指针停留在与该液位相对应的转角 θ 处。该装置采用了闭环零位式测量方法。

3. 电容式接近开关

被检测物体可以是导电体、介质损耗较大的绝缘体、含水的物体（例如饲料、人体等）；可以是接地的，也可以是不接地的。调节接近开关尾部的灵敏度调节电位器，可以根据被测物的性质，来改变动作距离。

电容接近开关的工作原理：电容接近开关的感应板由两个同心圆金属平面电极构成。当没有被测物体靠近电容接近开关时，由于 C_1 与 C_2 很小，RC 振荡器停振。当被测物体朝着电容接近开关的两个同心圆电极靠近时，两个电极与被测物体构成电容 C，接到 RC 振荡回路中，等效电容 C 等于 C_1、C_2 的串联结果。

当 C 增大到设定数值后，RC 振荡器起振。振荡器的高频输出电压 U_o 经二极管检波和低通滤波器，得到正半周的平均值。再经直流电压放大电路放大后，U_{o1} 与灵敏度调节电位器 R_P 设定的基准电压 U_R 进行比较。若 U_{o1} 超过基准电压时，比较器翻转，输出动作信号（高电平或低电平），从而起到了检测有无物体靠近的目的。

齐平式　　　　　　　　非齐平式

图 5 - 11　电容接近开关类型图

三、传感器在液位检测系统中的应用

1. 物位及物位传感器分类

（1）物位

① 物位的基本概念

物位是液位、料位和界面的总称，如图5-12所示。液位指各种容器设备中液体介质液面的高低；料位指固体或颗粒状物料的堆积高度；界面指两种不同溶液体介质的分界面的高低。根据具体用途分为液位计、料位计和界面计。

液位   料位   界面

图5-12   液位、料位和界面示意图

② 物位测量的作用

工业上通过物位测量能正确获取各种容器或设备中所储物质的体积和质量，能迅速正确反映某一特定基准面上物料的相对变化，监视或连续控制容器设备中的介质物位，或对物位上下极限位置进行报警。并且在许多生产过程中，物料的变化将影响压力、温度、流量等工艺变量的稳定。

物位测量的作用主要有以下三个方面：

a. 确定容器中的贮料数量，以保证连续生产的需要或进行经济核算；

b. 监视或控制容器的物位，使它保持在规定的范围内；

c. 对它的上下极限位置进行报警，以保证生产安全、正常进行。

（2）物位传感器主要类型

物位测量传感器的分类方式很多，如果按照工作方式可以分为接触式和非接触式两大类。如果按工作原理可分为下列几种类型：

① 直读式

直读式液位传感器是根据连通器原理工作的，容器的液位可以直接读出。这类传感器主要有玻璃管液位计（见图5-13）、玻璃板液位计等。

图5-13   玻璃管液位计

② 浮力式

浮力式液位计（见图 5 - 14）根据浮子高度随液位高低而改变或液体对浸沉在液本中的浮子（或称沉筒）的浮力随液位高度的变化而变化的原理测量液位。其检测元件有浮子、浮球和沉筒式等几种。根据测量原理，可以分为恒浮力式和变浮力式两大类型。

图 5 - 14　浮力式液位计

其中浮筒液位计是根据阿基米德原理进行测量的，当液面由最低到最高时，浮筒所受的浮力将增加。校验浮筒液位计常用两种方法：灌液法和挂重法。

③ 差压式

根据液柱或物料堆积高度变化对某点上产生的静（差）压力的变化的原理测量物位。

④ 电学式

把物位变化转换成各种电量变化，通过测量这些电量的变化而测量物位。又可以分为电阻式、电感式和电容式等几种。

⑤ 辐射式

根据同位素射线的核辐射透过物料时，其强度随物质层的厚度变化而变化的原理测量液位。

⑥ 声学式

根据物位变化引起声阻抗和反射距离变化而测量物位，又可以分为声波遮断式、反射式和声阻尼式。例如，超声波液位计就是较常用的声学式液位计。

⑦ 其他形式

如微波式（雷达液位计）、激光式、射流式、光学式等。

一般直读式、浮力式、差压式、电学式都属于接触测量，而辐射式、声学式、微波式、光学式等都属于非接触测量。

2. 差压式液位计

（1）差压式液位计测量原理

对于不可压缩的液体，容器底部的压力与高度成正比。差压式液位计（见图 5 - 15）就是利用容器中的液位改变时，液柱产生的差压也相应变化的原理进行测量的。利用压力或差压变送器可以很方便地测量液位，而且能输出标准电流信号。

如图 5 - 16 所示为差压式液位计测量密闭容器液位的原理图。将差压变送器与容器底部水平安装，通过引压管把容器底部静压与差压变送器的正压室连接，将容器上端气相与压力表和差压变送器的负压室连接。

 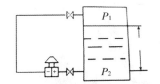

图 5 - 15　差压式液位计　　　　图 5 - 16　差压式液位计原理图

根据流体静力学原理，可知：

$$P_2 = P_1 + \rho g H \qquad (5-10)$$

式中：H——液位高度；

ρ——液体的密度；

g——重力加速度。

容器上下压力差与液位的关系为

$$\Delta P = \rho g H \qquad (5-11)$$

通常被测介质密度是已知的，所以压力差和液位成正比，只要测出压力差就可知液位的高度。

对于上端与大气相通的敞口容器，图中的压力 P_1 即大气压力 P_0，其压力差的计算方法和密闭容器相同，压力差和液位关系为 $\Delta P = P_2 - P_0 = \rho g H$。

（2）零点迁移问题

① 无迁移

使用差压变送器测量液位高度时，一般情况下，应该测得的压力差和液位成正比，即 $\Delta P = \rho g H$。当液位高度 $H = 0$ 时，压差 $\Delta P = 0$，即差压变送器的正压室和负压室压力相等，对于输出范围为 4～20 mA 的差压变送器，输出电流 $I = 4$ mA；当液位高度达到最大时，压力差也达到最大值，此时输出电流 $I_0 = 20$ mA。这属于"无迁移"情况。

但是在实际应用中，液位高度 H 和压力差 ΔP 之间的关系往往不是这么简单的，可能会出现液位高度为 0 时，压力差不为 0 的情况。由于安装位置条件不同，可能存在着零点迁移问题。

② 正迁移

如果压力变送器与容器底部不在相同高度处，如图 5 - 17 所示，差压变送器在容器下方 h 处。

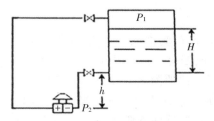

图 5 - 17　正迁移原理图

这时作用在差压变送器正、负压室的压力关系为 $P_2 = P_1 + \rho g (H+h)$。

则压差

$$\Delta P = P_2 - P_1 = \rho g H + \rho g h \qquad (5-12)$$

当液位高度 $H=0$ 时，压力差 $\Delta P = \rho g h > 0$。即当容器内液位为 0 时，差压变送器的正、负压室压力不同，输出一个正的压力差，这时差压变送器的输出就大于 4 mA；当液位达到最大值时，差压变送器的输出就会大于 20 mA。这是由于引压管中高度为 h 的液柱产生了压力造成的。这种现象被称为"正迁移"。

为了使传感器的输出能够正确反映液位的高度，就要采取措施使液位的零值与变送器 4 mA 的输出相对应，满度值与变送器 20 mA 的输出相对应。一般可以通过在传感器中加迁移弹簧，以抵消固定正差压 $\rho g h$ 的影响。

迁移弹簧的作用就是改变了变送器的零点，但是不改变其量程。即同时改变了测量范围的上、下限，相当于测量范围的平移。

③ 负迁移

有时为了防止容器内液体和气体进入变送器而造成引压管堵塞或腐蚀，需要在正、负压室和取压点之间安装隔离罐，并充以密度为 ρ_1 的隔离液，如图 5-18 所示。

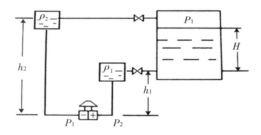

图 5-18　负迁移原理图

这时作用在差压变送器正、负压室的压力分别为

$$P_1 = P_0 + \rho_1 g h_2$$
$$P_2 = P_0 + \rho g h + \rho_1 g h_1$$

则压力差

$$\Delta P = P_2 - P_1 = \rho g h + \rho_1 g (h_1 - h_2) \qquad (5-13)$$

当液位高度 $H=0$ 时，压力差 $\Delta P = \rho_1 g (h_1 - h_2) < 0$。即当容器内液位为 0 时，差压变送器的正、负压室压力不同，输出一个负的压力差，这时差压变送器的输出就小于 4 mA；当液位达到最大值时，差压变送器的输出就会小于 20 mA。这种现象被称为"负迁移"。在传感器中加迁移弹簧，抵消固定负差压 $\rho_1 g h g (h_1 - h_2)$ 的影响。

正、负迁移的区别在于：当液位高度 $H=0$ 时，若固定压差 $\Delta P < 0$，则为负迁移；当液位高度 $H=0$ 时，若固定压差 $\Delta P > 0$，则为正迁移。

3. 电容式物位计

电容式物位计是将物位的变化转换成电容量的变化，通过测量电容量的大小来间接测量物位高低的物位测量传感器。它由电容物位或液位传感器和检测电容的测量线路组成。由于被测介质的不同，电容式物位传感器有多种不同形式。

（1）电容式液位计

电容两极板之间的介质发生变化时，电容量的大小也会发生变化。因此，可通过在电容两个极板之间介质高度的变化引起电容量变化的现象来测量液位、料位和两种不同液体的分界面。

电容式液位计是根据圆筒电容器原理进行工作的。对于不导电的液体，如果在两极板之间充入高度为 h 的液体，则会改变极板间介质高度，如图 5-20 所示。

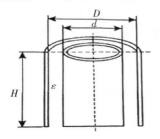
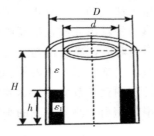

图 5-19　圆筒电容结构　　图 5-20　电容式液位计测量原理图

如果被测介质为导电性液体时，电极要用绝缘物（如聚乙烯）覆盖作为中间介质，而液体和外圆筒一起作为外电极。导电液体的液位测量如图 5-21 所示。在液体中插入一根带绝缘套管的电极。由于液体是导电的，容器和液体可视为电容器的一个电极，插入的金属电极作为另一电极，绝缘套管为中间介质，三者组成圆筒形电容器。

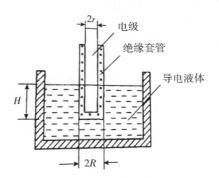

图 5-21　测量导电液体液位原理图

用电容式液位计测量导电液体的液位时，由于中间介质为绝缘套管，所以组成的电容器的介电常数是不变的。当液位变化时，电容器两极被浸没的长度也随之改变，相当于电极面积在改变。液位越高，电极被浸没的就越多，相应的电容量就越大。

电容式液位计可实现液位的连续测量和指示，也可与其他传感器配套进行自动记录、控制和调节。

（2）电容式料位计

用电容式料位计可以测量固体块状颗粒及粉料的料位。由于固体间磨损较大，容易"滞留"，可用电极棒及容器壁组成电容器的两极来测量非导电固体料位。如图 5-22 为用金属电极棒插入容器来测量料位的示意图。

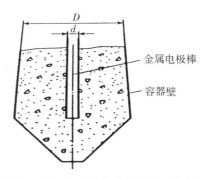

图 5 - 22　电容式物位计结构示意图

当罐内放入被测物料时，由于被测物料介电常数的影响，传感器的电容量将发生变化，电容量变化的大小与被测物料在罐内的高度有关，且成比例变化。检测出这种电容量的变化就可测定物料在罐内的高度。

4．超声波液位计

超声波液位计（见图 5 - 23）是由微处理器控制的数字物位传感器。在测量中，脉冲超声波传感器（换能器）发出声波，经物体表面反射后被同一传感器接收，转换成电信号，并由声波的发射和接收之间的时间来计算传感器到被测物体的距离。由于采用非接触的测量，被测介质几乎不受限制，可广泛用于各种液体和固体物料高度的测量。超声波液位计根据传声介质不同，可分为气介、液介、固介三类。

图 5 - 23　超声波液位计

超声波物位传感器是利用超声波在两种介质的分界面上的反射特性而制成的。如果从发射超声波脉冲开始，到换能器接收到反射波为止的这个时间间隔为已知，就可以求出分界面的位置，利用这种方法可以对物位进行测量。根据发射和接收的功能，传感器又可分为单换能器和双换能器。单换能器的传感器发射和接收超声波均使用一个换能器，而双换能器的传感器发射和接收各由一个换能器担任。

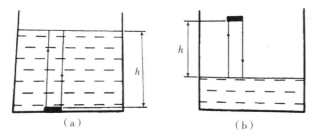

图 5 - 24　单换能器超声波液位计结构示意图

图 5 - 24 为单换能器物位传感器的结构示意图。超声波发射和接收换能器可设置在液体中，让超声波在液体中传播。由于超声波在液体中衰减比较小，所以即使发生的超声波脉冲幅度较小也可以传播。超声波发射和接收换能器也可以安装在液面的上方，让超声波在空气中传播，这种方式便于安装和维修，但超声波在空气中的衰减比较大。图 5 - 24（a）为发射接收器安装在容器底部，图 5 - 24（b）为发射接收器安装在液面的上方。

对于安装在液体中的单换能器，超声波从发射到液面，又从液面反射到换能器的距离为 2 倍的液位高度，已知超声波在液体中的传播速度为 v，则超声波传播的时间为

$$t = \frac{2h}{v} \qquad (5 - 14)$$

式中：h——换能器距液面的距离；

v——超声波在介质中传播的速度。

因此可以测得液位为

$$h = \frac{vt}{2} \qquad (5 - 15)$$

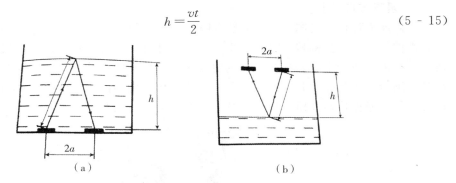

（a）   （b）

图 5 - 25   双换能器超声波液位计结构示意图

图 5 - 25 为双换能器液位传感器的结构示意图。

对于安装在液体中的双换能器来说，超声波从发射到被接收经过的路程为 $2s$，根据超声波在液体中传播的时间和速度可计算出传播距离为

$$s = \frac{vt}{2} \qquad (5 - 16)$$

因此液位高度为

$$h = \sqrt{s^2 - a^2} \qquad (5 - 17)$$

式中：

s——超声波反射点到换能器的距离；

a——两换能器间距的一半。

从以上公式中可以看出，只要测得超声波脉冲从发射到接收的间隔时间，便可以求得待测的物位。

超声波液位计精度高，使用寿命长，耐腐蚀，不受介质介电常数、电导率、热导率影响，但若液体中有气泡或液面发生波动，便会有较大的误差。在一般使用条件下，它的测量误差为 $\pm 0.1\%$，检测物位的范围为 $10^2 \sim 10^4$ m，所以安装时尽量避开气泡、障碍物、波浪等干扰因素。而且超声波液位计的耐温能力有限，超声波只能应用在常压常

温的范围内，大多数小于 60 ℃，个别特殊产品可达 100 ℃。超声波液位计在真空环境下无法测量，因为它需要空气作为传播介质。

超声波液位计针对有腐蚀性、含酸碱废水等来说，都是一种非常理想的测量工具。超声波液位计可测量的介质包括盐酸、硫酸、氢氧化物、废水、树脂、石蜡、泥浆、碱液和漂白剂等工业用剂，广泛应用于水处理、化工、电力、冶金、石油、半导体等行业。

5. 雷达液位计

（1）雷达液位计工作原理

雷达液位计（见图 5 - 26）和超声波液位计一样，也是采用非接触测量方法。雷达液位计和超声波液位计的主要区别是：超声波液位计用的是声波，雷达液位计用的是电磁波。相比于超声波，微波传播具有定向传播、准光学特性、传输特性好、对微波吸收与介质的介电常数成比例的特点。在化工、石化等工业领域，由于被测介质普遍存在高温、高压、腐蚀、挥发、冷凝等复杂工况，且对测量传感器有防爆要求，常采用非接触测量方法。

雷达液位计的基本工作原理是：发射—反射—接收。雷达液位计的工作原理如图 5 - 27 所示。

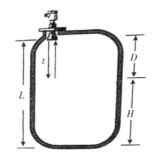

图 5 - 26　雷达液位计　　　图 5 - 27　雷达液位计工作原理图

雷达液位计的天线以波束的形式发射极窄的微波脉冲（电磁波信号），这些以光速运行的电磁波经被测对象表面反射回来的回波信号仍由天线接收，电磁波从发射到接收的时间与到液面的距离成正比，关系式为

$$D = \frac{ct}{2}$$　　　　　　　　　　　（式 5 - 18）

式中：D——雷达液位计到液面的距离；

c——光速；

t——电磁波运行时间。

根据原理图，容器高度为 L，雷达液位计到液面距离为 D，则容器中液体液位 $H = L - D$。

在实际应用中，雷达液位计有两种方式即调频连续波式和脉冲波式。采用调频连续波技术的液位计，功耗大，须采用四线制，电子电路复杂。而采用雷达脉冲波技术的液位计，功耗低，可用二线制的 24 V DC 供电，容易实现本质安全，精确度高，适用范围更广。

（2）雷达液位计的特点

雷达液位计最大的特点是适于在恶劣条件下工作。无论是有毒介质，还是腐蚀性介质，无论是固体、液体还是粉尘状、浆状介质，它都可以进行测量。雷达液位计可以连续准确地测量液位，探头几乎不受温度、压力、气体等的影响，维护方便，操作简单，并且可直接安装到储罐顶部，十分简单。

任务二　流量计

流量检测包括流量测量和流量的高低纤维报警，流量检测技术应用于冶金、电力煤炭、化工石油、交通、建筑、轻纺、食品、医药等行业实现节能降耗，提高经济效益。流量检测的发展可追溯到古代水利工程和城市供水系统。

在工业生产过程和日常生活中，流量是需要经常测量和控制的重要参数之一。流量是指单位时间内流过管道某截面流体的体积或质量，可以分别称为体积流量或质量流量 Q_v，如设流体的密度为 ρ，则二者之间的关系为 $Q_M = Q_v \rho$。在一段时间内流体流过一定截面的量称为累计流量也称总量。时间很短时，流体流过一定界面的量与时间之比称为瞬时流量。流量用体积表示时称为体积流量，用质量表示时称为质量流量。通过测量流速 v 而推算出流量的仪器称为流量计。

$$Q = vA \tag{5 - 19}$$
$$M = \rho Q = \rho v A \tag{5 - 20}$$

式中：Q——体积流量；

M——质量流量；

ρ——流体密度；

v——流体平均速度；

A——流体管道截面积。

由于流体的性质各不相同，如液体和气体在可压缩性上差别很大，其密度受温度、压力的影响也相差悬殊；各种流体的黏度、腐蚀性、导电性等也不一样，尤其是工业生产过程情况复杂，某些场合的流体伴随着高温、高压，甚至是气液两相或固液两相的混合流体。因此，很难用同一种方法测量流量。为满足各种情况下流量的检测，目前已有上百种流量计，以适用于不同的测量对象和场合。

超声波传感器

超声波传感器是将超声波信号转换成其他能量信号（通常是电信号）的传感器。超声波是振动频率高于 20 kHz 的机械波。它具有频率高、波长短、绕射现象小，方向性好、能够成为射线而定向传播等特点。超声波对液体、固体的穿透本领很大，尤其是在阳光下不透明的固体中。超声波碰到杂质或分界面会产生显著反射形成反射回波，碰到活动物体能产生多普勒效应。超声波传感器广泛应用在工业、国防、生物医学等方面。

1. 超声波原理

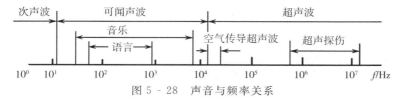

图 5 - 28　声音与频率关系

声波的分类：次声波、可闻声波与超声波。频率高于 20 kHz 的机械振动波称为超声波。超声波的特性：指向性好，能量集中。1 MHz 的超声波的能量，相当于振幅相同、频率为 1000 Hz 可闻声波的 100 万倍，能穿透几米厚的钢板，且能量损失不大。

次声波是频率低于 20 Hz 的声波，人耳听不到，但可与人体器官发生共振，8 Hz 左右的次声波会引起人的恐怖感，使人动作不协调，甚至导致心脏停止跳动。

可闻声波的频率范围为 20 Hz～20 kHz。

（a）美妙的音乐使人陶醉

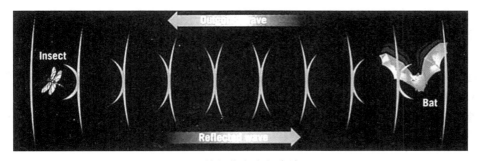

（b）蝙蝠能发出超声波

图 5 - 29

（1）超声波的波形分类

① 纵波（疏密波）

纵波在介质中传播时，波的传播方向与质点振动方向一致。

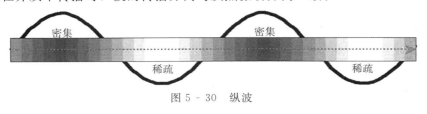

图 5 - 30　纵波

② 横波

横波也称"凹凸波",是介质粒子振动方向和波行进方向垂直的一种波,也称 S 波,若此波沿着 x 轴移动,则振动方向为与 x 轴垂直的方向上。

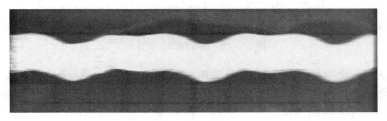

图 5 - 31 横波

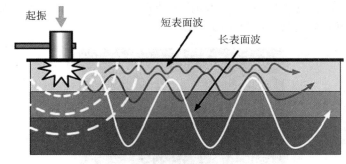

图 5 - 32 表面波

③ 表面波

能量集中于表面附近的弹性波,常应用于地震学、天文学、雷达通信及广播电视中的信号处理、航空航天、石油勘探和无损检测等。

(2) 超声波的指向角

超声波声源发出的超声波束以一定的角度逐渐向外扩散,声场指向性及指向角如图 5 - 33 所示。在声束横截面的中心轴线上,超声波最强,且随着扩散角度的增大而减小。指向角 θ(单位为 rad)与超声源的直径 D 以及波长 λ 之间的关系为 $\sin \theta = 1.22 \dfrac{\lambda}{D}$。

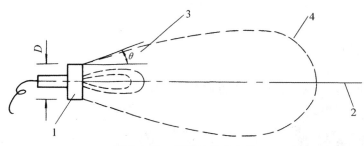

图 5 - 33 超声波的指向角

(3) 超声波传播速度

超声波可以在气体、液体及固体中传播,并有各自的传播速度,但三者传播速度不同，横波声速约为纵波声速的 $\frac{1}{2}$，而表面波声速是横波声速的 90% 左右。纵波、横波及表面波的传播速度取决于介质的弹性系数、介质的密度以及声阻抗，声速不仅与介质有关，还与介质所处的状态有关。例如，气体的声速与绝对温度 T 的平方根成正比。

超声波的波长 λ 与频率 f 乘积恒等于声速 c，即

$$\lambda f = c \qquad\qquad (5\text{-}21)$$

（4）扩散角

声波从声源向四面八方辐射时，如果声源的尺寸比波长大，则声源集中成一波束，以某一角度扩散出去。在声源的中心轴线上，声压最大；偏离中心轴线时，声压逐渐减小，形成声波束，如图 5-34 所示。

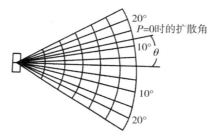

图 5-34　声波的扩散

如果声源为圆板形，扩散角 θ 的大小可表示为

$$\sin\theta = K\frac{\lambda}{D} \qquad\qquad (5\text{-}22)$$

式中：λ——声波在介质中的波长；

D——声源直径；

K——常数，一般取 $K=1.22$，即波束边缘声压为 0 时的值。

（5）超声波的反射和折射

当超声波从一种介质中传播到界面或遇到另一种介质，其方向不垂直于界面时，将产生声波的反射及折射现象。当声波传播至两介质的分界面，一部分能量重返回原介质，称为反射波；另一部分能量透过介质面，到另一介质内继续传播，称为折射波，各种波形都符合反射及折射定律，如图 5-35 所示。

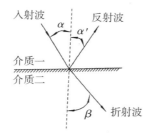

图 5-35　超声波的反射与折射

反射定律：当入射波和反射波的波形一样时，波速一样，入射角 α 即等于反射角 α'。

折射定律：入射角为 α，折射角为 β，在介质一中的波速为 c_1，在介质二中的波速为 c_2，则有

$$\frac{\sin \alpha}{\sin \beta} = \frac{c_1}{c_2} \tag{5-23}$$

当声波从一种介质向另一种介质传播时，两种介质的密度不同，声波在其中传播的速度不同，在分界面上，声波会产生反射和折射，反射声强 I_R 与入射声强 I_0 之比，称为反射系数，反射系数 R 的大小为

$$R = \frac{I_R}{I_0} = \left(\frac{Z_2 \cos \alpha - Z_1 \cos \beta}{Z_2 \cos \alpha + Z_1 \cos \beta}\right)^2 \tag{5-24}$$

式中：Z_1——介质一的声阻抗；

Z_2——介质二的声阻抗。

在声波垂直入射时，$\alpha = \beta = 0$，上式可简化为

$$R = \left(\frac{Z_2 - Z_1}{Z_2 + Z_1}\right)^2 \tag{5-25}$$

若两种介质的声阻抗相等或者相接近时，R 等于 0 或近似为 0，即不产生反射波，可以视为全透射；两种介质的声阻抗相差悬殊时，声波几乎全部被反射，超声波从密度小的介质射向密度大的介质时，透射较大；超声波从密度大的介质射向密度小的介质时，透射较小。

（6）超声波的衰减

当声波在介质中传播时，由于扩散、散射以及介质吸收等原因，声波的能量会不断衰减。

在理想介质中，声波的衰减仅来自声波的扩散，即声波传播距离的增加引起声能的减弱；散射衰减是指固体介质中的颗粒界面或流体介质中的悬浮粒子使声波散射；介质吸收衰减是与介质的导热性、黏滞性及介质的密度、晶粒粗细等因素有关。气体的密度很小，衰减较快，尤其在频率高时衰减更快。

2. 超声波传感器的应用

（1）超声波换能器

超声波换能器又称超声波探头。超声波换能器的工作原理有压电式、磁致伸缩式、电磁式等数种，在检测技术中主要采用压电式。超声波探头又分为直探头、斜探头、双探头、表面波探头、聚焦探头、冲水探头、水浸探头、高温探头、空气传导探头以及其他专用探头等。

（2）超声波流量计

测量流量计的测量原理有传播时间差法、频率差法、多普勒式等。

① 时间差法测量流量原理

在被测管道上下游的一定距离上，分别安装两对超声波发射和接收探头（F_1，T_1）和（F_2，T_2），其中（F_1，T_1）的超声波是顺流传播的，而（F_2，T_2）的超声波是逆流传播的。由于这两束超声波在液体中传播速度的不同，测量两接收探头上超声波传播的时间差 t，可得到流体的平均速度及流量。

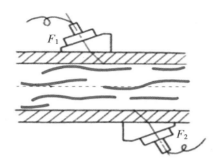

图 5-36 超声波的探头的安装

② 频率差法测量流量原理

F_1、F_2 是完全相同的超声探头，安装在管壁外面，通过电子开关的控制，交替地作为超声波发射器与接收器。首先由 F_1 发射出第一个超声脉冲，它通过管壁、流体及另一侧管壁被 F_2 接收，此信号经放大后再次触发 F_1 的驱动电路，使 F_1 发射第二个声脉冲。紧接着，由 F_2 发射超声脉冲，而 F_1 做接收器，可以测得 F_1 的脉冲重复频率为 f_1。同理可以测得 F_2 的脉冲重复频率为 f_2。顺流发射频率 f_1 与逆流发射频率 f_2 的频率差 Δf 与被测流速 v 成正比。

频率差法测量流量的分析过程：

首先由 F_1 顺流发射出第一个超声脉冲，它通过管壁、流体及另一侧管壁，被 F_2 接收，F_2 的输出电压经放大后，再次触发 F_1 的驱动电路，使 F_1 发射第二个声脉冲，以此类推。在第一个时间段 t_1 里，F_1 的脉冲重复频率为

$$f_1 = \frac{c + v\cos\alpha}{D/\sin\alpha} = \frac{(c + v\cos\alpha)\sin\alpha}{D} \qquad (5-26)$$

式中：α——超声波束与流体的夹角；v——流体的流速；D——管道的直径。

在紧接下去的另一个相同的时间间隔 t_2（$t_2 = t_1$）内，与上述过程相反，由 F_2 逆流发射超声脉冲，而 F_1 接收脉冲。可以测得 F_2 的脉冲重复频率为

$$\Delta f = f_1 - f_2 = \frac{\sin 2\alpha}{D} v \qquad (5-27)$$

若不考虑管道的壁厚，则超声脉冲的重复频率差 Δf 与流速 v 成正比，而与声速无关，减小了温漂。频率法测得的流速 v 约等于管道截面的平均流速，所以体积流量 q_V 为

$$q_V = \frac{\pi D^2}{4} \frac{\Delta f}{\sin 2\alpha} \qquad (5-28)$$

③ 多普勒法测量流量

多普勒效应是指运动物体迎着波源运动时，波被压缩，波长变得较短，频率变得较高；当运动物体背着波源运动时，会产生相反的效应。

如果波源和观察者之间有相对运动，那么观察者接收到的频率和波源的频率就不相同了，这种现象叫作多普勒效应。测出 Δf 就可得到运动速度。

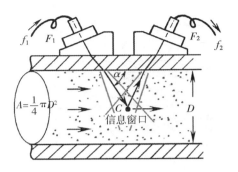

图 5 - 37　多普勒法测量流量示意图

物体的速度越快，所产生的频移效应就越大。产生的频移 f_d 与波源、移动物体两者之间的相对速度 v 及方向有关。多普勒效应广泛存在于光波（电磁波）、声波等物理现象中。

多普勒法测量流量的计算：

超声探头 F_1 向流体发出频率为 f_1 的连续超声波，照射到液体中的散射体（悬浮颗粒或气泡）。v 为散射体的运动速度，散射的超声波产生多普勒频移 f_d，接收探头 F_2 接收到频率为 f_2 的超声波：

$$f_2 = f_1 \frac{c + v\cos\alpha}{c - v\cos\alpha} \tag{5 - 29}$$

多普勒频移 f_d 正比于散射体的流动速度 v

$$f_d = f_2 - f_1 \approx f_1 \frac{2\cos\alpha}{c} v \tag{5 - 30}$$

计算出平均流速，再乘以管道的截面积 A，才等于被测体积的流量。

$$v \approx \frac{c}{2\cos\alpha} \frac{f_d}{f_1} \tag{5 - 31}$$

（3）超声波测速度

超声波测量风速：不同的风向引起两对超声波的频率变大或变小，经过单片机计算可以得到风速和风向。

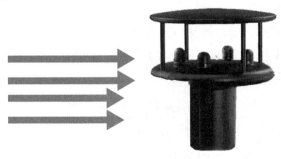

图 5 - 38　超声波测速仪

（4）超声波测距

空气超声探头发射超声脉冲，到达被测物时，被反射回来，并被另一个空气超声探头所接收。测出从发射超声波脉冲到接收超声波脉冲所需的时间 t，再乘以空气的声速（340 m/s），就是超声脉冲在被测距离所经历的路程，除以 2 就得到距离。

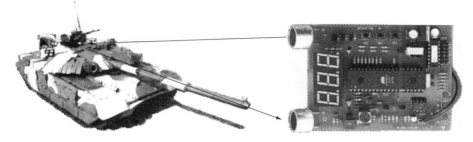

图 5 - 39　超声波测距应用

（5）超声波测厚度

双晶直探头中的压电晶片发射超声振动脉冲，超声脉冲到达试件底面时，被反射回来，并被另一个压电晶片所接收。只要测出从发射超声波脉冲到接收超声波脉冲所需的时间 t，再乘以被测体的声速常数 c，就是超声脉冲在被测件中所经历的来回距离，再除以 2，就得到厚度 d

$$d = \frac{1}{2}ct$$

（6）超声波探伤

对缺陷的检测手段有破坏性试验和无损探伤。由于无损探伤以不损坏被检验对象为前提，得到广泛应用。

无损检测的方法有磁粉检测法、电涡流法、荧光染色渗透法、放射线（X 光、中子）照相检测法、超声波探伤法等。超声波探伤是目前应用十分广泛的无损探伤手段。它既可检测材料表面的缺陷，又可检测内部几米深的缺陷，这是 X 光探伤所达不到的深度。超声波被聚焦后，具有较好的方向性，在遇到两种介质的分界面时，能产生明显的反射和折射现象，这一现象类似于光波。同时，超声波在医学方面已有广泛的应用，医院的超声检查利用超声波的反射将磁悬液喷洒在工件表面，将电流检测头压在被测工件上，通以百安培的电流，工件中将产生磁场，工件表面的裂纹可因磁粉的不均匀分布而显示出来。

图 5 - 40　磁粉检测

（7）X 光探伤（有辐射危险）

将 X 光发生器对准被测位置，将感光片贴在物体背面，人离开后接通高电压，产生 X 光，透过被测钢构件，成像到感光片上。将感光片冲洗出影像，即可观察到缺陷。使用 CCD 光电图像传感器，可以直接将成像结果显示在电脑屏幕上。

（8）超声波流量计的特点

① 超声波流量测量属于非接触式测量，夹管式换能器的超声波流量计安装时，无须进行停流截管的安装，只要在管道外部安装换能器即可，不会对管内流体的流动带来影响。

② 适用范围广，可以测量各种流体和中低压气体的流量，包括一般其他流量计难以解决的强腐蚀性、非导电性、放射性流体的流量。

③ 管道内无阻流件，无压力损失。

④ 量程范围宽，量程比一般可达 1∶20。

⑤ 管道直径一般为 5～20 cm，根据管道直径需设置足够长的直管段。

⑥ 流速沿管道的分布情况会影响测量结果，超声波流量计测得的流速与实际平均流速之间存在一定差异，而且与雷诺数有关，需要进行修正。

⑦ 时间差法只能用于清洁液体和气体；多普勒法不能测量悬浮颗粒和气泡超过某一范围的液体。

⑧ 声速是温度的函数，流体的温度变化会引起测量误差。

⑨ 管道衬里或结垢太厚，以及衬里与内管壁剥离、锈蚀严重时，测量精度难以保证。

项目小结

1. 电容式传感器是以各种类型的电容器为基础，将被测量的物理量或机械量转换为本身电容量变化的一种转换装置，它实际就是一个具有可变参数的电容器，可以通过改变电容器的两极板间的间距、横截面积、介电常数来改变电容的大小，再通过电容的变化变换成电压或电流的变化，这样就完成了把非电信号变换成电压或电流的变化。

电容式传感器的输出电容值很小，所以需要借助测量电路将其转换为相应的电压或电流和频率信号，常用的测量电路有运算放大器式电路、电桥电路、调频电路、谐振电路以及脉冲宽度调制电路等。

电子技术的发展解决了许多电容器技术上的问题，为其应用开辟了更广阔的前景，电容式传感器不但广泛用于液位、位移、角度、速度、加速度、介质特性等方面的测量。

2. 超声波传感器是将超声波信号转换成其他能量信号（通常是电信号）的传感器，主要依靠超声波穿透物体的能力和发生反射现象。超声波在测量流量时有几种测量方法，分别是时间差法，频率差法和多普勒法。机械振动在弹性介质内的传播称为振动，简称波。人耳能听到声音的频率是有范围的。超声波具有反射和折射特性。

产生和接收超声波的装置叫作超声波传感器，又叫作超声波换能器或称之为超声波探头。超声波探头又可分为直探头、斜探头、双探头等。

自我测评

一、单项选择题

1. 超过人耳听觉范围的声波是超声波，它属于（　　）。

A. 电磁波　　　　　B. 光波　　　　　C. 机械波　　　　　D. 微波

2. 同一介质中，超声波的反射角（　　）入射角。

A. 等于　　　　　　　　　　　　B. 大于

C. 小于　　　　　　　　　　　　D. 同一波形的情况下相同

3. 液体中传播的超声波形式是（　　）。

A. 纵波　　　　　B. 横波　　　　　C. 表面波　　　　　D. 以上都可以

4. 改变电容的方法有（　　）

A. 改变两极板间距离　　　　　　　B. 改变面积

C. 该变介电常数　　　　　　　　　D. 以上都可以

5. 在变面积电容传感器中，电容 C_x 与（　　）直线位移 x 成正比。

A. 直线位移　　　B. 斜线位移　　　C. 横线位移　　　D. 曲线位移

6. 当电容器的两极板间距增大时，电容器的电容会（　　）。

A. 变大　　　　　B. 变小　　　　　C. 不变　　　　　D. 不确定

7. 电容式传感器双 T 形电桥电路输出信号为（　　）。

A. 交流电压　　　　　　　　　　　B. 交流电流

C. 幅值较高的直流电压　　　　　　D. 幅值较低的直流电压

8. 在超声波发生折射时折射角大于入射角，说明第二介质的声速与第一介质的声速的大小关系是（　　）。

A. 第二介质的声速 c_2 小于第一介质的声速 c_1

B. 第二介质的声速 c_2 大于第一介质的声速 c_1

C. 第二介质的声速 c_2 等于第一介质的声速 c_1

D. 不确定

9. 通过电子开关的控制，交替地作为超声波发射器与接收器是（　　）的测量原理。

A. 时间差法测量　　　　　　　　　B. 频率差法测量

C. 多普勒法测量　　　　　　　　　D. 速度差法测量

10. 运动物体迎着波源运动时，波被压缩，波长变得较短，频率变得较高；当运动物体背着波源运动时，会产生相反的效应。这种效应称为（　　）。

A. 光电效应　　　B. 多普勒效应　　　C. 压电效应　　　D. 差动效应

二、填空题

1. 电容式传感器的三种类型是：_____、_____和_____。

2. 变面积电容式传感器中减小遮盖面积，则电容器的大小将_____。

3. 变面积式电容传感器多用于检测_____、_____、_____。

4. 当增加两极板间间距时，其他条件不变，电容器的大小将_____。

5. 电容式传感器的测量转换电路有_____、_____、_____和_____。

6. 脉冲调制电路的输出端得到的是_____相等、_____不相等的脉冲。

7. 声波的分类为_____、_____、_____。

8. 超声波的反射定律是指_____与_____之比，等于入射波所处介质的声速 c_1 与反射波所处介质的声速 c_r 之比。

9. 介质的晶粒越粗或密度越小，衰减就_____；频率越高，衰减_____。

10. 超声波换能器的工作原理有_____、_____、_____等。

三、判断题

1. 变面积式电容传感器的输出特性在一小段范围内是线性的，灵敏度是常数。（　）

2. 真空的相对介电常数最大。（　）

3. 在变面积电容传感器中，电容 C_x 与直线位移 x 成正比。（　）

4. 不同介质对变介电常数电容器的影响很小。（　）

5. 目前较常用的有电桥电路、调频电路、脉冲调宽电路和运算放大器式电路。（　）

6. 脉冲调制电路利用某种方法对半导体开关器件的导通和关断进行控制，在电路的输出端得到一系列按一定规律变化的、幅值相等的、宽度不相等的脉冲。（　）

7. 在实际使用时，初始极距 d_0 尽量小一些来提高其灵敏度，这也带来了变极距式电容传感器具有行程较小的缺点。（　）

8. 纵波在介质中传播时，波的传播方向与质点振动方向不一致。（　）

9. 界面一侧的总声压等于另一侧的总声压，压强处于不平衡状态。（　）

10. 超声波在介质中传播时会逐渐衰减。（　）

四、简答题

1. 电容器式传感器的原理及优点。

2. 简述超声波传感器的特点。

3. 简述超声波传感器的应用。

4. 超声波在介质中传播时，能量逐渐衰减，衰减的程度与哪些因素有关？

5. 超声波的反射定律和折射定律。

6. 电容器式传感器的测量电路有哪几种？各自的特点是什么？

项目六　环境量的测量

项目描述

许多工农业产品的质量都与温度密切相关。比如，离开合适的温度，许多化学反应就不能正常进行甚至不能进行；没有合适的温度，炉窑就不能炼制出合格的产品；没有合适的温度环境，农作物就不能正常生长，许多电子仪器就不能正常工作，粮仓的储粮就会变质霉烂，家禽的孵化也不能进行。可见，温度的测量与控制十分重要。

温度是科学技术中最基本的物理量之一，物理、化学、热力学、飞行力学、流体刀学等学科都离不开温度，它也是工业生产中最普遍、最重要的参数之一。对于温度的检测，我们重点介绍热电阻、热敏电阻传感器以及热电偶温度传感器。

知识目标

1. 了解温度传感器的种类；
2. 掌握热电阻、热敏电阻传感器的工作原理；
3. 掌握热电偶传感器的工作原理及转换电路；
4. 了解气敏传感器、湿敏传感器的工作原理及其应用。

技能目标

1. 能应用热电阻、热电偶传感器测温度；
2. 能够维护热电偶的测量电路的接线；
3. 能够根据热电动势查分度表求出温度；
4. 能掌握气敏和湿敏传感器的应用。

任务一　温度的测量

测温方法很多，仅从测量体与被测介质接触与否来分，有接触式测温与非接触式测温两大类。接触式测温是基于热平衡原理，测温敏感元件必须与被测介质接触，使两耆处于同一热平衡状态，具有同一温度，如水银温度计、热电偶温度计等就是利厊此法测量。非接触式测温是利用物质的热辐射原理，测温元件不需要与被测介质接触，而是通过接收被测物体发出的辐射热来判断温度，如辐射温度计、光纤温度计等。接触式测温简单、可靠，且测量精度高。但是由于测温元件需要与被测介质接触后进行热交换，才能达到热平衡，因而产生了滞后现象。另外，由于受到耐高温材料的限制，接触式测量不能应用于很高温度的测量。

非接触式测温，由于测温元件不与被测介质接触，因而其测温范围很广，其测温上限原则上不受限制，测温速度也较快，而且可以对运动体进行测量。但是，它受到物体的发射率、被测对象到仪表之间的距离、烟尘和水汽等其他介质的影响，一般测温误差较大，目前使用较广的是接触式测温。

温度测量的基本概念：温度标志着物质内部大量分子无规则运动的剧烈程度。温度越高，表示物体内部分子热运动越剧烈。温度是表征物体冷热程度的物理量。为了定量分析，要给物体的冷热程度一个定量的描述。

温度的数值表示方法称为温标，温标是温度数值化的标尺，它给出了温度数值化的一套规则和方法，并明确了温度的测量单位和温度起点。国际上规定的温标有：摄氏温标、华氏温标、热力学温标等。

华氏温标规定：标准大气压下冰熔点为 32 度，水沸点为 212 度，两者中间分 180 格，每格为华氏 1 度，符号为 °F。

摄氏温标规定，标准大气压下冰熔点为 0 度，水沸点为 100 度，两者中间分 100 格，每格为摄氏 1 度，符号为 ℃。华氏温标与摄氏温标的换算关系是

$$t_F = 32 + \frac{9}{5} t_C \tag{6-1}$$

热力学温标是建立在热力学第二定律基础上的最科学的温标，是由开尔文根据热力学定律提出来的，因此又称开氏温标。它的符号是 T，单位是开尔文（K），$t/℃ = T/K - 273.15$。

一、热电阻传感器

热电阻传感器（以下简称热电阻）主要用于中低温区的温度测量。热电阻的主要特点是测量准确度高、性能稳定，缺点是需要稳定的激励电源。常用的热电阻有铜热电阻和铂热电阻。其中铂热电阻的精确度要高一些，但价格比其他的热电阻要贵。

热电阻传感器是利用导体或半导体的电阻值随温度变化而变化的原理进行测温的。人们也常常把这种导体或半导体的电阻值随温度变化而变化的现象称为热阻效应。热电阻传感器分为金属热电阻和半导体热电阻两大类，通常把金属热电阻称为热电阻，而把半导体热电阻称为热敏电阻。热敏电阻按温度系数不同可分为正温度系数热敏电阻和负温度系数热敏电阻。

1. 热电阻传感器的原理

事实上，各种金属材料的阻值都会随温度的变化而变化，但要利用它作为测量用的热电阻必须具有以下要求：电阻温度系数要尽可能大和稳定，电阻率高，线性度好，并且能在较宽的温度范围内保持稳定的物理和化学性能。目前应用较多的热电阻材料主要有铂、铜、镍、铁等。目前热电阻广泛用来测量 200～800 ℃ 范围内的温度，少数情况下，低温可测至 1 K，高温达 1000 ℃。热电阻传感器通常由热电阻、连接导线及显示仪表构成，如图 6-1 所示。热电阻也可以与温度变送器连接，将温度转换成标准电流信号输出。

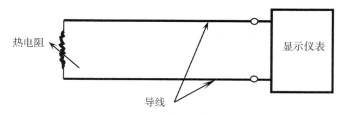

图 6 - 1 热电阻传感器

（1）铂热电阻的基本原理

铂电阻的物理、化学性能在高温和氧化性介质中很稳定，并具有良好的工艺性能，易于提纯，可以做成非常细的铂丝或极薄的铂箔，缺点就是电阻温度系数较小，同时价格较昂贵。

铂热电阻中的铂丝纯度用电阻比 W_{100} 来表示，它是铂热电阻在 100 ℃时的阻值 R_{100} 与 0 ℃时的阻值 R_0 之比。

目前我国全面实行"1990 国际温标"。按照 ITS－90 标准，国内统一设计的工业用铂热电阻在 0 ℃时的阻值 R_0 值有 25 Ω、100 Ω、1000 Ω 等，分度号分别用 Pt25、Pt100、Pt1000 等表示。

铂电阻与温度的关系，在－200～0 ℃可用下面的公式表示

$$R_t = R_0 \left[1 + At + Bt^2 + Ct^3(t - 100) \right] \tag{6 - 2}$$

在 0～800 ℃用下式表示

$$R_t = R_0 (1 + At + Bt^2) \tag{6 - 3}$$

式中：R_t——温度为 t ℃时的电阻值；R_0——温度为 0 ℃时的电阻值；t——任意温度；B、C——温度系数。

在工程中，若不考虑线性误差的影响，也可以用下式来近似计算热电阻的阻值

$$R_t = R_0 (1 + \alpha t) \tag{6 - 4}$$

式中的 α 为铂热电阻的温度系数。

（2）铂热电阻的分类

按铂热电阻的结构类型分类，有装配式、铠装式、薄膜式等。

图 6 - 2 装配式铂热电阻

2. 热电阻的测量电路

用热电阻传感器进行测温时，测量电路一般采用电桥电路。但是热电阻与检测仪表相隔距离一般较远，因此热电阻的引线对测量结果有很大的影响。热电阻测温电桥的引线方式通常有两线制、三线制和四线制三种。如图 6－3 所示。两线制中引线电阻对测量结果影响较大，一般用于测温精度不高的场合；三线制可以减小热电阻与测量仪表之

间连接导线的电阻因环境温度变化所引起的测量误差；四线制可以完全消除引线电阻对测量的影响，常用于高精度温度检测。

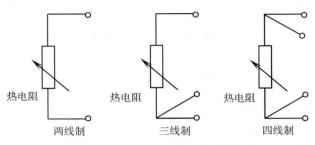

图 6 - 3　热电阻测量电路内部引线方式

（1）二线制接法

采用两线制的测温电桥如图 6 - 4 所示：图（a）为接线示意图，图（b）为等效原理图。从图 6 - 4 中可以看出热电阻两引线电阻 R_w 和热电阻 R_w 一起构成电桥测量臂，这样引线电阻 R_w 因沿线环境温度改变引起的阻值变化量 $2\Delta R_w$ 和因被测温度变化引起热电阻 R_t 的增量值 ΔR_t 一起成为有效信号被转换成测量信号，从而影响温度测量精度。

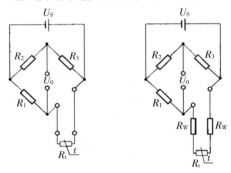

（a）接线示意图　　　（b）等效原理图

图 6 - 4

图中，r 为引线的电阻，R_t 为 Pt 电阻，其中由欧姆定律可得：

$$I_1 = \frac{U}{R + R_r}, \quad I_2 = \frac{U}{R + 2r + R_t}$$

$$V_0 = I_1 R_r - I_2 (R_t + 2r)$$

当 $R_r = R_t$ 时（电桥平衡），$V_0 = -I_2 \cdot 2r$。

从 V_0 的表达式可以看出，引线电阻的影响十分明显，两线制接线法的误差很大。

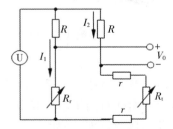

图 6 - 5　热电阻接线原理图

由于连接导线的电阻 R_{L1}、R_{L2} 无法测得而被计入热电阻的电阻值中，使测量结果产生附加误差。如在 100 ℃时 Pt100 热电阻的热电阻率为 0.379 Ω/℃，这时若导线的电阻值为 2 Ω，则会引起的测量误差为 5.3 ℃。

（2）三线制接法

三线制接线法构成如图 6 - 6 所示。三线制接法可以消除内引线电阻的影响，测量精度高于两线制。目前三线制在工业检测中应用最广。而且，在测温范围窄、导线长，或导线途中温度易发生变化的场合必须考虑采用三线制热电阻。

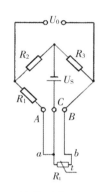 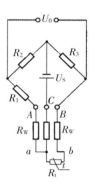

（a）接线示意图　　　　　（b）等效原理图

图 6 - 6　三线制接法

三线制接线法如图 6 - 6 所示，由欧姆定律可得：

$$I_1 = \frac{U}{R + R_r + 2r} \quad I_2 = \frac{U}{R + R_t + 2r}$$

$$V_0 = I_1 (R_r + 2r) - I_2 (R_t + 2r) = I_1 R_r - I_2 R_t + 2 (I_1 - I_2) r$$

当 $R_r = R_t$ 时，电桥平衡，$I_1 = I_2$，$V_0 = 0$。

可见三线制接线法可很好地消除引线电阻，提高热电阻的精度。

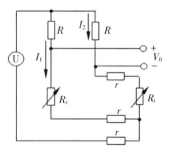

图 6 - 7　三线接法原理图

（3）四线制接法

如图 6 - 8 所示，在热电阻感温元件的两端各连两根引线，此种引线形式称为四线制热电阻。在高精度测量时，要采用四线制测温电桥。此种引线方式不仅可以消除内引线电阻的影响，而且在连接导线阻值相同时，可消除该电阻的影响，还可以通过 CPU

定时控制继电器的一对触点 C 和 D 的通断，改变测量热电阻中的电流方向，消除测量过程中的寄生电势影响。四线制测量方式不受连接导线的电阻的影响。

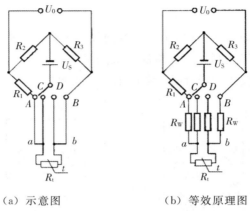

（a）示意图　　　　　　（b）等效原理图

图 6-8　四线制接法

当测量电阻数值很小时，测试线的电阻可能引入明显误差，四线测量用两条附加测试线提供恒定电流，另两条测试线测量未知电阻的电压降，在电压表输入阻抗足够高的条件下，电流几乎不流过电压表，这样就可以精确测量未知电阻上的压降，计算得出电阻值。

在热电阻的根部两端各连接两根导线的方式称为四线制，其中两根引线为热电阻提供恒定电流 I，把 R 转换成电压信号 U，再通过另两根引线把 U 引至二次仪表。可见这种引线方式可完全消除引线的电阻影响，主要用于高精度的温度检测。

另外，为保护感温元件、内引线免受环境的有害影响，热电阻外面往往装有可拆卸式或不可拆卸式的保护管。保护管的材质有金属、非金属等多种材料，可根据具体使用特点选用合适的保护管。

应该说，电流回路和电压测量回路是否分开接线的问题。

二线制接法，电流回路和电压测量回路合二为一，精度差。

三线制接法，电流回路的参考位和电压测量回路的参考位为一条线，精度稍好。

四线制接法，电路回路和电压测量回路独立分开，精度高，但费线。

二、热敏电阻传感器

热敏电阻是由金属氧化物（NiO、MnO_2、CuO、TiO_2 等）的粉末按照一定比例混合烧结而成的半导体。

1. 热敏电阻的温度特性

按半导体电阻—温度特性，热敏电阻典型可分为三类：即负电阻温度系数热敏电阻（NTC），正电阻温度系数热敏电阻（PTC）和临界温度系数热敏电阻（CTR）。它们的温度特性曲线如图 6-9 所示。

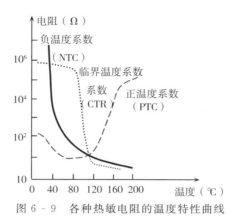

图 6-9 各种热敏电阻的温度特性曲线

从图 6-9 可以看出，CTR 型在一定温度范围内，阻值随温度的变化而剧烈变化，故可作为理想的开关器件。在温度测量中，则主要采用 NTC 或 PTC 型热敏电阻，而使用最多的是 NTC 型热敏电阻。因此这里我们就只对这种热敏电阻进行介绍。

根据半导体理论，在不太宽的温度范围内（<450 ℃），NTC 型热敏电阻在温度 T 时的阻值可表示为

$$R_T = R_0 \exp\left[b\left(\frac{1}{T} - \frac{1}{T_0}\right)\right] \qquad (6-5)$$

式中：R_0——温度 T_0 时的电阻值；b——材料常数，一般情况下 $b=2000\sim6000$ K，在高温时，b 值要增大。由上式可求得热敏电阻的温度系数

$$\alpha = \frac{1}{R_T}\frac{\mathrm{d}R_T}{\mathrm{d}T} = -\frac{b}{T^2} \qquad (6-6)$$

可见，α 随温度降低而迅速增大，α 决定了 NTC 型热敏电阻在全部工作范围内的温度灵敏度。跟热电阻相比较，NTC 型热敏电阻具有下列优点：灵敏度高，可用来测量微弱温度变化；体积小，元件可制成片状、柱状，直径可到 0.5 mm，故热惯性小，响应快，时间常数可小到毫秒级；元件本身的电阻值可达 3～700 kΩ，故测量时引线电阻的影响相当小，可以不考虑。但是，热敏电阻的缺点是非线性大，在实际使用时要进行线性化处理；同时它对环境温度敏感，测量时易受到干扰。

2. 热敏电阻的结构

热敏电阻主要由热敏元件、引线、壳体组成。根据不同的使用情况，可封装成不同的形状，常见的形状主要有圆片形、方片形、棒形、薄膜形。

3. 热敏电阻的测量电路

用热敏电阻进行测温时，测量电路一般采用电桥电路。由于引线电阻对热敏电阻的测量影响极小，一般不考虑引线电阻的补偿，但由于热敏电阻的非线性特性，则在测量电路的设计和选择时必须考虑线性化处理（当然也可以通过软件进行线性化处理）。这里简单介绍一种热敏电阻非线性的线性化网络处理方法。网络化处理方法就是用温度系数很小的精密电阻与热敏电阻串联或者并联而构成电阻网络，如图 6-10 所示。图（a）中热敏电阻 R_T 与补偿电阻串联后的等效电阻为 $R=R_T+r_c$，只要 r_c 的阻值选择恰当，总可以使温度在某一范围内跟电阻的导数成线性关系，从而电流 I 与温度 T 成线性关系；图（b）中热敏电阻 R_T 与补偿电阻 r_c 并联后的等效电阻为

$$R = \frac{r_c R_T}{r_c + R_T} \qquad (6-7)$$

从图 6-10 可看出，R 与温度的关系曲线变得比较平坦，因而可以在某一温度范围内得到线性化输出。

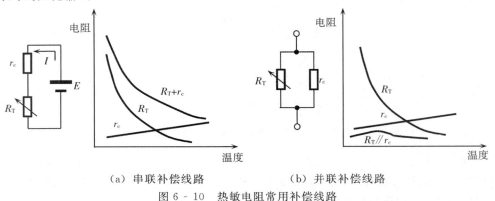

（a）串联补偿线路 　　　　　　（b）并联补偿线路

图 6-10　热敏电阻常用补偿线路

4. NTC 型热敏电阻温度特性实验

（1）实验目的

定性了解 NTC 型热敏电阻的温度特性。

（2）实验原理

热敏电阻的温度系数有正有负，因此分成两类：PTC 型热敏电阻（正温度系数：温度升高而电阻值变大）与 NTC 型热敏电阻（负温度系数：温度升高而电阻值变小）。一般 NTC 型热敏电阻的测量范围较宽，主要用于温度测量；而 PTC 型热敏电阻的温度范围较窄，一般用于恒温加热控制或温度开关。PTC 型热敏电阻可用作温度补偿或做温度测量。

一般的 NTC 型热敏电阻大都是用 Mn、Co、Ni、Fe 等过渡金属氧化物按一定比例混合，采用陶瓷工艺制备而成，它们具有 P 型半导体的特性。热敏电阻具有体积小、重量轻、热惯性小、工作寿命长、价格便宜，并且本身阻值大，不需要考虑引线长度带来的误差，具有远距离传输等优点。但热敏电阻也有非线性大、稳定性差、有老化现象、误差较大、离散性大（互换性不好）等缺点。一般适用于低精度的温度测量。NTC 型热敏电阻一般适用于 $-50\ ℃ \sim 300\ ℃$ 的低精度测量及温度补偿、温度控制等各种电路中。NTC 型热敏电阻 R_T 温度特性实验原理如图 6-11 所示，恒压电源供电 $V_S = 2\ V$，W_{2L} 为采样电阻（可调节）。计算公式：$V_i = \frac{W_{2L}}{(R_T + W_2)} \cdot V_S$。

式中：$V_S = 2\ V$、R_T 为热电阻、W_{2L} 为 W_2 活动触点到地的阻值作为采样电阻。

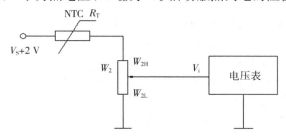

图 6-11　热敏电阻温度特性实验原理图

（3）实验步骤

① 用数显万用表的 20 k 电阻挡测一下 R_T 热敏电阻在室温时的阻值。R_T 是一个黑色（或棕色等）圆珠状元件，封装在双平行梁的上梁表面。加热器的阻值为 $100\ \Omega$ 左右，封装在双平行应变梁的上下梁之间，如图 6 - 12 所示。

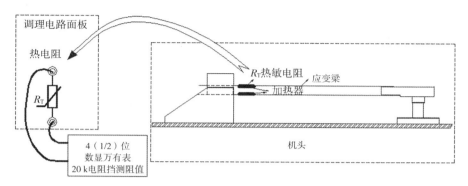

图 6 - 12　R_T 热电阻室温阻值测量示意图

② 调节 NTC 型热敏电阻在室温时输出为 $100\ mV$：将 $\pm 2\ V \sim \pm 10\ V$ 步进可调直流稳压电源切换到 $2\ V$ 挡，按图 6 - 13 接线，将 F/V 表切换开关置 $2\ V$ 挡，检查接线无误后合上主电源开关。调节 W_2 使 F/V 表显示为 $100\ mV$。

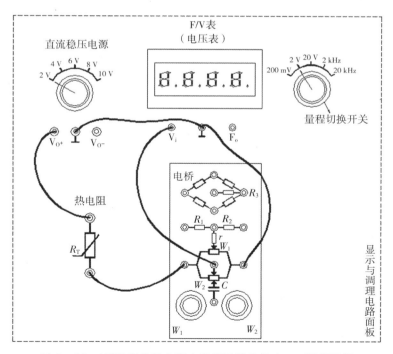

图 6 - 13　NTC 型热敏电阻在室温时输出为 $100\ mV$ 接线图

③ 将加热器接到 $-15\ V$ 稳压电源上，如图 6 - 14 所示，观察 F/V 表的显示变化（大约 $5 \sim 6$ 分钟时间）。再将加热器电源去掉，再观察 F/V 表的显示变化。

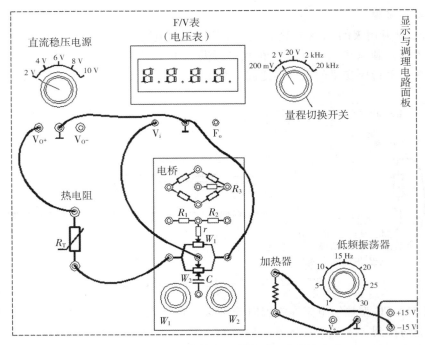

图 6 - 14　NTC 型热敏电阻受热时温度特性实验

表 6 - 1　镍铬－镍硅 K 分度表

工作端温度/℃	热电势/mV	工作端温度/℃	热电势/mV	工作端温度/℃	热电势/mV	工作端温度/℃	热电势/mV
−270	−6.458	0	0.000	270	10.971	540	22.350
−260	−6.441	10	0.397	280	11.382	550	22.776
−250	−6.404	20	0.798	290	11.795	560	23.203
−240	−6.344	30	1.203	300	12.209	570	23.629
−230	−6.262	40	1.612	310	12.624	580	24.055
−220	−6.158	50	2.023	320	13.040	590	24.480
−210	−6.035	60	2.436	330	13.457	600	24.905
−200	−5.891	70	2.851	340	13.874	610	25.330
−190	−5.730	80	3.267	350	14.293	620	25.755
−180	−5.550	90	3.682	360	14.713	630	26.179
−170	−5.354	100	4.096	370	15.133	640	26.602
−160	−5.141	110	4.509	380	15.554	650	27.025
−150	−4.913	120	4.920	390	15.975	660	27.447
−140	−4.669	130	5.328	400	16.397	670	27.869
−130	−4.411	140	5.735	410	16.820	680	28.289

工作端温度/℃	热电势/mV	工作端温度/℃	热电势/mV	工作端温度/℃	热电势/mV	工作端温度/℃	热电势/mV
−120	−4.138	150	6.138	420	17.243	690	28.710
−110	−3.852	160	6.540	430	17.667	700	29.129
−100	−3.554	170	6.941	440	18.091	710	29.548
−90	−3.243	180	7.340	450	18.516	720	29.965
−80	−2.920	190	7.739	460	18.941	730	30.382
−70	−2.587	200	8.138	470	19.366	740	30.798
−60	−2.243	210	8.539	480	19.792	750	31.213
−50	−1.889	220	8.940	490	20.218	760	31.628
−40	−1.527	230	9.343	500	20.644	770	32.041
−30	−1.156	240	9.747	510	21.071	780	32.453
−20	−0.778	250	10.153	520	21.497	790	32.865
−10	−0.392	260	10.561	530	21.924	800	33.275

三、热电偶传感器

热电偶传感器能将温度信号转换成电动势输出，可以选用标准的显示仪表和记录仪表来进行显示和记录，由二次仪表中的微处理器判断被测温度的上下限，从而控制交流接触器的通断。

其热电偶外形如下图所示，是将温度量转换为电动势大小的热电式传感器，也是目前接触式测温中应用最广泛的传感器之一，在工业测温中咱有极其重要的位置。

1. 热电偶的基本工作原理

热电偶测量温度的基本原理是基于热电效应。

（1）热电效应

1821 年，德国物理学家塞贝克用两种不同的金属组成闭合回路，并用酒精灯加热其中一个接触点（称为接点），发现放在回路中的指南针发生偏转。如图 6-15 所示，如果用酒精灯对这两个接点同时加热，指南针的偏转角度反而减小。显而易见，指南针的偏转说明回路中有电动势产生并有电流在回路中流动，回路中电流的大小与两个接点的温度差有关。

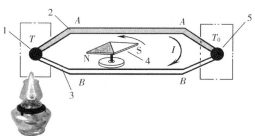

1—工作端　2—热电极 A　3—热电极 B　4—指南针　5—参考端

图 6-15　热电效应实验的组成

两种不同材料的导体组成闭合回路，当两个接点温度不相同时，回路中将产生电动势。这种物理现象称为热电效应。两种不同材料的导体所组成的回路称为热电偶。组成热电偶的导体称为热电极。热电偶所产生的电动势称为热电势。热电偶的两个接点中，置于温度为 T 的被测对象中的接点称为测量端，又称为工作端或热端；而置于参考温度为 T_0 的另一个接点称为参考端，又称为自由端或冷端。

热电效应产生的热电势用 E_{AB} (T, T_0) 表示，由接触电势和温差电势两部分组成。

图 6-16　热电效应原理

两种不同的金属互相接触时，由于不同金属内自由电子的密度不同，在两金属 A 和 B 的接触点处会发生自由电子的相互扩散现象。自由电子将从密度大的金属 A 扩散到密度小的金属 B，使 A 失去电子带正电，B 得到电子带负电，从而产生热电动势。该电动势为

$$E_{AB}(T) = \frac{kT}{e}\ln\frac{n_A}{n_B} \qquad (n_A > n_B) \tag{6-8}$$

$$E_{BA}(T) = \frac{kT}{e}\ln\frac{n_B}{n_A} = -E_{AB}(T) \tag{6-9}$$

式中：k——波尔兹曼常数（$k_0 = 1.38 \times 10^{-23}$ J/K）；T——接触点的绝对温度；n_A，n_B——材料 A，B 的自由电子密度；e——电子电荷电量（$e = 1.6 \times 10^{-19}$ C）。

接触电势的数值取决于两种金属的性质和接触点的温度，而与金属的形状及尺寸无关。如果 A、B 为同一种材料，接触电势为零。（$n_A = n_B$）

对于任何一个金属，当其两端温度不同时，两端的自由电子浓度也不同。温度高的一端浓度大，具有较大的动能；温度低的一端浓度小，动能也小。因此，高温端的自由电子要向低温端扩散，高温端失去电子而带正电，而低温端得到电子而带负电，形成了电场，这个电场要阻碍电子的扩散，最后同样要达到动态平衡，从而在两端形成的电势称为温差电势（又称为汤姆森电势）。

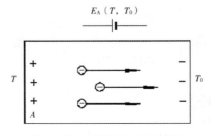

图 6-17　汤姆森电势原理图

设导体为均质导体，两端的温度为 T、T_0，A、B 导体的温差电势

$$E_A(T,T_0) = \int_{T_0}^{T} \sigma_A dT \tag{6-10}$$

$$E_B(T,T_0) = \int_{T_0}^{T} \sigma_B dT \tag{6-11}$$

式中：σ——汤姆森系数（与材料和两端平均温度有关），温差电势的数值取决于金属的性质和两端的温度，而与金属的形状、尺寸和温度分布无关。如果导体两端的温度相同，则温差电势为零。（$T = T_0$）

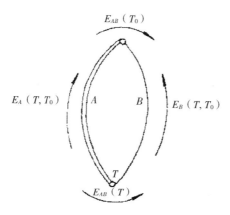

图 6-18　总热电势

在由两种不同金属（$n_A > n_B$）组成的闭合回路中，当两端点的温度不同（$T > T_0$）时，整个闭合回路内总的热电势 $E_{AB}(T,T_0)$ 为

$$E_{AB}(T,T_0) = [E_{AB}(T) - E_{AB}(T_0)] + [E_B(T,T_0) - E_A(T,T_0)]$$

$$E_{AB}(T,T_0) = E_{AB}(T) - E_{AB}(T_0) + \int_{T_0}^{T}(\sigma_B - \sigma_A)dT$$

$$= \frac{k}{e}(T-T_0)\ln\frac{n_A}{n_B} + \int_{T_0}^{T}(\sigma_B - \sigma_A)dT \tag{6-12}$$

有关热电动势的几个结论：

① 如果热电偶两根电极材料相同，即使两端温度不同（$T \neq T_0$），但总输出热电动势仍为零。因此必须由两种不同材料才能构成热电偶。

② 如果热电偶两接点温度相同，则回路总的热电动势必然等于零。两接点温差越大，热电动势越大。

③ 式中未包含与热电偶的尺寸形状有关的参数，所以热电动势的大小只与材料和接点温度有关。如果以摄氏温度为单位，$E_{AB}(T,T_0)$ 也可以写成 $E_{AB}(t,t_0)$，其物理意义虽然有所不同，但电动势的数值是相同的。

（2）热电偶的基本定律

① 中间导体定律

将由 A、B 两种导体组成的热电偶的冷端断开而接入第三种导体 C 后，只要第三种导体的两接点温度相同，则回路的总热电势不变。

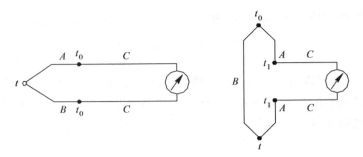

图 6 - 19　中间导体定律原理图

总的热电动势与 C 无关。热电偶回路中插入多种导体（D、E、F……），只要保证插入的每种导体的两端温度相同，则对热电偶的热电动势也无影响。

利用热电偶实际测温时，连接导线、显示仪表和接插件等均可看成中间导体，只要保证这些中间导体两端的温度各自相同，则对热电偶的热电动势没有影响。热电偶回路总的热电势，绝不会因为在其电路中的任意部分接入第三种两端温度相同的材料而有所改变。热电偶的这一特性，不但可以允许在其回路中接入电气测量仪表，而且也允许采用任意的焊接方法来焊接热电偶。这就是中间导体定律的实际意义。

② 连接导体定律与中间温度定律

若导体 A、B 分别与连线导线相接，其接点温度分别为 T、T_n、T_0，回路的总电势为

$$E_{ABB'A'}(T,\ T_n,\ T_0) = E_{AB}(T,\ T_n) + E_{A'B'}(T_n,\ T_0) \qquad (6-13)$$

此式是连接导线（导体）定律的数学模型，即回路的总电势等于热电偶热电势 E_{AB} $(T,\ T_n)$ 与连接导线热电势 E_{AB} $(T_n,\ T_0)$ 的代数和。当导体 A 与 A' 及 B 与 B' 材料分别相同时，

上式可写为

$$E_{AB}(T,\ T_n,\ T_0) = E_{AB}(T,\ T_n) + E_{AB}(T_n,\ T_0) \qquad (6-14)$$

此式是中间温度定律的数学模型，即回路的总电势等于 E_{AB} $(T,\ T_n)$，E_{AB} $(T_n,\ T_0)$ 的代数和。T_n 称为中间温度。此定律为制定分度表奠定了理论基础，只要求得参考端温度为 0 ℃时的"热电势－温度关系"，就可以根据此式求出参考温度不等于 0 ℃时的电势。

2．热电偶的种类及结构

（1）八种国际通用热电偶

B：铂铑 30—铂铑 6，R：铂铑 13—铂，S：铂铑 10—铂，K：镍铬—镍硅，E：镍铬—铜镍，N：镍铬硅—镍硅，J：铁—铜镍，T：铜—铜镍。

（2）如何利用热电偶的分度表

假设热电偶的冷端温度为 0 ℃，请根据工业中常用的镍铬—镍硅（K）热电偶的分度表，查出 −50 ℃ 、0 ℃、50 ℃ 时的热电势。

（3）如何由热电偶的热电势查热端温度值

设冷端为 0 ℃，根据以下电路中的毫伏表的示值及 K 热电偶的分度表，查出热端的温度 t_x。

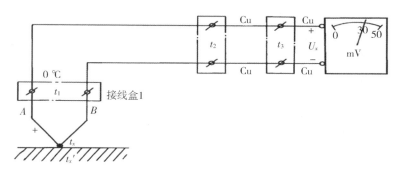

图 6 - 20 热电偶接线图

（4）热电偶的结构形式

① 普通装配型热电偶

普通装配型热电偶是最初用于测温的热电偶，通常采用手工组装的方法制造而成，结构简单、直径大、可拆卸。根据保护套管的不同分为普通型、变径型、耐磨型、防腐型、高温型等等，根据接线方式的不同分为简易型、防水型、隔爆型、现场显示型等，根据安装方式的不同分为无固定、螺纹安装、法兰安装、卡套安装等结构形式，常用直径有 12、16、20、25 等，长度一般在 3 米以下。广泛应用于工业制造企业的设备和生产过程测量温度，如电炉、烘箱、槽体、罐体、管道、各种燃烧加热和物理化学反应过程等等。

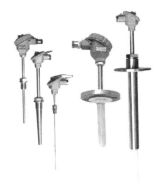

图 6 - 21 普通装配型热电偶的外形

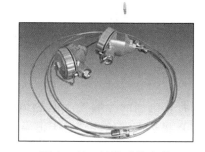

图 6 - 22 铠装型热电偶

② 铠装型热电偶

铠装热电偶的制造工艺：把热电极材料与高温绝缘材料预置在金属保护管中，运用同比例压缩延伸工艺将这三者合为一体，制成各种直径、规格的铠装偶体，再截取适当长度，将工作端焊接密封，配置接线盒即成为柔软、细长的铠装型热电偶。

③ 薄膜热电偶

它是利用真空蒸镀的方法，把热电极材料蒸镀在绝缘基板上制成的。测量端既小又薄，厚度约为几个微米左右，热容量小，响应速度快，便于敷贴。适用于测量微小面积上的瞬变温度。其特点是：热容量小、动态响应快，适用于动态测量小面积时的瞬时变化的温度。

3．热电偶的冷端温度补偿

温度补偿的必要性：用热电偶的分度表查毫伏数—温度时，必须满足 $t_0 = 0\ ℃$ 的条件。在实际测温中，冷端温度常随环境温度而变化，这样 t_0 不但不是 $0\ ℃$，而且也不恒定，因此将产生误差。

一般情况下，冷端温度均高于 $0\ ℃$，热电势总是偏小。应想办法消除或补偿热电偶的冷端损失。热电偶的温度补偿法有几种，分别是冷端恒温法、计算修正法、电桥补偿法、仪表机械零点调整法，以及软件调整法等。下面对两种补偿法进行介绍。

（1）冷端恒温法

将热电偶的冷端置于装有冰水混合物的恒温容器中，使冷端的温度保持在 $0\ ℃$ 不变。此法也称为冰浴法，它消除了 t_0 不等于 $0\ ℃$ 而引入的误差，由于冰融化较快，所以一般只适用于实验室中。

在冰瓶中，冰水混合物的温度能较长时间地保持在 $0\ ℃$ 不变。

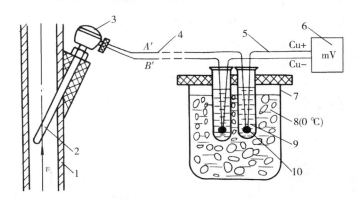

1—被测流体管道　2—热电偶　3—接线盒　4—补偿导线
5—铜质导线　6—毫伏表　7—冰瓶　8—冰水混合物　9—试管　10—新的冷端

图 6 - 23　冷端恒温法原理图

注意：将热电偶的冷端置于电热恒温器中，恒温器的温度略高于环境温度的上限（例如 $40\ ℃$）将热电偶的冷端置于恒温空调房间中，使冷端温度恒定。

（2）计算修正法

当热电偶的冷端温度 t_0 为 $0\ ℃$ 时，测得的热电势 E_{AB}（t，t_0）与冷端为 $0\ ℃$ 时所测得的热电势 E_{AB}（t，$0\ ℃$）不等。若冷端温度高于 $0\ ℃$，则 E_{AB}（t，t_0）$<E_{AB}$（t，$0\ ℃$）。根据中间温度定律可以利用下式计算并修正测量误差：

$$E_{AB}\ (t,\ 0\ ℃) = E_{AB}\ (t,\ t_0) + E_{AB}\ (t_0,\ 0\ ℃)$$

上式中，E_{AB}（t，t_0）是用毫伏表直接测得的热电动势毫伏数。修正时，先测出冷端温度 t_0，然后从该热电偶分度表中查出 E_{AB}（t_0，$0\ ℃$）（此值相当于损耗掉的热电势），并把它加到所测得 E_{AB}（t，t_0）上（此值是已得到补偿的热电动势），根据此值在分度表中查出相应的温度值。计算修正法需查表两次。如果冷端温度低于 $0\ ℃$，查出 E_{AB}（t_0，$0\ ℃$）是负值，仍用该式。

例：用镍铬—镍硅（K型）热电偶测炉温时，冷端温度 $t_0 = 30\ ℃$，在直流毫伏表

上测得的热电势 E_{AB}（t，30 ℃）＝38.505 mV，试求炉温为多少？

解：查镍铬－镍硅热电偶分度表，得到 E_{AB}（30 ℃，0 ℃）＝1.203 mV。

根据式有 E_{AB}（t，0 ℃）＝E_{AB}（t，30 ℃）＋E_{AB}（30 ℃，0 ℃）＝（38.505＋1.203）mV＝39.708 mV。

反查 K 型热电的偶分度表，得到 t＝960 ℃。

4. 实验了解热电偶测温原理

（1）实验目的

了解热电偶测温原理。

（2）基本原理

1821 年德国物理学家塞贝克发现和证明了两种不同材料的导体 A 和 B 组成的闭合回路，当两个接点温度不相同时，回路中将产生电动势。这种物理现象称为热电效应（塞贝克效应）。

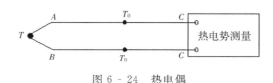

图 6-24　热电偶

热电偶测温原理是利用热电效应。如图 6-24 所示，热电偶就是将 A 和 B 二种不同金属材料的一端焊接而成的。A 和 B 称为热电极，焊接的一端是接触热场的 T 端称为工作端或测量端，也称热端；未焊接的一端处在温度 T_0 称为自由端或参考端，也称冷端（接引线用来连接测量仪表的两根导线 C 是同样的材料，可以与 A 和 B 不同种材料）。T 与 T_0 的温差越大，热电偶的输出电动势越大；温差为 0 时，热电偶的输出电动势为 0；因此，可以用测热电动势大小衡量温度的大小。国际上，将热电偶的 A、B 热电极材料不同分成若干分度号，并且有相应的分度表即参考端温度为 0 ℃时的测量端温度与热电动势的对应关系表；可以通过测量热电偶输出的热电动势值再查分度表得到相应的温度值。热电偶一般用来测量较高的温度，常应用在冶金、化工和炼油行业，用于测量、控制较高的温度。

本实验只是定性了解热电偶的热电势现象，实验仪所配的热电偶是由铜－康铜组成的简易热电偶，分度号为 T。实验仪有两个热电偶，它们封装在悬臂双平行梁上、下梁的上、下表面中，两个热电偶串联在一起，产生的热电势为二者之和。

（3）实验步骤

① 热电偶无温差时差动放大器调零：将电压表量程切换到 2 V 挡，按图 6-25 示意接线，检查接线无误后合上主、副电源开关。将差动放大器的增益电位器顺时针方向缓慢转到底（增益为 101 倍），再逆时针回转一点点（防电位器的可调触点在极限端点位置接触不良）；再调节差动放大器的调零旋钮，使电压表显示 0 V 左右，再将电压表量程切换到 200 mV 挡继续调零，使电压表显示 0 V，并记录下自备温度计所测的室温 t_n。

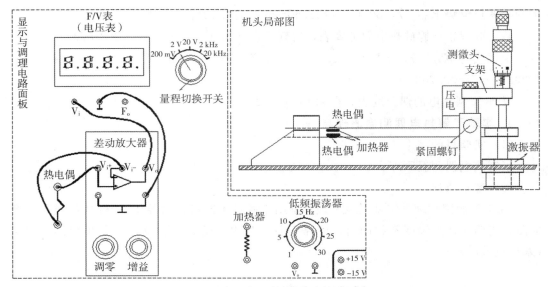

图 6 - 25 热电偶无温差时差动放大器调零接线示意图

② 将－15 V 直流电源接入加热器的一端，加热器的另一端接地，如图 6 - 26 所示。观察电压表显示值的变化，待显示值稳定不变时记录下电压表显示的电压值 V。此电压值 V 为两个铜－康铜热电偶串联经放大 100 倍后的热电势。

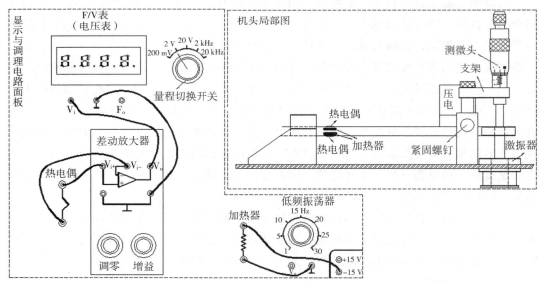

图 6 - 26 热电偶测温实验接线示意图

③ 根据热电偶的热电势与温度之间的关系式：$E(t, t_o) = E(t, t_n) + E(t_n, t_o)$ 计算热电势。

式中：t——热电偶的热端（工作端或称测温端）温度；

t_n——热电偶的冷端（自由端即热电势输出端）温度，也就是室温；

t_0——0 ℃。

首先，计算热端温度为 t，冷端温度为室温时热电势：$E(t, t_n) =$ 电压表 $V \div (100 \times 2)$

式中：100 为差动放大器的放大倍数，2 为 2 个热电偶。

其次，查以下所附铜—康铜热电偶分度表，得到热端温度为室温（温度计测得），冷端温度为 0 ℃时的热电势 $E(t_n, t_o)$。

表 6 - 2　铜—康铜热电偶分度表（自由端温度为 0 ℃时温度和热电动势的对应值）

分度号：T　　　　　　　　　　　　（自由端温度 0 ℃）

工作端温度 ℃	0	1	2	3	4	5	6	7	8	9
	热电动势（mV）									
−10	−0.383	−0.421	−0.459	−0.496	−0.534	−0.571	−0.608	−0.646	−0.683	−0.720
0	−0.000	−0.039	−0.077	−0.116	−0.154	−0.193	−0.231	−0.269	−0.307	−0.345
0	0.000	0.039	0.078	0.117	0.156	0.195	0.234	0.273	0.312	0.351
10	0.391	0.430	0.470	0.510	0.549	0.589	0.629	0.669	0.709	0.749
20	0.789	0.830	0.870	0.911	0.951	0.992	1.032	1.073	1.114	1.155
30	1.196	1.237	1.279	1.320	1.361	1.403	1.444	1.486	1.528	1.569
40	1.611	1.653	1.695	1.738	1.780	1.822	1.865	1.907	1.950	1.992
50	2.035	2.078	2.121	2.164	2.207	2.250	2.294	2.337	2.380	2.424
60	2.467	2.511	2.555	2.599	2.643	2.687	2.731	2.775	2.819	2.864
70	2.908	2.953	2.997	3.042	3.087	3.131	3.176	3.221	3.266	3.312
80	3.357	3.402	3.447	3.493	3.538	3.584	3.630	3.676	3.721	3.767
90	3.813	3.859	3.906	3.952	3.998	4.044	4.091	4.137	4.184	4.231
100	4.277	4.324	4.371	4.418	4.465	4.512	4.559	4.607	4.654	4.701

最后，计算热端温度为 t，冷端温度为 0 ℃时的热电势：$E(t, t_0) = E(t, t_n) + E(t_n, t_0)$，根据计算结果，查分度表得到所测温度 t（加热器功率较小，升温 10 ℃左右）。将加热器的 −15 V 电源断开，观察电压表显示值是否下降。实验完毕，关闭所有电源。

任务二　其他环境量测量

将各种化学物质的特性（如气体、离子或电解质、空气湿度等）的变化定性或定量地转换成电信号的传感器统称为化学传感器。化学传感器的种类很多，各种传感器的转换原理也不相同。本章主要讲解化学传感器及其应用。

一、气敏传感器

人们的日常生活和生产活动与周围的空气紧密相关，空气环境的变化给人类带来极大的影响，所以我们需要对有毒、有害气体（如 CO、NO 等）或可燃性气体在环境中存在的情况下进行有效的监测和分析，这就要求研发相应的气敏传感器。所以气敏传感器得到了广泛的应用。

1. 气敏传感器的定义

气敏传感器是用来检测气体类别、浓度和成分的传感器。它将气体种类及其浓度等有关的信息转换成电信号，根据这些电信号的强弱便可获得与待测气体在环境中存在情况有关的信息。

气敏传感器是暴露在各种成分的气体中使用的，由于检测现场温度、湿度的变化很大，又存在大量粉尘和油雾等，所以其工作条件较恶劣，而且气体对传感元件的材料会产生化学反应物，附着在元件表面，往往会使其性能变差。因此，对气敏元件有下列要求：

(1) 对被测气体具有较高的灵敏度。

(2) 对被测气体以外的共存气体或物质不敏感。

(3) 性能稳定，重复性好。

(4) 动态特性好，对检测信号响应迅速。

(5) 使用寿命长。

(6) 制造成本低、使用与维护方便等。

2. 气敏传感器的分类

由于气体种类繁多，性质各不相同，不可能用一种传感器检测所有类别的气体，因此，能实现气—电转换的传感器种类很多，按构成气敏传感器材料可分为半导体和非半导体两大类。目前实际使用最多的是半导体气敏传感器。

(1) 半导体式气敏传感器

利用半导体气敏元件同气体接触，造成半导体的电导率等物理性质发生变化的原理来检测特定气体的成分或者浓度。材料：气敏电阻的材料是金属氧化物半导体。其中 P型：如氧化钴、氧化铅、氧化铜、氧化镍等；N 型：如氧化锡、氧化铁、氧化锌、氧化钨等。合成材料有时还渗入了催化剂，如钯（Pd）、铂（Pt）、银（Ag）等。

按照半导体变化的物理特性，可分为电阻型和非电阻型。电阻型半导体气敏元件：是利用敏感材料接触气体时，其阻值变化来检测气体的成分或浓度；非电阻型半导体气敏元件：是利用其他参数，如二极管伏安特性和场效应晶体管的阈值电压变化来检测被测气体的。

（2）电阻型半导体气敏材料的导电机理

基本原理：是利用气体在半导体表面的氧化还原反应导致敏感元件阻值变化而制成的。

半导体气敏材料吸附气体的能力很强。当半导体器件被加热到稳定状态，在气体接触半导体表面而被吸附时，被吸附的分子首先在表面物性自由扩散，失去运动能量，一部分分子被蒸发掉，另一部分残留分子产生热分解而固定在吸附处（化学吸附）。当半导体的功函数小于吸附分子的亲和力时，吸附分子将从器件夺得电子而变成负离子吸附，半导体表面呈现电荷层。氧气等具有负离子吸附倾向的气体被称为氧化型气体或电子接收性气体。如果半导体的功函数大于吸附分子的离解能，吸附分子将向器件释放出电子，而形成正离子吸附。具有正离子吸附倾向的气体有石油蒸气、酒精蒸气、甲烷、乙烷、煤气、天然气、氢气等。它们被称为还原型气体或电子供给型气体，也就是在化学反应中能给出电子，化学价升高的气体，多数属于可燃性气体。当氧化型气体吸附到 N 型半导体（SnO_2，ZnO）上，还原型气体吸附到 P 型半导体（CrO_3）上时，将使半导体载流子减少，而使电阻值增大。

金属氧化物在常温下是绝缘的，制成半导体后却显示气敏特性。该类气敏元件通常工作在高温状态（200～450 ℃），目的是加速上述的氧化还原反应。

由于空气中的含氧量大体上是恒定的，因此氧的吸附量也是恒定的，器件阻值也相对固定。若气体浓度发生变化，其阻值也将变化。根据这一特性，可以从阻值的变化得知吸附气体的种类和浓度。半导体气敏时间（响应时间）一般不超过 1 min。N 型材料有 SnO_2、ZnO、TiO 等，P 型材料有 MoO_2、CrO_3 等。

规则总结：

氧化型气体＋N 型半导体：载流子数下降，电阻增加。

还原型气体＋N 型半导体：载流子数增加，电阻减小。

氧化型气体＋P 型半导体：载流子数增加，电阻减小。

还原型气体＋P 型半导体：载流子数下降，电阻增加。

（3）SnO_2 半导体气敏元件特点

气敏元件的阻值 R_c 与空气中被测气体的浓度 C 成对数关系：$\log R_c = m \lg C + n$。式中，n 与气体检测灵敏度有关，除了随材料和气体种类不同而变化外，还会由于测量温度和添加剂的不同而发生大幅度变化。m 为气体的分离度，随气体浓度的变化而变化，对于可燃性气体，$\dfrac{1}{3} \leqslant m \leqslant \dfrac{1}{2}$。

在气敏材料 SnO_2 中添加铂（Pt）或钯（Pd）等作为催化剂，可以提高其灵敏度和对气体的选择性。添加剂的成分和含量、元件的烧结温度和工作温度都将影响元件的选样性。

SnO_2 材料的物理、化学稳定性较好，与其他类型气敏元件（如接触燃烧式气敏元件）相比，SnO_2 气敏元件寿命长、稳定性好、耐腐蚀性强。SnO_2 气敏元件对气体检测是可逆的，而且吸附、脱附时间短，可连续长时间使用。元件结构简单，成本低，可靠性较高，机械性能良好。对气体检测不需要复杂的处理设备。

3. 实验了解气敏传感器原理及特性

（1）实验目的

了解气敏传感器的原理及特性。

（2）基本原理

气敏传感器（又称气敏元件）是指能将被测气体浓度转换为与其成一定关系的电量输出的装置或器件。它一般可分为半导体式、接触燃烧式、红外吸收式、热导率变化式等等。本实验所采用的 TP－3 型 SnO_2（氧化锡）半导体气敏传感器是对酒精敏感的电阻型气敏元件；该敏感元件由纳米级 SnO_2 及适当掺杂混合剂烧结而成，具微珠式结构，应用电路简单，可将传导性变化改变为一个输出信号，与酒精浓度对应。传感器对酒精浓度的响应特性曲线及实物、原理图如图 6－27 所示。

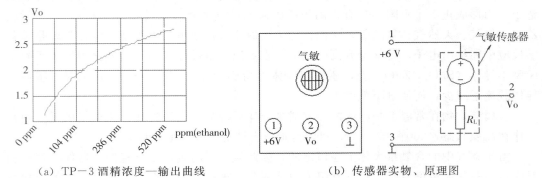

（a）TP－3 酒精浓度—输出曲线　　　　（b）传感器实物、原理图

图 6－27　传感器对酒精浓度的响应特性曲线、实物原理

（3）实验步骤

① 按图 6－28 示意接线

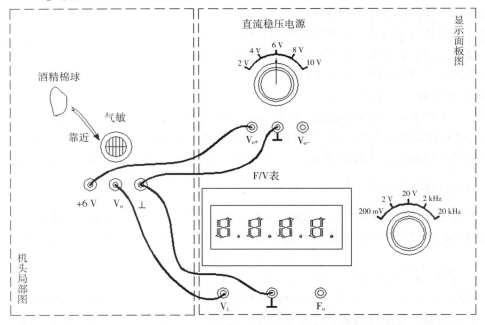

图 6－28　气敏（酒精）传感器实验接线示意图

②　将 F/V 表量程切换到 20 V 挡。检查接线无误后合上主电源开关，传感器通电预热较长时间（至少 5 分钟以上，因传感器长时间不通电的情况下，内阻会很小，上电后 V_o 输出很大，不能即时进入工作状态）后才能工作。

③　等待传感器输出 V_o 较小（小于 1.5 V）时，用自备的酒精小棉球靠近传感器端面，并吹两次气，使酒精挥发进入传感网内，观察电压表读数变化。实验完毕，关闭主电源。

二、湿敏传感器

1. 湿度

湿度，表示大气干燥程度的物理量。在一定的温度下、一定体积的空气里含有的水汽越少，则空气越干燥；水汽越多，则空气越潮湿。湿度在许多方面有重要的用途，在大气学、气象学和气候学中它主要是理论中的一个重要值。空气的干湿程度叫作"湿度"。它通常有如下几种表示方法：

（1）绝对湿度

绝对湿度是指单位体积空气内所含水蒸气的质量，其数学表达式为

$$H_a = \frac{m_V}{V} \qquad\qquad (6-15)$$

绝对湿度给出了水分在空气中的具体含量。

（2）相对湿度

相对湿度是指待测空气中实际所含的水蒸气压与相同温度下饱和水蒸气压比值的百分数。其数学表达式为：$H_T = \frac{P_V}{P_W} \times 100\%$。相对湿度给出了大气的潮湿程度，实际中常用。

（3）露点

水的饱和蒸气压随温度的降低而逐渐下降。在同样的空气水蒸气压下，温度越低，则空气的水蒸气压与同温度下水的饱和蒸气压差值越小。当空气温度下降到某一温度时，空气中的水蒸气压与同温度下水的饱和水蒸气压相等。此时，空气中的水蒸气将向液相转化而凝结成露珠，相对湿度为 100%RH。该温度称为空气的露点温度，简称露点。如果这一温度低于 0 ℃时，水蒸气将结霜，又称为霜点温度。两者统称为露点。空气中水蒸气压越小，露点越低，因而可用露点表示空气中的湿度。

湿敏传感器就是一种能将被测环境湿度转换成电信号的装置。主要由两个部分组成：湿敏元件和转换电路，除此之外还包括一些辅助元件，如辅助电源、温度补偿、输出显示设备等。

2. 电解质式（氯化锂）电阻湿敏传感器

氯化锂湿敏电阻是利用吸湿性盐类潮解，离子导电率发生变化而制成的测湿元件。它由引线、基片、感湿层与电极组成。氯化锂通常与聚乙烯醇组成混合体，在氯化锂（LiCl）溶液中，Li 和 Cl 均以正负离子的形式存在，而 Li^+ 对水分子的吸引力强，离子水合程度高，其溶液中的离子导电能力与浓度成正比。当溶液置于一定温湿场中时，若环境相对湿度高，溶液将吸收水分，使浓度降低，因此，其溶液电阻率增高。反之，当环境相对湿度变低时，则溶液浓度升高，其电阻率下降，从而实现对湿度的测量。

氯化锂湿敏元件的优点：滞后小，不受测试环境风速影响，检测精度高达 ±5%。

缺点：耐热性差，不能用于露点以下测量，器件性能重复性不理想，使用寿命短。

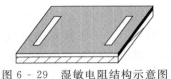

图 6 - 29　湿敏电阻结构示意图　　　　图 6 - 30　氯化锂湿度—电阻特性曲线

3. 陶瓷式电阻湿敏传感器

通常，用两种以上的金属氧化物半导体材料混合烧结而成为多孔陶瓷。这些材料有 $ZnO-LiO_2-V_2O_5$ 系、$Si-Na_2O-V_2O_5$ 系、$TiO_2-MgO-Cr_2O_3$ 系、Fe_3O_4 等，前三种材料的电阻率随湿度的增加而下降，故称为负特性湿敏半导体陶瓷，最后一种的电阻率随湿度的增加而增大，故称为正特性湿敏半导体陶瓷。

（1）负特性湿敏半导体陶瓷的导电机理

由于水分子中的氢原子具有很强的正电场，当水在半导瓷表面吸附时，就有可能从半导瓷表面俘获电子，使半导瓷表面带负电。如果该半导瓷是 P 型半导体，则由于水分子吸附使表面电势下降，将吸引更多的空穴到达其表面，其表面层的电阻下降。

若该半导瓷为 N 型，则由于水分子的附着使表面电势下降，如果表面电势下降较多，不仅使表面层的电子耗尽，还吸引更多的空穴到达表面层，有可能使到达表面层的空穴浓度大于电子浓度，出现所谓表面反型层，这些空穴称为反型载流子。它们同样可以在表面迁移而表现出电导特性，使 N 型半导瓷材料的表面电阻下降。

不论是 N 型还是 P 型半导体陶瓷，其电阻率都随湿度的增加而下降。

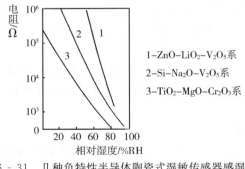

1-$ZnO-LiO_2-V_2O_5$系
2-$Si-Na_2O-V_2O_5$系
3-$TiO_2-MgO-Cr_2O_3$系

图 6 - 31　几种负特性半导体陶瓷式湿敏传感器感湿特性　　　图 6 - 32　Fe_3O_4 半导瓷的正湿敏特性

（2）正特性湿敏半导瓷的导电机理

正特性湿敏半导瓷的导电机理的解释可以认为这类材料的结构、电子能量状态与负特性材料有所不同。当水分子附着半导瓷的表面使电势变负时，导致其表面层电子浓度下降，但这还不足以使表面层的空穴浓度增加到出现反型的程度，此时仍以电子导电为主。于是，表面电阻将由于电子浓度下降而加大，这类半导瓷材料的表面电阻将随湿度的增加而加大。通常湿敏半导瓷材料都是多孔的，表面电导占的比例很大，故表面层电

176

阻的升高，必将引起总电阻值的明显升高。

4. 几种典型陶瓷湿敏传感器

（1）$MgCr_2O_4-TiO_2$ 湿敏元件

$MgCr_2O_4-TiO_2$ 湿敏材料通常制成多孔陶瓷型"湿—电"转换器件，它是负特性半导瓷，$MgCr_2O_4$ 为 P 型半导体，它的电阻率低，阻值温度特性好。

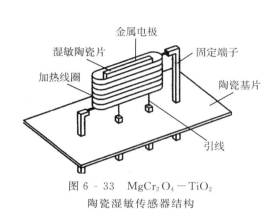

图 6 - 33　$MgCr_2O_4-TiO_2$
陶瓷湿敏传感器结构

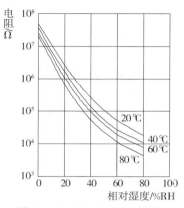

图 6 - 34　$MgCr_2O_4-TiO_2$
陶瓷湿度传感器感湿特性

（2）$ZnO-Cr_2O_3$ 陶瓷湿敏元件

$ZnO-Cr_2O_3$ 湿敏元件的结构是将多孔材料的金电极烧结在多孔陶瓷圆片的两表面上，并焊上铂引线，然后将敏感元件装入有网眼过滤的方形塑料盒中用树脂固定。

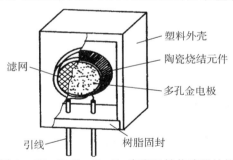

图 6 - 35　$ZnO-Cr_2O_3$ 陶瓷湿敏传感器结构

（3）高分子式电阻湿敏传感器

高分子式电阻湿敏传感器是利用高分子电解质吸湿而导致电阻率发生变化的基本原理来进行测量的。当水吸附在强极性高分子上时，随着湿度的增加，吸附量增大，吸附水之间凝聚化呈液态水状态。在低湿吸附量少的情况下，由于没有荷电离子产生，电阻值很高；当相对湿度增加时，凝聚化的吸附水就成为导电通道，高分子电解质的成对离子主要起载流子作用。此外，由吸附水自身离解出来的质子（H^+）及水和氢离子（H_3O^+）也起电荷载流子作用，这就使得载流子数目急剧增加，传感器的电阻急剧下降。利用高分子电解质在不同湿度条件下电离产生的导电离子数量不等使阻值发生变化，就可以测定环境中的湿度。

高分子式电阻湿敏传感器测量湿度的范围大，工作温度在 $0\sim50$ ℃，响应时间短（<30 s），适用于湿度检测和控制用。

（4）陶瓷式电阻湿敏传感器的特点

传感器表面与水蒸气的接触面积大，易于水蒸气的吸收与脱却；陶瓷烧结体能耐高温，物理、化学性质稳定，适合采用加热去污的方法恢复材料的湿敏特性；可以通过调整烧结体表面晶粒、晶粒界和细微气孔的构造，改善传感器湿敏特性。

5．湿敏传感器实验

（1）实验目的

了解湿敏传感器的原理及特性。

（2）基本原理

实验采用具有感湿功能的高分子聚合物（高分子膜）涂敷在带有导电电极的陶瓷衬底上，导电机理为水分子的存在影响高分子膜内部导电离子的迁移率，形成阻抗随相对湿度变化成对数变化的敏感部件。湿敏膜是高分子电解质，其电阻值的对数与相对湿度是近似线性关系。在电路用字母"R_H"表示，测量范围：10%～95%，阻值：几兆欧～几千欧。湿敏传感器实物、实验原理框图如图 6 - 36 所示。

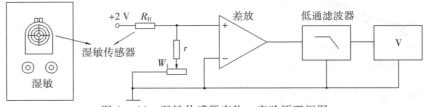

图 6 - 36　湿敏传感器实物、实验原理框图

（3）实验步骤

① 按图 6 - 37 示意接线。

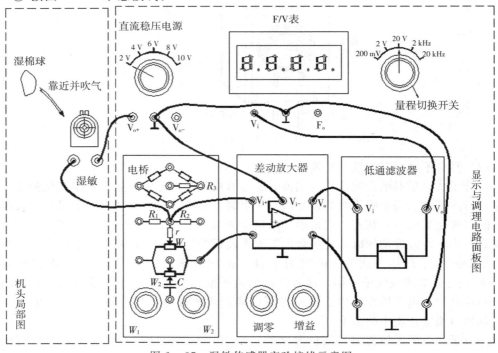

图 6 - 37　湿敏传感器实验接线示意图

②将 F/V 表量程切换到 20 V 挡，±2 V～±10 V 步进可调直流稳压电源切到 2 V 挡，将差动放大器增益电位器顺时针缓慢转到底后再逆向回转 $\frac{1}{2}$ 位置。检查接线无误后合上主、副电源开关。传感器通电先预热 5 分钟以上，待 F/V 表显示稳定后调节差动放大器零位电位器电压表显示 0 V。

③ 将潮湿小棉球靠近（可以多准备几个潮湿度不同的小棉球，分别实验）传感器的端口，观察电压表的数字变化，此时电压表的指示变化，也就是 R_H 阻值变化，说明 R_H 检测到了湿度的变化，而且随着湿度的不同阻值变化也不一样。实验完毕，关闭所有电源。

三、化学传感器的应用

1. 简易家用气体报警

简易家用气体报警电路如图 6-38 所示。

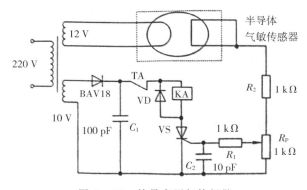

图 6-38　简易家用气体报警

晶闸管 VS 采用 BRX44，电位器 R_P 可调节报警器的报警点。

当可燃气体浓度达到报警点浓度时，气体传感器气敏元件阻值降低，经电位器 R_P 两端电压升高，使晶闸管 VS 触发变为导通状态，继电器 KA 线圈通电，常开触点闭合，发出报警声音，直到按下开关 TA，继电器线圈断电，常开触点断开，报警结束。

2. 化工管道危险性气体泄漏监测装置的检测电路。

化工管道危险性气体泄漏监测装置的检测电路如图 6-39 所示。

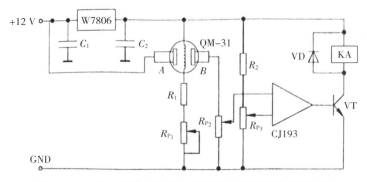

图 6-39　化工管道危险性气体泄漏监测装置的检测电路

该气体泄漏检测电路主要由气敏传感器、电压比较器、驱动电路以及电源电路四部分组成，加热线圈通过电阻 R_1 和电位器 R_{P1} 与电源连接，对气敏传感器进行预加热，当存在还原性气体泄漏时，气敏传感器 QM-31 的两个电极 A、B 之间的电阻由于还原性气体的作用迅速减小，比较器 A 翻转，输出高电平信号使三极管 VT 导通，集电极输出低电平，驱动继电器 KA 线圈通电工作。继电器 KA 触点将遥控发射器的电源接通，通过遥控发射器将该泄漏点的编码信息传送到控制中心进行处理并报警。

3. 半导体气敏传感器在家用燃气报警器中的应用

半导体气敏传感器在家用燃气报警器中的应用电路如图 6-40 所示。

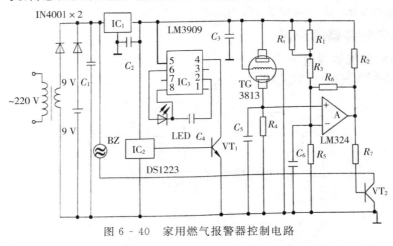

图 6-40　家用燃气报警器控制电路

检测电路由传感器 TG3813 构成，DS1223 为电压检测集成电路，实现对电源电压的监测，LM3909 是集成电路灯光闪烁控制器，在正常情况下驱动 LED 以一定的频率进行闪烁发光，若电压不足则 LED 指示灯停止工作。

TG3813 是有害气体传感器，当接触到有害气体时，其内阻将随燃气浓度的增加而减小，其下端电压上升，经电压比较器 LM324 使其输出为高电平，三极管 VT_2 导通，其输出低电平使蜂鸣指示器 BZ 报警。

4. 有害气体鉴别、报警与控制电路

有害气体鉴别、报警与控制电路如图 6-41 所示。

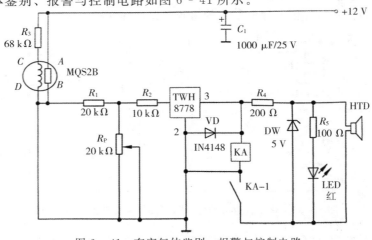

图 6-41　有害气体鉴别、报警与控制电路

　　该电路一方面可鉴别有无有害气体产生，鉴别液体是否有挥发性；另一方面可自动控制排风扇排气，使室内空气清新。

　　MQS2B是旁热式烟雾、有害气体传感器，没有检测到有害气体时阻值较高（10 kΩ左右）。当有害气体或烟雾进入时其阻值急剧下降，A、B两端电压下降，使得B的电压升高，经电阻R_1和R_P分压、R_2限流加到开关集成电路TWH8778的选通端，当选通端电压达到预定值时（调节可调电阻R_P可改变1脚的电压预定值），1、2两脚导通。+12 V电压加到继电器KA上使其线圈通电，触点KA-1吸合，合上排风扇电源开关自动排风。同时2脚+12 V电压经R_4限流和稳压二极管DW稳压后供电给蜂鸣器HTD而发出"嘀嘀"声，且发光二极管发出红光，实现声光报警的功能。

5. 可燃性气体浓度检测电路

　　可燃性气体浓度检测电路如图6-42所示。

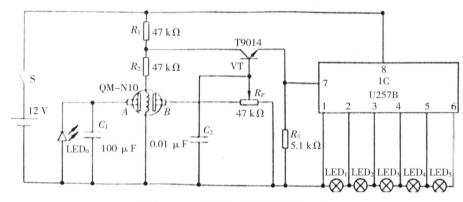

图6-42　可燃性气体浓度检测电路

　　该电路可用于家庭对煤气、液化气和一氧化碳等发生泄漏实现监控报警。

　　QM-N10型气体检测管是一个高灵敏度、低功耗传感器。

　　QM-N10型气体检测管与R_P组成气体检测电路，气体检测信号从R_P的中心端臂取出。

　　当QM-N10不接触可燃性气体时，其A、B两极呈高阻，使7脚电压趋于0，相应$LED_1 \sim LED_5$均不亮。

　　当QM-N10处在一定的可燃性气体中时，其A、B两极电阻变小，使7脚存在一定的电压，使得相应的LED点亮。

　　如果可燃性气体浓度越高时，则LED被依次点亮的只数越多。

　　U257B是LED条形驱动集成电路，其输出量（LED点亮）点亮个数取决于7脚电位的高低。

　　当7脚电位低于0.18 V时，其输出2~6脚均为低电平，$LED_1 \sim LED_5$均不亮。

　　当7脚电位为0.18 V时，LED_1被点亮。

　　当7脚电位低于0.532 V时，LED_1、LED_2点亮。

　　当7脚电位低于0.84 V时，$LED_1 \sim LED_3$点亮。

　　当7脚电位低于1.19 V时，$LED_1 \sim LED_4$点亮。

　　当7脚电位低于2 V时，$LED_1 \sim LED_5$点亮。

6. 用 QM－N2 型气敏元件构成的可燃性气体报警电路

QM－N2 型气敏元件构成的可燃性气体报警电路如图 6 - 43 所示。

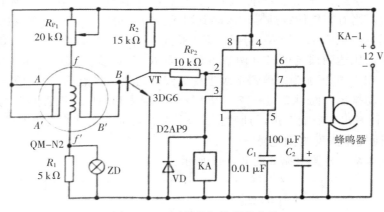

图 6 - 43　可燃性气体报警电路

国产 QM－N2 型气敏元件对液化石油气体具有很灵敏的报警功能，并可以对挥发性蒸气的浓度进行检测。

当检测到可燃性气体时，QM－N2 传感器呈现低电阻，B 点输出高电平，三极管 VT 导通，输出低电平触发由定时器组成的单稳态触发器的 2 脚，单稳态输出端 3 脚输出高电平，使继电器 KA 线圈通电，其常开触点 KA－1 闭合，蜂鸣器通电报警。

项目小结

1. 热电阻传感器是利用电阻随温度变化的特性而制成的，它在工业上被广泛用来对温度和温度有关参数进行检测。按热电阻性质的不同，热电阻传感器可分为金属热电阻和半导体热电阻两大类，前者通常称为热电阻，后者称为热敏电阻。

2. 金属热电阻是利用电阻与温度成一定函数关系的特性，由金属材料支撑的感温元件。当被测温度发生变化时，导体的电阻随温度的变化而变化。

3. 热敏电阻是使用半导体材料支撑的热敏元件。相对于一般的金属热电阻而言，其优点是电阻温度系数大，灵敏度高，比一般的金属热电阻要大 10～100 倍，结构简单，体积小，测量点温度高，电阻率高，热惯性小。

4. 热电偶是基于热电效应原理制成的测温元件，将两种不同成分的导体组成一闭合回路，当闭合回路的两个节点分别置于不同的温度场合，回路中将产生一个电动势，该热电偶当时的方向和大小与导体的材料和连接点的温度差有关，称为热电效应。热电动势分两部分组成，一部分是两种导体的接触电势，另一部分是单一导体的温差电动势，接触电动势比较小，可以忽略。

5. 热电偶的种类很多，基本上都是由热电极金属材料、绝缘材料、保护材料及接线装置等部分组成的，热电偶可分为标准化热电偶和非标准化热电偶两种类型。

6. 在用热电偶进行测温时，要保证热电偶冷端的温度恒定，热电势才是热端温度的单值函数，但在实际应用中，热电偶的冷端通常靠近被测对象，受到周围环境的影响，其温度并不是恒定的，所以必须采取一些相应的措施进行修正或补偿，常用的方法有冷端恒温法补偿导线法、电桥补偿法等。

⊚ 自我测评

一、单项选择题

1. 在热敏电阻中使用最广泛的是 （　　）。

A. 负温度系数热敏电阻 　　　　　　　B. 正温度系数热敏电阻

C. 临界系数热敏电阻 　　　　　　　　D. 热电阻传感器

2. 用热敏电阻进行测温时，测量电路一般采用 （　　）。

A. 电桥电路 　　　　　　　　　　　　B. 运算放大器电路

C. 频率调制电路 　　　　　　　　　　D. 脉宽调制电路

3. 热电偶可以测量 （　　）。

A. 压力 　　　　B. 电压 　　　　C. 温度 　　　　D. 热电动势

4. 下列关于热电偶传感器的说法中错误的是 （　　）。

A. 热电偶必须由两种不同性质的均质材料构成

B. 计算热电偶的热电动势时，可以不考虑接触电动势

C. 在工业标准中，热电偶参考温度规定为 0

D. 接入第三种导体时，只要其两端温度相同，对总电动势没有影响

5. 热电偶的基本组成部分是 （　　）。

A. 热电极 　　　　B. 保护管 　　　　C. 绝缘管 　　　　D. 接线盒

6. 为了减少热电偶测温时的测量误差，需要进行的冷端补偿方法不包括 （　　）。

A. 补偿导线法 　　　B. 电桥补偿法 　　　C. 冷端补偿法 　　　D. 差动放大法

7. 热电偶测量温度时 （　　）。

A. 需加正向电压力 　　　　　　　　　B. 需加反向电压力

C. 加正反向电压均可 　　　　　　　　D. 不需要加电压

8. 热电偶中热电动势不包括 （　　）。

A. 感应电动势 　　　B. 补偿电动势 　　　C. 接触电动势 　　　D. 切割电动势

9. 热电偶中产生热电势的条件 （　　）。

A. 两热电极材料相同 　　　　　　　　B. 两热电极材料不同

C. 两热电极的几何尺寸不同 　　　　　D. 两热电极的两端点温度不同

10. 利用热电阻测温时，只有在 （　　）条件下才能进行。

A. 分别保持热电偶两端温度恒定

B. 保持热电偶两端温差恒定

C. 保持热电偶冷端温度恒定

D. 保持热电偶热端温度恒定

二、填空题

1. 热电阻的性质不同可分为_____和_____，前者通常称为_____，后者称为_____。

2. 目前广泛应用的热电阻材料是_____和_____。

3. 热敏电阻一般按温度系数可分为_____和_____。

4. 热电阻传感器通常由_____和_____和构成。

5. 热电效应产生的热电动势由两部分组成，分别是_____和_____。

6. 气敏传感器是用来检测_____和_____的传感器。

7. 气敏传感器按构成气敏传感器材料可分为_____和_____两大类。目前实际使用最多的是_____气敏传感器。

8. 半导体气敏传感器按照半导体变化的物理特性，可分为_____和_____。

9. 湿敏传感器主要由两个部分组成，分别是_____和_____。

10. 热电阻测量电路的三线制接线法可以消除_____的影响。

三、判断题

1. 如果热电偶两根电极材料相同，即使两端温度不同（$t \neq t_0$），但总输出热电动势仍为零。　　　　　　　　　　　　　　　　　　　　　　　　　　　　（　　）

2. 如果热电偶两接点温度相同，则回路总的热电动势必然等于零。两接点温差越大，热电动势越大。　　　　　　　　　　　　　　　　　　　　　　　　　　（　　）

3. 由 A、B 两种导体组成的热电偶的冷端断开而接入第三种导体 C 后，只要第三种导体的两接点温度相同，则回路的总热电动势不变。　　　　　　　　　　　（　　）

4. 热电偶的电极的长度不够时可以无条件地增加导线来进行弥补。　　（　　）

5. 热电偶测温时冷端温度可以不是零度。　　　　　　　　　　　　　（　　）

6. 气敏传感器是暴露在各种成分的气体中使用的。　　　　　　　　　（　　）

7. 由于气敏传感器的使用环境恶劣，对气敏传感器的组成要求很高。　（　　）

8. 热电阻测量电路的三线制接线法的灵敏度要高于二线制接法的测量精度。

　　　　　　　　　　　　　　　　　　　　　　　　　　　　　　　　（　　）

四、简答题

1. 热电阻测量时有哪几种测量电路？简要说明原理。

2. 什么是金属导体的热电效应？试说明热电偶的测温原理。

3. 试分析金属导体产生接触电动势和温差电动势的原因。

4. 简述热电偶的几个重要定律，并分别说明它们的实用价值。

5. 试述热电偶冷端温度补偿的几种主要方法和补偿原理。

6. 什么是补偿导线？热电偶测温度为什么要采用补偿导线？目前的补偿导线有哪几种类型？

7. 电化学传感器有哪些类型？

8. 简述可燃性气体检漏报警电路的工作原理。

9. 简述基于恒电位仪传感器检测 CO 电路的工作原理。

项目七 自动检测技术的新发展

项目描述

近年来，随着计算机技术、信息技术、通信技术和信号处理技术的不断发展及应用，自动检测系统不断提升，仪表的功能不断扩大，性能指标获得很大的提高。本项目简要针对自动检测的新趋势、新发展，分别简要介绍一下智能传感器、虚拟仪器、MEMS 技术及其微型传感器、无线传感器网络、多传感器数据融合及软测量技术。

知识目标

1. 掌握虚拟仪表的组成、优点；
2. 掌握微电机系统的特点；
3. 了解微型传感器的特点；
4. 了解无线传感器的组成部分；
5. 掌握多传感器融合技术的意义和作用；
6. 了解软测量的主要内容。

技能目标

1. 能熟练掌握传感器实现微型化的方法；
2. 能熟练掌握无线传感器在生活中的应用；
3. 能准确掌握多传感器融合技术在实际中的应用。

任务一 智能传感器

传感器在经历了模拟量信息处理和数字量交换这两个阶段后，正朝着智能化、集成一体化、小型化方向发展，利用微处理机技术的新型传感器。

一、智能传感器发展的历史背景

传统的传感器技术已达到其技术极限。它的价格性能比不可能再有大的下降。它在以下几方面存在严重不足。

（1）因结构尺寸大，而时间（频率）响应特性差。

（2）输入—输出特性存在非线性，且随时间而漂移。

（3）参数易受环境条件变化的影响而漂移。

（4）信噪比低，易受噪声干扰。

（5）存在交叉灵敏度，选择性、分辨率不高。

智能传感器代表了传感器的发展方向，这种智能传感器带有标准数字总线接口，能够自己管理自己。它将所检测到的信号经过变换处理后，以数字量形式通过现场总线与高（上）位计算机进行信息通信与传递。

二、智能传感器的功能与特点

1. 智能传感器的功能

（1）具有自校零、自标定、自校正功能。

（2）具有自动补偿功能。

（3）能够自动采集数据，并对数据进行预处理。

（4）能够自动进行检验、自选量程、自寻故障。

（5）具有数据存储、记忆与信息处理功能。

（6）具有双向通信、标准化数字输出或者符号输出功能。

（7）具有判断、决策处理功能。

2. 智能传感器的特点

与传统传感器相比，智能传感器的特点如下。

（1）精度高。

（2）高可靠性与高稳定性。

（3）高信噪比与高分辨力。

（4）强自适应性。

（5）低价格性能比。

由此可见，智能化设计是传感器传统设计中的一次革命，是世界传感器的发展趋势。

三、智能传感器实现的途径

至今，传感器技术的发展是沿着三条途径实现智能传感器的。

1. 非集成化实现

非集成化智能传感器是将传统的经典传感器（采用非集成化工艺制作的传感器，仅具有获取信号的功能）、信号调理电路、带数字总线接口的微处理器组合为整体而构成的一个智能传感器系统，其框图如图 7 - 1 所示。

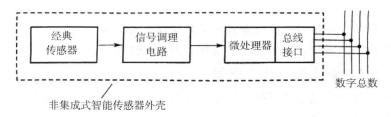

图 7 - 1　非集成式智能传感器框图

这种非集成化智能传感器是在现场总线控制系统发展形势的推动下迅速发展起来

的，是一种建立智能传感器系统最经济、最快捷的途径与方式。

另外，近年来发展极为迅速的模糊传感器也是一种非集成化的新型智能传感器。模糊传感器的"智能"之处在于：它可以模拟人类感知的全过程。它不仅具有智能传感器的一般优点和功能，而且具有学习推理的能力，具有适应测量环境变化的能力，并且能够根据测量任务的要求进行学习推理。通俗来说，模糊传感器的作用应当与一个具有丰富经验的测量工人的作用是等同的，甚至更好。

图 7 - 2 是模糊传感器的简单结构和功能示意图。

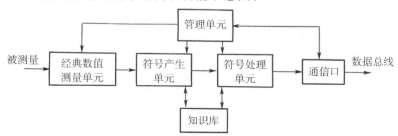

图 7 - 2　模糊传感器的简单结构示意图

模糊传感器的突出特点是具有丰富强大的软件功能。模糊传感器与一般的基于计算机的智能传感器的根本区别在于模糊传感器具有实现学习功能的单元和符号产生、处理单元。它能够实现专家指导下的学习和符号的推理及合成，从而使模糊传感器具有可训练性，经过学习与训练，使得模糊传感器能适应不同测量环境和测量任务的要求。因此，实现模糊传感器的关键就在于软件功能的设计。

2. 集成化实现

这种智能传感器系统是采用微机械加工技术和大规模集成电路工艺技术，利用硅作为基本材料来制作敏感元件、信号调理电路、微处理器单元，并把它们集成在一块芯片上而构成的，故又可称为集成智能传感器，其外形如图 7 - 3 所示。

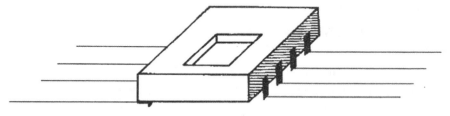

图 7 - 3　集成智能传感器外形示意图

随着微电子技术的飞速发展，微米、纳米技术的问世，大规模集成电路工艺技术的日臻完善，集成电路器件的密集度越来越高。它已成功地使各种数字电路芯片、模拟电路芯片、微处理器芯片、存储器电路芯片的价格性能比大幅度下降。反过来，它又促进了微机械加工技术的发展，形成了与传统的经典传感器制作工艺完全不同的现代传感器技术。

现代传感器技术，是指以硅材料基础（因为硅既有优良的电性能，又有极好的机械性能），采用微米级的微机械加工技术和大规模集成电路工艺来实现各种仪表传感器系统的微米级尺寸化。由此制作的智能传感器的特点如下。

（1）微型化

微型压力传感器已经可以小到放在注射针头内送进血管测量血液流动情况，装在飞机或发动机叶片表面用以测量气体的流速和压力。美国研究成功的微型加速度计可以使火箭或飞船的制导系统质量从几公斤下降至几克。

（2）结构一体化

压阻式压力（差）传感器是最早实现一体化结构的。传统的做法是先分别由宏观机械加工金属圆膜片与圆柱状环，然后把二者粘贴形成周边固支结构的"金属杯"，再在圆膜片上粘贴电阻变换器（应变片）而构成压力（差）传感器，这就不可避免地存在蠕变、迟滞、非线性特性。采用微机械加工和集成化工艺，不仅"硅杯"一次整体成型，而且电阻变换器与硅杯是完全一体化的。进而可在硅杯非受力区制作调理电路、微处理器单元，甚至制作微执行器，从而实现不同程度的，乃至整个系统的一体化。

（3）精度高

比起分体结构，传感器结构本身一体化后，迟滞、重复性指标将大大改善，时间漂移大大减小，精度提高。后续的信号调理电路与敏感元件一体化后可以大大减小由引线长度带来的寄生参量的影响，这对电容式传感器更有特别重要的意义。

（4）多功能

微米级敏感元件结构的实现特别有利于在同一硅片上制作不同功能的多个传感器，如ST-3000型智能压力（差）和温度变送器，就是在一块硅片上制作了感受压力、压差及温度三个参量的，具有三种功能（可测压力、压差、温度）的敏感元件结构的传感器，不仅增加了传感器的功能，而且可以通过采用数据融合技术消除交叉灵敏度的影响，提高传感器的稳定性与精度。

（5）阵列式

微米技术已经可以在一平方厘米大小的硅芯片上制作含有几千个压力传感器的阵列。

敏感元件构成阵列后，配合相应图像处理软件，可以实现图形成像且构成多维图像传感器。这时的智能传感器就达到了它的最高级形式。

（6）全数字化

通过微机械加工技术可以制作各种形式的微结构。其固有谐振频率可以设计成某种物理参量（如温度或压力）的单值函数。因此可以通过检测其谐振频率来检测被测物理量。这是一种谐振式传感器，直接输出数字量（频率）。它的性能极为稳定、精度高、不需要A/D转换器便能与微处理器连接。免去A/D转换器，对于节省芯片面积、简化集成化工艺，均十分有利。

（7）使用极其方便，操作极其简单

它没有外部连接元件，外接连线数量极少，包括电源、通信线可以少至四条，因此，接线极其简便。它还可以自动进行整体自校，无须用户长时间地反复多环节调节与校验。"智能"含量越高的智能传感器，它的操作使用越简便，用户只需编制简单的使用主程序。这就如同"傻瓜"照相机的操作比不是"傻瓜"照相机的经典式照相机要简便得多一样的道理。

根据以上特点可以看出：通过集成化实现的智能传感器，为达到高自适应性、高精度、高可靠性与高稳定性，其发展主要有以下两种趋势。

① 多功能化与阵列化，加上强大的软件信息处理功能。

② 发展谐振式传感器，加软件信息处理功能。

3．混合实现

根据需要将系统各个集成化环节（如敏感单元、信号调理电路、微处理器单元、数字总线接口）以不同的组合方式集成在两块或一块芯片上，并装在一个外壳旦，如图7-4所示。

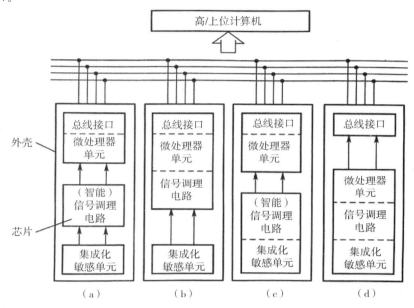

图7-4 在一个封装中可能的混合集成实现方式

集成化敏感单元包括（对结构型传感器）弹性敏感元件及变换器。信号调理电路包括多路开关、仪表放大器、基准、模/数转换器（ADC）等。

微处理器单元包括数字存储器（EPROM、ROM、RAM）、I/O接口、微处理器、数/模转换器（DAC）等。

4．集成化智能传感器的几种形式

（1）初级形式

初级形式就是组成环节中没有微处理器单元，只有敏感单元与（智能）信号调理电路，二者被封装在一个外壳里。这是智能传感器系统最早出现的商品化形式，也是最广泛使用的形式，也被称为"初级智能传感器"。从功能来讲，它只具有比较简单的自动校零、非线性的自动校正、温度自动补偿功能。这些简单的智能化功能是由硬件电路来实现的，故通常称该种硬件电路为智能调理电路。

（2）中级形式/自立形式

中级形式是在组成环节中除敏感单元与信号调理电路外，必须含有微处理器单元，即一个完整的传感器系统全部封装在一个外壳里的形式。

（3）高级形式

高级形式是集成度进一步提高，敏感单元实现多维阵列化时，同时配备了更强大的信息处理软件，从而具有更高级的智能化功能的形式。这时的传感器系统具有更高级的传感器阵列信息融合功能，或具有成像与图像处理等功能。对于集成化智能传感器系统而言，集成化程度越高，其智能化程度也就越可能达到更高的水平。

综上所述，可以看出，智能传感器系统是一门涉及多种学科的综合技术，是当今世界正在发展的高新技术。

任务二　虚拟仪器

一、虚拟仪器的定义

"虚拟"仪器是目前国内外测试技术界和仪器制造界十分关注的热门话题。虚拟仪器是一种概念性仪器，迄今为止，业界还没有一个明确的国际标准和定义。虚拟仪器实际上是一种基于计算机的自动化检测仪器系统，是现代计算机技术和仪器技术完美结合的产物，是当今计算机辅助测试领域的一项重要技术。虚拟仪器利用加在计算机上的一组软件与仪器模块相连接，以计算机为核心，充分利用计算机强大的图形界面和数据处理能力提供对测量数据的分析和显示。

虚拟仪器技术的开发和应用源于 1986 年美国的国家仪器公司。该公司研制了基于多种总线系统的虚拟仪器，设计的 LabVIEW 是一种基于图形的开发调试和运行程序和集成化环境，实现了虚拟仪器的概念。

虚拟仪器就是通过软件将计算机硬件资源与仪器硬件有机地融合为一体，把计算机强大的计算处理能力和仪器硬件的测量、控制能力结合在一起，通过软件实现对数据的显示、存储和分析处理。也可以说，虚拟仪器就是在通用的计算机上加上了软件和硬件，使得使用者在操作这台计算机时，就像在操作由他本人设计的专用的传统的电子仪器。总之，虚拟仪器由计算机、应用软件和仪器硬件组成。

二、虚拟仪器的应用

虚拟仪器可以代替传统的测量仪器，如信号发生器、示波器、频率计和逻辑分析仪等；可以集成自动控制系统；可以构建专用仪器系统；可广泛用于电子测量、振动分析、声学分析、故障诊断、航天航空、军事工程、电力工程、机械工程、建筑工程、铁路交通、地质勘探、生物医疗、教学及科研等诸多方面，涉及国民经济的各个领域。虚拟仪器的发展对科学技术的发展和国防、工业、农业的生产将产生不可估量的影响。

三、虚拟仪器的特点

与传统仪器相比，虚拟仪器有以下优点。

（1）融合计算机强大的硬件资源，突破了传统仪器在数据处理、显示、存储等方面的限制，大大增强了传统仪器的功能。

（2）利用了计算机丰富的软件资源，实现了部分仪器硬件的软件化，增加了系统灵活性。通过软件技术和相应数值算法，可以实时、直接地对测试数据进行各种分析与处理。同时，图形用户界面技术使得虚拟仪器界面友好，人机交互方便。

（3）基于计算机总线和模块化仪器总线，硬件实现了模块化、系列化，提高了系统的可靠性和易维护性。

（4）基于计算机网络技术和接口技术，具有方便、灵活的互联能力，广泛支持各种工业总线标准。因此，利用技术可方便地构建自动测试系统，实现测量、控制远程的智能化、网络化。

（5）基于计算机的开放式标准体系结构。虚拟仪器的硬、软件都具有开放性、可重复使用及互换性等特点。用户可根据自己的需要，选用不同厂家的产品，使仪器系统的开发更为灵活，效率更高，缩短了系统组建时间。

将虚拟仪器与传统仪器进行比较，如表 7-1 所示。

表 7-1 虚拟仪器与传统仪器的比较

虚拟仪器	传统仪器
用户自己定义	仪器厂商定义
软件是关键	硬件是关键
仪器的功能和规模可通过软件来修改或增减	仪器的功能和规模已固定
技术更新快	技术更新慢
可以用网络连接周边各仪器	只可以连接有限的设备

四、虚拟仪器的产生

至今，电子测量仪器的发展大体可以分为四代：模拟仪器、数字化仪器、智能仪器和虚拟仪器。

第一代：模拟仪器，如指针式万用表、晶体管电压表等。其基本结构是电磁机械式的，借助指针显示最终结果。

第二代：数字化仪器，这类仪器目前应用相当普及，如数字式电压表、数字频率计等。

这类仪器将模拟信号的测量转化为数字信号测量，并以数字方式输出最终结果。

第三代：智能仪器，这类仪器内置微处理器，既能进行自动检测，又具有一定的数据处理能力，其功能块以硬件或者固化的软件形式存在。

第四代：虚拟仪器，是由计算机硬件资源、模块化仪器硬件和用于数据采集、信号分析、接口通信及图形用户界面的软件组成的检测系统。它是一种完全由计算机来操纵控制的模块化仪器系统。

五、虚拟仪器的分类

随着微机的发展和采用总线方式的不同，虚拟仪器分为以下 5 种类型。

1. GPIB 总线式虚拟仪器

GPIB（通用仪器接口总线）技术是 IEEE488 标准的虚拟仪器早期的发展阶段。它的出现使电子测量独立的单台手工操作向大规模自动测试系统发展。典型的 GPIB 系统由一台 PC、一块 GPIB 接口卡和若干台 GPIB 形式的仪器通过 GPIB 电缆连接而成。在标准情况下，一块 GPIB 接口可以带 14 台仪器，电缆长度可达 20 m。GPIB 测量系统的结构和命令简单，主要应用于台式仪器，适合于精确度要求高但传输速率要求不高的场合。

2. 并行口式虚拟仪器

最新发展的一系列可以连接到计算机并行口的测量装置，它们把仪器硬件集成在一个采集盒内。仪器的软件安装在计算机上，完成各种测量仪器的功能，以组成任意波形发生器、数字万用表、数字存储示波器、频率计和逻辑分析仪等。它们的最大好处是可以与笔记本计算机相连，方便现场作业。

3. PC 总线—插卡式虚拟仪器

这种方式借助于插入计算机内的数据采集卡与专用的软件相结合，组建各种仪器。但是，受 PC 机箱和总线的限制，插卡尺寸比较小，插槽数目有限。此外，机箱内部的噪声电平较高。

4. VXI 总线式虚拟仪器

VXI 总线是一种高速计算机总线——VMF 总线在仪器领域的扩展。由于它的标准开放、结构紧凑，具有数据吞吐能力强、定时和同步精确、模块可重复利用、众多仪器厂家支持等优点，很快得到广泛的应用。经过十多年的发展，VXI 系统的组建和使用越来越方便，尤其是在组建大、中规模自动测试系统，以及对速度、精度要求较高的场合，有着其他系统无法比拟的优点。然而，组建 VXI 总线要求有机箱、嵌入式控制器等，造价比较高。

5. PXI（PCI Extensions for Instrumentation）总线式虚拟仪器

PXI 总线方式在 PCI 总线内核技术上增加了成熟的技术规范和要求，增加了多板同步触发总线的技术规范和要求，增加了多板触发总线，以及使用与相邻模块进行高速通信的局部总线。PXI 具有很好的可扩展性。PXI 具有 8 个扩展槽，而台式 PCI 系统只有 3～4 个扩展槽。通过使用 PCI—PCI 桥接器，可以扩展到 256 个扩展槽。

六、虚拟仪器的体系结构

虚拟仪器系统的体系结构如图 7 - 5 所示，下面从硬件、软件两个方面介绍虚拟仪器的构建技术。

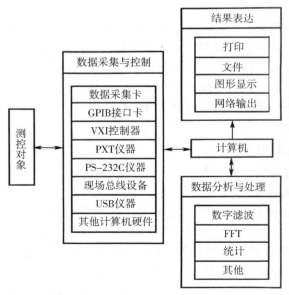

图 7 - 5　虚拟仪器系统构成图

　　虚拟仪器的基本构成包括计算机、虚拟仪器软件及硬件接口模块等。其中，硬件接口模块包括插入式数据采集卡（DAQ）、串/并口、GPIB 接口卡、VXI 控制器及其他接口卡。目前较为常用的虚拟仪器系统是数据采集卡系统、GPIB 仪器系统、VXI 仪器系统及这三者的任意组合。

1．虚拟仪器的硬件系统

　　虚拟仪器的硬件系统一般可以分为计算机硬件平台和仪器硬件。计算机硬件平台可以是各种类型的计算机，如普通台式计算机、便携式计算机、工作站和嵌入式计算机等。

　　仪器硬件与计算机硬件一起工作，用来采集数据、提供源信号和控制信号。按仪器硬件的不同，虚拟仪器可以分为 PC 插卡式、GPIB、VXI、PXI 和并行口式等标准体系结构。其中，对大多数用户来说，PC 插卡式虚拟仪器既实用又有较高的性价比。PC 插卡是基于计算机标准总线的内置（如 PCI 等）或者外置（如 USB 等）功能插卡，其核心主要是数据采集卡，它更加充分地利用计算机的资源，大大增加了测试系统的灵活性和扩展性。利用 DAQ 可方便快速地组建基于计算机的仪器，实现"一机多型"和"一机多用"。

2．虚拟仪器的软件系统

　　虚拟仪器技术最核心的思想就是利用计算机的硬、软件资源，使本来需要硬件实现的技术软件化、虚拟化，从而最大限度地降低系统的成本，增强系统的功能和灵活性。所以，软件是虚拟仪器的关键。基于软件在 VI 系统中的重要作用，NI 提出了"软件即仪器"的口号。

　　（1）软件开发平台

　　构造一个虚拟仪器系统，基本硬件确定以后，就可以通过不同的软件实现不同的功能，那么自然离不开计算机编程。因此，提高计算机软件编程效率也就成了一个非常现实的问题。为此，NI 公司推出 LabVIEW 在简化计算机编程技术方面做出了贡献，下面简要介绍一下。

　　LabVIEW 是一种基于 G 语言的图形化开发语言，是一种面向仪器的图形化编程环境，用来进行数据采集和控制、数据分析和数据表达、测试和测量、实验室自动化及过程监控。其目的是简化程序的开发工作，以使用户能快速、简便地完成自己的工作。使用 LabVIEW 开发平台编制的程序称为虚拟仪器程序，简称为 VI。VI 包括 3 个部分：程序前面板、框图程序和图标/连接器。

　　① 程序前面板

　　程序前面板用于设置输入数值和观察输出量，用于模拟真实仪表的前面板。在程序前面板上，输入量被称为控制，输出量被称为显示。控制和显示以各种图标形式出现在前面板上，如旋钮、开关、按钮、图表、图形等，这使得前面板直观易懂。

　　② 框图程序

　　每一个程序前面板都对应着一段框图程序。框图程序用 LabVIEW 图形编程语言编写，可以把它理解成传统程序的源代码。框图程序由端口、节点、图框和连线构成。

　　其中端口被用来同程序前面板的控制和显示传递数据，节点被用来实现函数和功能调用，图框被用来实现结构化程序控制命令，而连线代表程序执行过程中的数据流，定义了框图内的数据流动方向。

③ 图标/连接器

图标/连接器是指 VI 被其他 VI 调用的接口。图标是指 VI 在其他程序框图中被调用的节点表现形式；而连接器则表示节点数据的输入/输出口，就像函数的参数。用户必须指定连接器端口与前面板的控制和显示——对应。连接器一般情况下隐含不显示，除非用户选择打开观察它。

LabVIEW 具有多个图形化的操作模板，用于创建和运行程序。这些操作模板可以随意在屏幕上移动，并可以放置在屏幕的任意位置。操纵模板共有 3 类，分别为工具模板、控制模板和功能模板，分别如图 7-6、图 7-7 和图 7-8 所示。

 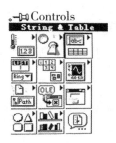

图 7-6　工具模板　　　图 7-7　控制模板　　　图 7-8　功能模板

（2）仪器驱动程序

仪器驱动程序用来实现仪器硬件的通信和控制功能。

为了能自由互换仪器硬件而无须修改测量程序，即解决仪器的互操作问题，NI 公司提出了可互换虚拟仪器标准 IVI，使程序的开发完全独立于硬件。IVI 驱动器通过一个通用的类驱动器来实现对一种仪器类（如函数发生器、数字电压表和示波器等）的控制。应用程序调用类驱动器，类驱动器再通过专用的驱动器与物理的仪器通信。

采用 IVI 技术，可以降低软件的维护费用，减少系统停运时间，提高测量代码的可重用性，使仪器编程直接面对操作用户。通过提供友好的测控操作界面和丰富的数据分析与处理功能，来完成自动检测任务。

（3）I/O 接口软件

I/O 接口软件是虚拟仪器系统软件的基础，用于处理计算机与仪器硬件之间连接的低层通信协议。当今优秀的虚拟仪器测量软件都建立在一个标准化 I/O 接口软件组件的通用内核之上，为用户提供一个一致的、跨计算机平台的应用编程接口（API），使用户的测量系统能够选择不同的计算机平台和仪器硬件。

（4）通用数字处理软件

虚拟仪器的应用软件还包括通用数字处理软件，这主要是对数字信号进行处理的功能函数，这些功能函数为广大虚拟仪器用户进一步扩展其测量功能提供了必要的基础。

七、虚拟仪器的发展趋势

虚拟仪器走的是一条标准化、开放性、多厂商的技术路线，经过 10 多年的发展，正沿着总线与驱动程序的标准化、硬/软件的模块化、硬件模块的即插即用化、编程平台的图形化等方向发展。

随着计算机网络技术、多媒体技术、分布式技术的飞速发展，融合了计算机技术的 VI 技术的内容会更丰富，如简化仪器数据传输 Internet 访问技术 DataSocket、基于组建对象模型（COM）的仪器软硬件互操作技术 OPC、软件开发 ActiveX 等。这些技术不仅能有效提高测试系统的性能水平，而且也为"软件仪器时代"的到来做好了技术上的准备。

此外，可互换虚拟仪器也是虚拟仪器领域一个很重要的发展方向。目前，IVI 是基于 VXI 即插即用规范的测试/测量仪器驱动程序建议标准，它允许用户无须更改软件即可互换测试系统中的多种仪器。例如，从 GPIB 转换到 VXI 或 PXI 这一针对测试系统开发者的 IVI 规范，通过提供标准的通用仪器类软件接口可以节省大量工程开发时间，其主要作用为：关键的生产测试系统发生故障或需要重校时无须离线进行调整；可在由不同仪器硬件构成的测试系统上开发单一检测软件系统，以充分利用现有资源；在实验室开发的检测代码可以移植到生产环境中的不同仪器上。

任务三　微型传感器

微型化始终是当代科学技术发展的主要方向。微电子机械系统（MEMS）的出现将传感器及检测系统带入了微型化、集成化和智能化的时代，在很大程度上改变了传感器的原理。

一、微机电系统（MEMS）

MEMS 又称微电子机械系统。在欧洲和日本又常称微系统和微机械。若将传感器、信号处理器和执行器以微型化的结构形式集成一个完整的系统，而该系统具有"敏感""决定"和"反应"的能力，则称这样一个系统为微系统或微机电系统。

信息技术的迅速发展正在对仪器仪表中的两类器件——传感器和执行器产生深刻的影响。传感器是一种简单的转换器，可把能量从一种形式转换成另一种形式（如从机械能到电能），并提供给测量仪器或监视器。执行器使传感器主动与现实世界相互作用。把传感器和执行器集成在一个有效、可靠和经济的系统中是 MEMS 研究的主要动力。MEMS 将成为促进机械、化学和生物学"智能系统"发展的核心技术。

MEMS 系统主要包括微型传感器、微执行器和相应的处理电路 3 个部分。作为输入信号的自然界中的各种信息，首先通过传感器转换成电信号，经过信号处理后（包括 A/D、D/A 转换），再通过微执行器对外部世界发生作用。

1．MEMS 技术的应用及发展

MEMS 技术是多学科交叉的新兴领域，涉及精密机械、微电子材料科学、微细加工、系统与控制等技术学科和物理、化学、力学、生物学等基础学科。MEMS 技术包含微传感器、微执行器及信号处理、控制电路等，利用三维加工技术制造微米或纳米尺度的零件、部件或集光机于一体，是完成一定功能的复杂微细系统，也是实现"片上系统"的发展方向。MEMS 固有的低成本、微型化、可集成、多学科综合、广阔的应用前景等特点，使其成为当今高科技发展的热点之一。

2．MEMS 技术的特点

MEMS 以微电子技术为基础，以单晶硅为主要基底材料，辅以硅加工、表面加工、X 射线深层光刻电铸成形及电镀、电火花加工等技术手段，进行毫米和亚毫米级的微零件、微传感器和微执行器的三维或准三维加工，并利用硅 IC 工艺的优势，制作出集成化的微型机电系统。

与传统的微电子技术和机械加工技术相比，MEMS 技术具有以下特点。

（1）微型化

传统的机械加工技术是在厘米量级，但 MEMS 技术主要为微米量级加工，这就使得利用 MEMS 技术制作的器件在体积、重量、功耗方面大大减小，可携带性大大提高。

（2）集成化

微型化的器件更加利于集成，从而组成各种功能阵列，甚至可以形成更加复杂的微系统。

（3）硅基材料

MEMS 的器件主要是以硅作为加工材料。这就使制作器件的成本大幅度下降，大批量低成本的生产成为可能，而且硅的强度、硬度与铁相当。密度近似铝，热传导率接近钼和钨。

（4）制作工艺与 IC 产品的主流工艺相似。

（5）MEMS 中的机械不限于力学中的机械，它代表一切具有能量转化、传输等功能的效应，包括力、热、光、磁、化学、生物等效应。

（6）MEMS 的目标是"微机械"与 IC 结合的微系统，并向智能化方向发展。

3．MEMS 的尺寸效应

尺寸效应是 MEMS 中许多物理现象不同于宏观现象的一个重要原因，其主要特征表现在以下几个方面。

（1）微构件材料的物理特性的变化。

（2）力的尺寸效应和微结构的表面效应。在微小尺寸领域，与特征尺寸的高次方成比例的电磁力等的作用相对减弱，而在传统理论中常常被忽略的与尺寸的低次方成比例的黏性力、弹性力、表面张力、静电力等的作用相对增强。

（3）微摩擦与微润滑机制对微机械尺度的依赖性及传热与燃烧对微机械尺度的制约。此外，随着尺寸减小，表面积和体积之比相对增大，因而热传导、化学反应等的速度将加快。

随着微电子机械技术的发展，应该注意力的尺寸效应、微结构表面效应、微观摩擦机理、热传导、误差效应和微构件材料性能等研究，而且随着尺寸的减小，需要进一步研究微动力学、微结构学等。

二、微型传感器技术

随着 MEMS 技术的迅速发展，作为微机电系统的一个构成部分或者作为一个独立的元件，微型传感器也得到了长足的发展。

敏感元件与传感器的性能除其材料决定外，与其加工技术也有着非常密切的关系。采用新的加工技术，如集成技术、薄膜技术、微机械加工技术、离子注入技术、静电封接技术等，能制作出质地均匀、性能稳定、可靠性高、体积小、质量轻、成本低、易集成化的敏感元件。

以集成制造技术为基础的微机械加工技术可使被加工的半导体材料尺寸达到光的波长级，且可大量生产，从而可以制造出超小型且价格便宜的传感器。然而与微机电系统一样，随着传感器系统尺寸的变化，它的结构、材料、特性乃至所依据的物理作用原理均可能发生变化。

与各种类型的常规传感器一样，微型传感器根据不同的作用原理也可被制成不同的种类，具有不同的用途。下面介绍几种微型传感器。

1. 硅压力传感器

硅压力传感器是最早用微机械加工工艺制造的传感器，主要有硅压阻式和硅电容式两种，其中应用最广的是硅压阻式。

（1）硅压阻式压力传感器

硅压阻式压力传感器是利用硅的压阻效应、集成电路工艺和微机械加工技术，在硅单晶膜片适当部位扩散形成力敏电阻而构成的。

目前，硅压阻式压力传感器以其独特的优点广泛用于高灵敏度、高精度的微型真空计、绝对压力计、流速计、流量计、声传感器、气动过程控制器等，在航天、海洋工程、原子能等各种尖端科技和工业领域等都有广泛的用途。特别是硅压阻式压力传感器的微型化、可集成化、高灵敏度、稳定性及植入生物体后的抗腐蚀性，使得其在生物医学研究上具有诱人的应用前景。

（2）硅电容式压力传感器

相对硅压阻式压力传感器，硅电容式压力传感器近年来也得到了迅速发展，它具有灵敏度高、稳定性好、压力量程低等优点，弥补了硅压阻式压力传感器的不足。

硅电容式压力传感器的核心部件是对压力敏感的电容器。电容器的一个极板位于支撑玻璃上，用各向异性腐蚀技术在几百微米厚的硅片上从正反两面腐蚀形成。电容器的间隙由硅片正面腐蚀深度决定，可以做得很小，这是硅电容式压力传感器灵敏度高的重要原因。硅膜片和玻璃用静电封接技术合在一起，形成具有一定间隙的硅膜片微型电容器。

2. 硅微加速度传感器

继硅压力传感器之后，另一种成熟并得到实际应用的技术是硅微加速度传感器。它广泛应用于工业自动控制、汽车及其他车辆、振动及地震测试、科学测量、军事和空间系统等方面。

绝大多数加速度计由一个有质量块的弹性系统构成。在恒定加速度的作用下，质量块将偏离平衡位置，甚至弹性力足以使质量块产生加速度。在这个过程中，弹性力和加速度均与质量块的位置偏移成正比。

三种常用于检测质量块偏移的物理效应是电容效应、压电效应和压阻效应。下面以硅微电容式加速度传感器为例介绍其原理、结构和特性。

硅微电容式加速度传感器在灵敏度、分辨率、精度、线性、动态范围和稳定性等方面都有一定的优势，常用于微应力研究和汽车等领域。其测量范围一般为 0.1 至 20 g，测量精度为 0.1% 至 1%。硅微电容式加速度传感器的缺点是频率响应范围窄和需要复杂的信号处理电路。

项目小结

本项目针对自动检测的新趋势、新发展，分别简要介绍一下智能传感器、虚拟仪器、MEMS 技术及其微型传感器、无线传感器网络、多传感器数据融合及软测量技术。

1. 智能传感器代表了传感器的发展方向，这种智能传感器带有标准数字总线接口，能够自己管理自己。它将所检测到的信号经过变换处理后，以数字量形式通过现场总线与高/上位计算机进行信息通信与传递。

2. 虚拟仪器是由计算机硬件资源、模块化仪器硬件和用于数据采集、信号分析、接口通信及图形用户界面的软件组成的检测系统。它是一种完全由计算机来操纵控制的模块化仪器系统。虚拟仪器可以代替传统的测量仪器，如信号发生器、示波器、频率计和逻辑分析仪等；可以集成自动控制系统；可以构建专用仪器系统；可广泛用于电子测量、教学及科研等诸多方面，涉及国民经济的各个领域。虚拟仪器的发展对科学技术的发展和国防、工业、农业的生产将产生不可估量的影响。

3. 微电子机械系统 MEMS 的出现将传感器及检测系统带入了微型化、集成化和智能化的时代，在很大程度上改变了传感器的原理。

若将传感器、信号处理器和执行器以微型化的结构形式集成为一个完整的系统，而该系统具有"敏感""决定"和"反应"的能力，则称这样一个系统为微系统或微机电系统。

自我测评

简答题

1. 虚拟仪器由哪几部分组成？与传统的仪表相比，虚拟仪器有何特点？
2. 什么是 MEMS 技术？有何特点？
3. 传感器是如何实现微型化的？与常规的传感器相比，微型传感器有何特点？

项目八 检测技术的综合应用

项目描述

随着电子技术，特别是计算机技术的不断发展，很大程度上提高了我国检测设备的相关性能，并使之朝着计算机化、定量化和智能化的方向前进。而信息处理技术对检测设备的总体性能起了决定作用，也是磁性无损技术检测设备的技术指标依据。它通过对探头输出的检测信号进行相应的处理，提高其信号的信噪比和抗干扰能力，进一步对信号进行识别、分析、显示、存储和记录，以满足各种检测性能的要求。

随着我国经济的不断发展，我国电子信息技术、微电子技术也在不断完善，加上检测信号处理技术与抗干扰技术的开设和学习，无损检测技术也正朝着理想化的方向发展。因此，适应技术的发展和自我的完善是无损检测技术发展的永恒主题，而推广应用则是其追求的最终目标。

本项目主要讲解信号处理技术与抗干扰技术。

知识目标

1. 了解信号模数转换和数模转换原理；
2. 了解噪声干扰的来源及噪声的引入方式；
3. 熟悉抗干扰技术。

技能目标

熟悉信号采样定理，能正确选择采样频率。

任务一 信号处理技术

一、信号的分类

信号可以分为连续时间信号和离散时间信号两大类。除此之外，对信号的分类方法还有很多，下面列出几种常见的分类方法。

1. 周期信号和非周期信号

对信号 $x(n)$，若有 $x(n)=x(n \pm KN)$，K、N 均为正整数，则称 $x(n)$ 是周期信号，否则，$x(n)$ 为非周期信号。

2. 模拟信号和数字信号

具有连续振幅的连续时间信号通常称为模拟信号，具有离散幅度的离散时间信号称为数字信号。自然语言是典型模拟信号，自然语言经过采样、量化后形成可存储在数字介质的数字语言信号。

3. 确定性信号和随机信号

如果信号 $x(n)$ 随时间的变化是有规律的，即给定信号 $x(n)$ 在任意时刻 n 的值都能被精准确定，则我们称这一类信号为确定性信号。反之，如果信号随时间的变化是随机的，没有确定规律的，这类信号我们称之为随机信号。

二、数字信号处理及其研究领域

近几十年来，随着计算机软件技术的飞速发展，数字信号处理技术（Digital Signal Processing，DSP）得到了较大的发展，并广泛应用于各行各业。简而言之，数字信号处理就是利用计算机或专用设备，以数值计算的方法对信号进行采集、变换、分析、综合、估计、识别等加工处理，以达到提取信息和便于利用的目的。数字信号处理技术及设备具有灵活、精确、抗干扰能力强、造价低、设备尺寸小、速度快、稳定性好等突出优点，这些都是模拟信号处理技术所无法比拟的。

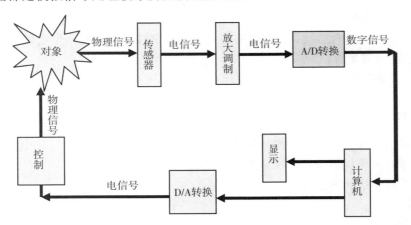

图 8-1　测试信号数字化处理的基本步骤

数字信号处理的主要研究领域包括：

（1）信号采集：采样、量化，多抽样率、量化噪声分析等；

（2）信号分析（时域、频域）：信号的特征分析等；

（3）信号变换：各种变换方法等；

（4）信号编码：如语音信号压缩编码等；

（5）信号估值：如估值理论、功率谱估计；

（6）离散时间系统分析：系统的描述、频率特性、稳定性；

（7）信号滤波：各种滤波器的设计及应用；

（8）快速算法：如 FFT 等；

（9）信号建模：AR、MA、ARMA 等模型；

（10）非线性信号处理：神经网络信号处理等；

（11）硬件实现技术：DSP、ASIC 等通用或专用芯片技术及其应用；

（12）应用研究：应用信号处理技术解决实际工作中的各种问题。

数字信号处理的应用范围非常广泛，例如语音信号的识别、合成、压缩、编码，图像信号的变换、识别、压缩、增强，生物医学信号处理，雷达信号处理，滤波器设计等等。可以毫不夸张地说，只要有电子信息设备的地方，就能看到数字信号处理的应用。

三、模数（A/D）和数模（D/A）

一个包含 A/D 和 D/A 转换器的计算机闭环自动控制系统如图 8 - 2 所示。

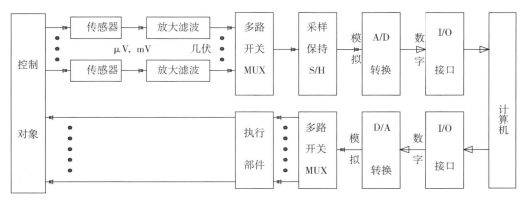

图 8 - 2　典型的计算机自动控制系统

在图 8 - 2 中，A/D 转换器和 D/A 转换器是模拟量输入和模拟量输出通路中的核心部件。在实际控制系统中，各种非电物理量需要由各种传感器把它们转换成模拟电流或电压信号后，才能加到 A/D 转换器转换成数字量。

一般来说，传感器的输出信号只有微伏或毫伏级，需要采用高输入阻抗的运算放大器将这些微弱的信号放大到一定的幅度，有时候还要进行信号滤波，去掉各种干扰和噪声，保留所需要的有用信号。送入 A/D 转换器的信号大小与 A/D 转换器的输入范围不一致时，还需进行信号预处理。

1. A/D 转换

（1）A/D 转换的原理

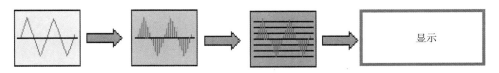

图 8 - 3　A/D 转换示意图

采样：利用采样脉冲序列，从信号中抽取一系列离散值，使之成为采样信号 $x(nTs)$ 的过程。

Ts 称为采样间隔，或采样周期，$1/Ts = fs$ 称为采样频率。由于后续的量化过程需要一定的时间 τ，对于随时间变化的模拟输入信号，要求瞬时采样值在时间 τ 内保持不变，这样才能保证转换的正确性和转换精度，这个过程就是采样保持。正是有了采样保持，实际上采样后的信号是阶梯形的连续函数。

量化：把采样信号经过舍入或截尾的方法变为只有有限个有效数字的数，称为量化。

编码：将离散幅值经过量化以后变为二进制数的过程。

（2）A/D 转换器的技术指标

①分辨率

它表明 A/D 对模拟信号的分辨能力，由它确定能被 A/D 辨别的最小模拟量变化。一般来说，A/D 转换器的位数越多，其分辨率越高。实际使用的 A/D 转换器，通常为 8、10、12、16 位等。

②量化误差

在 A/D 转换中由于整量化产生的固有误差。量化误差在 $\pm\frac{1}{2}$LSB（最低有效位）之间。

例如：一个 8 位的 A/D 转换器，它把输入电压信号分成 $2^8 = 256$ 层，若它的量程为 0～5 V，那么，量化单位 q 为：

$$q = \frac{\text{电压量程范围}}{2^n} = \frac{5.0 \text{ V}}{256} \approx 0.0195 \text{ V} = 19.5 \text{ mV}$$

q 正好是 A/D 输出的数字量中最低位 LSB＝1 时所对应的电压值。因而，这个量化误差的绝对值是转换器的分辨率和满量程范围的函数。

③转换时间

转换时间是 A/D 完成一次转换所需要的时间。一般转换速度越快越好，常见有高速（转换时间＜1 us）、中速（转换时间＜1 ms）和低速（转换时间＜1 s）等。

④绝对精度

对于 A/D，指的是对应一个给定量，A/D 转换器的误差，其误差大小由实际模拟量输入值与理论值之差来度量。

⑤相对精度

对于 A/D，指的是满度值校准以后，任一数字输出所对应的实际模拟输入值（中间值）与理论值（中间值）之差。例如，对于一个 8 位 0～＋5 V 的 A/D 转换器，如果其相对误差为 1 LSB，则其绝对误差为 19.5 mV，相对误差为 0.39％。

2. D/A 转换

（1）D/A 转换过程和原理

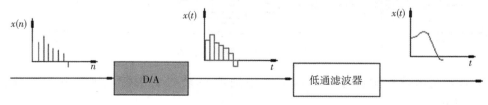

图 8-4　D/A 转换示意图

D/A 转换器一般先通过 T 型电阻网络将数字信号转换为模拟电脉冲信号，然后通过零阶保持电路将其转换为阶梯状的连续电信号。只要采样间隔足够密，就可以精确地复现原信号。为减小零阶保持电路带来的电噪声，还可以在其后接一个低通滤波器。

（2）D/A 转换器的技术指标

①分辨率

分辨率表明 D/A 对模拟量的分辨能力，它是最低有效位（LSB）所对应的模拟量，它确定了能由 D/A 产生的最小模拟量的变化。通常用二进制数的位数表示 D/A 的分辨率，如分辨率为 8 位的 D/A 能给出满量程电压的 $\frac{1}{2^8}$ 的分辨能力，显然 D/A 的位数越多，分辨率越高。

②线性误差

D/A 的实际转换值偏离理想转换特性的最大偏差与满量程之间的百分比称为线性误差。

③建立时间

这是 D/A 的一个重要性能参数，定义为：在数字输入端发生满量程的变化以后，D/A 的模拟输出稳定到最终值 $\pm\frac{1}{2}$LSB 时所需要的时间。

④温度灵敏度

它是指数字输入不变的情况下，模拟输出信号随温度的变化。一般 D/A 转换器的温度灵敏度为 ± 50 ppm/℃。

⑤输出电平

不同型号的 D/A 转换器的输出电平相差较大，一般为 5～10 V，有的高压输出型的输出电平高达 24～30 V。

四、传感器的信号处理技术

传感器获取的信号中常常夹杂着噪声及各种干扰信号，为了准确地获取表征被检测对象特征的定量信息，必须对传感器检测到的信号进行处理。传感器信号处理一般是通过补偿、滤波和噪声抑制等方法来提高传感器的信噪比和改善分辨率。

1. 传感器静态误差补偿

传感器的静态误差主要是指零点漂移。产生零点漂移的原因很多，任何元件参数的变化，都将造成输出电压漂移。实践证明，温度变化是产生零点漂移的主要原因，也是最难克服的因素，这是由于半导体元器件的导电性对温度非常敏感，而温度又很难维持恒定。当环境温度变化时，将引起晶体管参数的变化，从而使放大电路的静态工作点发生变化，而且由于级间耦合采用直接耦合方式，这种变化将逐级放大和传递，最后导致输出端的电压发生漂移。直接耦合放大电路级数越多，放大倍数越大，则零点漂移越严重，并且在各级产生的零点漂移中，第一级产生零点漂移影响最大，为此减小零点漂移的关键是改善放大电路第一级的性能。

在实际电路中，根据具体情况可采用不同的措施抑制零点漂移。常用的措施有下面几种：

（1）选用高质量的硅管

硅管的 I_{CBO} 要比锗管小好几个数量级，因此目前高质量的直流放大电路几乎都采用硅管。另外管子的制造工艺也很重要，即使同一种类型的管子，如工艺不够严格，半导体表面不干净，将会使漂移程度增加。所以必须严格挑选合格的半导体器件。

（2）温度补偿的方法

利用温度对非线性元件的影响来抵消温度对放大电路中晶体管参数的影响，进而减小电路的零点漂移。这种方法比较简单，在线性集成电路中应用比较多，但是补偿的程度不够理想。受温度补偿法的启发，人们利用两只型号和特性都相同的晶体管来进行补偿，收到了比较好的抑制零点漂移的效果，这就是差动放大电路。

（3）调制法

这种方法的指导思想是先将直流信号通过某种方式转换成频率较高的交流信号（调制），经过阻容耦合放大电路进行放大后，再转换成直流信号（解调）。因此这种方法既放大了输入信号，又抑制了零点漂移。

2. 滤波

传感器的输出信号中往往含有动态噪声，如果信号的频谱和噪声的频谱不重合，则可用滤波器消除噪声。

滤波器按处理信号类型可以分为模拟滤波器和数字滤波器。后者与前者相比，实时性较差，但稳定性和重复性好，能在模拟滤波器不能实现的频带下进行滤波。

按选择物理量分类可分为频率选择、幅度选择、时间选择（例如 PCM 中的话路信号）和信息选择（例如匹配滤波器）等四类滤波器。按通频带范围分类可分为低通、高通、带通、带阻、全通五个类别。图 8 - 5 展示了按处理信号类型分类的滤波器树形结构。

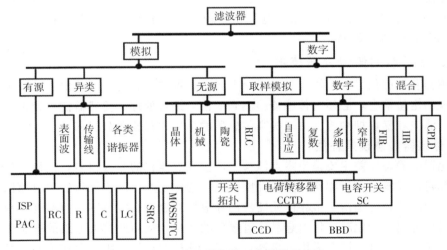

图 8 - 5　滤波器按处理信号类型分类

3. 噪声抑制

当信号和噪声的频带重叠或噪声的幅值比信号大时，仅用滤波就无能为力了。但只要能弄清楚信号和噪声的动态特性，就可以把信号从噪声中分离出来，这就是我们所说的噪声抑制，下面介绍几种实用的噪声抑制方法。

（1）差动法

差动法是使用两个动特性和静特性相同的敏感元件，接成差动形式，从而得到输出信号。这样，同相位输入的噪声就不在输出信号中出现，但差动法对敏感元件内部产生的噪声无能为力。

（2）平均响应法

平均响应法又称相应检波，是利用信号自相关的性质检出信号，适用于周期已知的信号。噪声与信号混在一起的波形，在时间轴上按信号的周期分段，采用同步输出取样并相加，即同相位相加 N 次。从原理上讲，噪声是无规则的，而信号是周期性的，所以信噪比提高。

任务二　抗干扰技术

在实际测量中，人们常发现即使所选用的测量系统是由高精度、高稳定度、高质量的仪器所组成的，并且频率响应特性也很好，但在实际现场使用时，仍难免会受到程度不同的各种噪声的干扰。在测量系统中，由于内部和外部干扰的影响，会在测量信号上又叠加干扰电压或电流，通常把这种干扰称为噪声。噪声是电路中的一些非所期望的无用电信号。当所测量信号很微弱时，难免会出现噪声淹没信号的现象。

测量过程中干扰的影响通常表现为仪器读数的显著偏大或偏小、读数不稳、随机跳动，严重时甚至仪器不能正常工作以至损坏仪器，使测量过程无法进行。因此，认真研究测量过程中的干扰及其抑制方法，对测量结果唯一确定地表现被测量具有重要意义。

形成干扰的三个要素：

1．干扰源

产生干扰信号的设备被称为干扰源，如变压器、继电器、微波设备、电机、无绳电话和高压电线等都可以产生空中电磁信号。

2．传播途径

传播途径是指干扰信号的传播路径。

3．接收载体

接收载体是指受影响的设备的某个环节，该环节吸收了干扰信号，并转化为对系统造成影响的电气参数。

一、干扰的分类

干扰来自干扰源，在工业现场和环境中干扰源是各种各样的。按干扰的来源，可以将干扰分为内部干扰和外部干扰。

1．外部干扰

电气设备、通信设施等高密度的使用，使得空间电磁波污染越来越严重。由于自然环境的日趋恶化，自然干扰也随之增大。外部干扰就是指那些与系统结构无关，由使用条件和外界环境因素所决定的干扰。它主要来自自然界的干扰以及周围电气设备的干扰。

自然干扰主要有地球大气放电（如雷电）、宇宙干扰（如太阳产生的无线电辐射）、地球大气辐射以及水蒸气、雨雪、沙尘、烟尘作用的静电放电等，以及高压输电线、内燃机、荧光灯、电焊机等电气设备产生的放电干扰。这些干扰源产生的辐射波频率范围较广、无规律。

自然干扰主要来自天空，以电磁感应的方式通过系统的壳体、导线、敏感器件等形成接收电路，造成对系统的干扰。尤其对通信设备、导航设备有较大影响。

在检测装置中已广泛使用半导体器件，在光线作用下将激发出电子—空穴对，并产生电动势，从而影响检测装置的正常工作和精度。所以，半导体元器件均应封装在不透光的壳体内。对于具有光敏作用的元器件，尤其要注意光的屏蔽问题。

各种电气设备所产生的干扰有电磁场、电火花、电弧焊接、高频加热、可控硅整流等强电系统所造成的干扰。这些干扰主要是通过供电电源对测量装置和微型计算机产生影响。在大功率供电系统中，大电流输电线周围所产生的交变电磁场，对安装在其附近的智能仪器仪表也会产生干扰。此外，地磁场的影响及来自电源的高频干扰也可视为外部干扰。

2. 内部干扰

内部干扰是指系统内部的各种元器件、信道、负载、电源等引起的各种干扰。下面简要介绍计算机检测系统中常见的信号通道干扰、电源电路干扰和数字电路干扰。

（1）信号通道干扰

计算机检测系统的信号采集、数据处理与执行机构的控制等，都离不开信号通道的构建与优化。在进行实际系统的信道设计时，必须注意其间的干扰问题。信号通道形成的干扰主要有：

① 共模干扰

共模干扰对检测系统的放大电路的干扰较大，是指以相对公共地电位为基准点，在系统的两个输入端上同时出现的干扰，即两个输入端和地之间存在地电压。

② 静电耦合干扰

静电耦合干扰的形成，是由于电路之间的寄生电容使系统内某一电路信号发生变化，从而影响其他电路。只要电路中有尖峰信号和脉冲信号等高频谱的信号存在，就可能存在静电耦合干扰。因此，检测系统中的计算机部分和高频模拟电路部分都是产生静电耦合干扰的直接来源。

③ 传导耦合干扰

计算机检测系统中脉冲信号在传输过程中，容易出现延时、变形，并可能接收干扰信号，这些因素均会形成传导耦合干扰。

（2）电源电路干扰

对于电子、电气设备来说，电源干扰是较为普遍的问题。在计算机检测系统的实际应用中，大多数由工业用电网络供电。工业系统中的某些大设备的启动、停机等，都可能引起电源的过压、欠压、浪涌、下陷及尖峰等，这些也是要加以重视的干扰因素。同时，这些电压噪声均通过电源的内阻耦合到系统内部的电路，从而对系统造成极大的危害。

（3）数字电路干扰

从量值上看，数字集成电路逻辑门引出的直流电流一般只有毫安级。由于一般的较低频率的信号处理电路中对此问题考虑不多，所以容易使人忽略数字电路引起的干扰。但是，对于高速采样及信道切换等场合，即当电路处在高速开关状态时，就会形成较大的干扰。

例如，TTL门电路在导通状态下，从直流电源引出 5 mA 左右的电流，截止状态下则为 1 mA，在 5 ns 的时间内其电流变化为 4 mA，如果在配电线上具有 0.5 μH 的电感，当这个门电路改变状态时，配电线上产生的噪声电压为

$$U = L\frac{\mathrm{d}i}{\mathrm{d}t} = 0.5 \times 10^{-6} \times \frac{4 \times 10^{-3}}{5 \times 10^{-9}} = 0.4 \text{ V}$$

如果把这个数值乘上典型系统的大量门电路的个数，可以看到，虽然这种门电路的供电电压仅 5 V，但引起的干扰噪声将是非常显著的。

二、干扰的引入

干扰是一种破坏因素，但它必须通过一定的传播途径才能影响到测量系统。所以有必要对干扰的引入或传播进行分析，切断或抑制耦合通道，采取使接收电路对干扰不敏感或使用滤波等手段，有效地消除干扰。

干扰的引入和传播主要有以下几种：

（1）静电耦合：又称静电感应，即干扰经杂散电容耦合到电路中去。

（2）电磁耦合：又称电磁感应，即干扰经互感耦合到电路中去。

（3）阻抗耦合：即干扰经两个以上电路之间的公共阻抗耦合到电路中去。

1．辐射电磁干扰和漏电流耦合

即在电能频繁交换的地方和高频换能装置周围存在的强烈电磁辐射对系统产生的干扰和由于绝缘不良由流经绝缘电阻的电流耦合到电流中去的干扰。

（1）公共阻抗耦合

测量装置中的公共阻抗最常见的是地电阻及电源内阻，因为任何电源及输电线都存在内阻。进行电子测量时，往往要求各仪器具有公共接地点，由于接地焊片的氧化、虚焊，可能形成与地线之间较大的接触电阻，有时也可能由于地线本身的电阻率就不能忽略，这些都将形成一定的公共阻抗。当接地阻值不能忽略时，由于外电磁干扰以及各电路单元与电路底板或仪器之间共用一根地线等原因，将在接地电阻上捡拾到一个明显的干扰电动势，造成测量结果的误差。如图 8-6 所示的串联接地方式，由于接地电阻的存在，三个电路的接地电位明显不同。

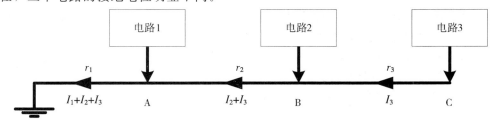

图 8-6　接地共阻抗干扰

当几个电路单元或电路底板共用一组直流电源时，就会通过电源内阻形成耦合，造成测量系统的自激振荡和信号串扰。

（2）分布电容耦合

测量装置中，仪器、电路板、元器件、接线、大地、人体等之间，都存在着极为复杂的分布电容。当工作频率较高时，这些分布电容的影响便不能忽略不计。严重时，将造成测量结果的巨大误差。

（3）分布电感耦合

一根简单的导线，在低频时可以看成一根理想的导体，但到高频时其分布电感影响便不能忽略。对于测量装置中的电感线圈、各类变压器、扼流圈，尤其要防止通过互感及电磁耦合形成的非正常信号通道。

2. 电磁辐射耦合

当测量系统的频率较高时，较长的信号传输线、控制线、输入及输出线等，均会呈现出一定的天线效应。它们不仅会将测试信号辐射出去，构成非正常通道，而且也会吸收其他非正常通道辐射来的测试信号及干扰信号。

对于检测系统，引入干扰的电路方式有串模干扰和共模干扰。干扰信号通常以串模干扰和共模干扰的形式与有用信号一同传输。

（1）串模干扰

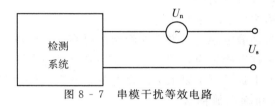

图 8 - 7　串模干扰等效电路

串模干扰是叠加在被测信号上的干扰信号，串模干扰又称为差模干扰，也称横向干扰，其等效电路如图 8 - 7 所示。其中，U_s 为输入信号，U_n 为干扰信号。抗串模干扰能力用串模抑制比来表示：

$$SMR = 20\lg\frac{U_{cm}}{U_n} \qquad (8-1)$$

式中：U_{cm} 为串模干扰源的电压峰值；

U_n 为串模干扰引起的误差电压。

产生串模干扰的原因有分布电容的静电耦合、长线传输的互感、空间电磁场引起的磁场耦合以及 50 Hz 的工频干扰等。

（2）共模干扰

共模干扰又称纵向干扰、对地干扰、同相干扰、共态干扰等，它是相对于公共的电位基准点（通常为接地点），在检测仪器的两个输入端子上同时出现的干扰。虽然它不直接影响测量结果，但是当信号输入电路参数不对称时，它会转化为差模干扰，对测量产生影响。共模干扰可以归纳为三类：

① 由被测信号源的特点产生共模干扰

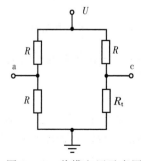

图 8 - 8　共模电压示意图

如图 8 - 8 所示，具有双端输出的差分放大器和不平衡电桥等不具有对地电位的形式产生的共模干扰。

$$U_a = \frac{U}{2}$$

$$U_c = \frac{R_t}{R_t + R}U = U - \frac{R}{R_t + R}U = \frac{U}{2} + \frac{U}{2} - \frac{R}{R_t + R}U$$

② 电磁场干扰引起共模干扰

当高压设备产生的电场同时通过分布电容耦合到无屏蔽的双输入线，而使之具有对地电位时，或者交流大电流设备的磁场通过双输入线的互感在双输入线中感应出相同大小的电动势时，都有可能产生共模电压施加在两个输入端。

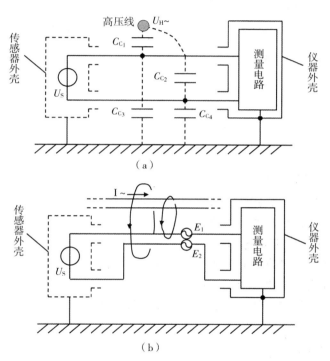

图 8 - 9 电磁场干扰引起共模电压

如图 8 - 9（a）所示，若 U_H 很高，通过局部电容 C_{C_1}、C_{C_2}、C_{C_3}、C_{C_4} 耦合到无屏蔽双输入线上的对地电压是 U_H 在相应电容上的分压值 U_1 及 U_2：

$$U_1 = \frac{\dfrac{1}{C_{C_3}}}{\dfrac{1}{C_{C_1}} + \dfrac{1}{C_{C_3}}}U_H = \frac{C_{C_3}}{C_{C_1} + C_{C_3}}U_H$$

$$U_2 = \frac{C_{C_2}}{C_{C_2} + C_{C_4}}U_H$$

如果 $U_1 = U_2$，它们就是共模干扰；如果不相等，则既有共模干扰电压，又有差模干扰电压。

图 8 - 9（b）表示大电流导体的电磁场在双输入线中感应产生的干扰电动势 E_1 及 E_2 也具有相似的性质。即当 $E_1 = E_2$ 时，产生共模干扰；当 $E_1 \neq E_2$ 时，既产生共模干扰又产生差模干扰电动势 $E_n = E_1 - E_2$。

③ 由不同地电位引起的共模干扰

当被测信号源与检测装置相隔较远，不能实现共同的"大地点"上接地时，由于来自强电设备的大电流流经大地或接地系统导体，使得各点电位不同，并造成两个接地点的电位差 U_{ce}，即会产生共模干扰电压，如图 8 - 10 所示。图中 R_e 为两个接地点间的等效电阻。

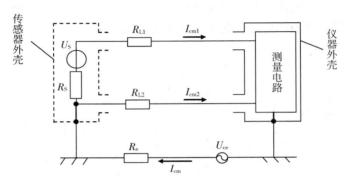

图 8 - 10　低电位差形成共模干扰电压

三、干扰的抑制方法

一般来说，干扰的来源和途径都很复杂，在测试过程中，应根据具体情况采取相应措施加以抑制，下面介绍几种常见的方法。

1. 避免或减小干扰源的影响

对干扰源进行电磁屏蔽是避免或减小干扰源影响的有效措施。对某些干扰源，也可采用比较简单的方法有效地减少其干扰电平。例如，对电路中的继电器，为避免它通断瞬间产生电火花形成强烈的电磁干扰，可以在二触点间加吸收回路，或者在触点间加灭弧电容。

2. 合理设计地线

接地技术是抑制干扰的有效技术之一，是屏蔽技术的重要保证。正确接地能够有效地抑制外来干扰，同时可提高测试系统的可靠性，减少系统自身产生的干扰因素。接地的目的有两个：安全性和抑制干扰。因此接地分为保护接地、屏蔽接地和信号接地。保护接地以安全为目的，传感器测量装置的机壳、底盘等都要接地。要求接地电阻在 10 Ω 以下。屏蔽接地是干扰电压对地形成低阻通路，以防干扰测量装置。接地电阻应小于 0.02 Ω。

信号接地是电子装置输入与输出的零信号电位的公共线，它本身可能与大地是绝缘的。信号地线又分为模拟信号地线和数字信号地线，模拟信号一般较弱，故对地线要求较高；数字信号一般较强，故对地线要求可低一些。

不同的传感器检测条件对接地的方式也有不同的要求，必须选择合适的接地方法，常用接地方法有一点接地和多点按地。下面给出这两种不同的接地处理措施。

（1）一点接地

在低频电路中一般建议采用一点接地，它有放射式接地线路和母线式接地线路。放射式接地就是电路中各功能电路直接用导线与零电位基准点连接；母线式接地就是采用具有一定截面积的优质导体作为接地母线，直接接到零电位点，电路中的各功能块的地可就近接在该母线上。这时若采用多点接地，在电路中会形成多个接地回路，当低频信号或脉冲磁场经过这些回路时，就会引起电磁感应噪声，由于每个接地回路的特性不同，在不同的回路闭合点就产生电位差，形成干扰。为避免这种情况，最好采用一点接地的方法。

如图 8 - 11 所示是并联一点接地方式。这种方式在低频时是最适用的，因为各电路的地电位只与本电路的地电流和地线阻抗有关，不会因地电流而引起各电路间的耦合。

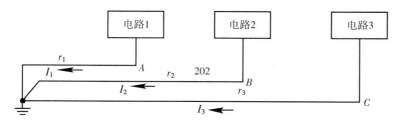

图 8 - 11　并联一点接地

传感器与测量装置构成一个完整的检测系统，但两者之间可能相距较远。由于工业现场大地电流十分复杂，所以这两部分外壳的接大地点之间的电位一般是不相同的，若将传感器与测量装置的零电位在两处分别接地，即两点接地，则会有较大的电流流过内阻很低的信号传输线产生压降，造成串模干扰。因此这种情况下也应该采用一点接地方法。

（2）多点接地

高频电路一般建议采用多点接地。高频时，即使一小段地线也将有较大的阻抗压降，加上分布电容的作用，不可能实现一点接地，因此可采用平面式接地方式，即多点接地方式，利用一个良好的导电平面体（如采用多层线路板中的一层）接至零电位基准点上，各高频电路的地就近接至该导电平面体上。由于导电平面体的高频阻抗很小，基本保证了每一处电位的一致，同时加设旁路电容等减少压降。因此，这种情况要采用多点接地方式。如图 8 - 12 所示，各接地点就近接于接地汇流排或底座、外壳等金属构件上。

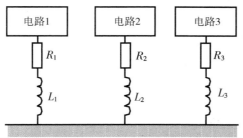

图 8 - 12　多点接地

3. 减少公共耦合电源内阻的影响

为了减少公共耦合电源内阻的影响，对高频高增益及信号电平相差悬殊的仪器或电路板，最好不要共用一个直流电压。如要公用，应选用内阻尽量少的稳压电源，此外，还可采取退耦措施，在印刷电路板的关键部位配置去耦电容。为减少供电系统电源污染的影响，可采用交流稳压器、隔离变压器、低通滤波器、净化电源等措施，来保证供电的稳定性，提高抗共模干扰的能力，减少电源高次谐波的影响。

4. 减少传输通道长线的影响

减少长线传输影响的有效措施是阻抗匹配。长线传输时，阻抗不匹配的传输线会产生反射，使信号失真，其危害程度与系统的工作速度及传输线的长度有关。阻抗匹配不仅要考虑传输线与负载的匹配，而且要考虑传输线与各种信号源的匹配。

5. 减少分布参数的影响

为了减少分布参数的影响，要合理布局电路底板元器件的位置，高增益及高频电路的输入与输出端要彼此远离，最好加以屏蔽，操作时，人体不应太靠近测量装置的高频部分，高频信号的传输应采用金属屏蔽线等等。

为了减少分布电感的影响，测量中的接线应尽量短，交流、直流、强信号、弱信号等的接线应分开，电路板上的各线圈、变压器及扼流圈要合理接排位置，必要时应加以屏蔽。

6. 屏蔽技术

利用金属材料制成容器，将需要保护的电路包在其中，可以有效防止电场或磁场的干扰，此种方法称为屏蔽。屏蔽又可分为静电屏蔽、电磁屏蔽和低频磁屏蔽等。

（1）静电屏蔽

根据电磁学原理，置于静电场中的密闭空心导体内部无电场线，其内部各点等电位。利用这个原理，以铜或铝等导电性良好的金属为材料，制作密闭的金属容器，并与地线连接，把需要保护的电路放入其中，使外部干扰电场不影响其内部电路，反过来，内部电路产生的电场也不会影响外电路。这种方法就称为静电屏蔽。例如传感器测量电路中，在电源变压器的一次侧和二次侧之间插入一个留有缝隙的导体，并把它接地，可以防止两绕组之间的静电耦合，这种方法就属于静电屏蔽。

（2）电磁屏蔽

对于高频干扰磁场，利用电涡流原理，使高频干扰电磁场在屏蔽金属内产生电涡流，消耗干扰磁场的能量，涡流磁场抵消高频干扰磁场，从而使被保护电路免受高频电磁场的影响。这种屏蔽法就称为电磁屏蔽。若电磁屏蔽层接地，同时兼有静电屏蔽的作用。传感器的输出电缆一般采用铜质网状屏蔽，既有静电屏蔽又有电磁屏蔽的作用。屏蔽材料必须选择导电性能良好的低电阻材料，如铜、铝或镀银铜等。

（3）低频磁屏蔽

干扰如为低频磁场，这时的电涡流现象不太明显，只用上述方法抗干扰效果并不太好，因此必须采用高导磁材料做屏蔽层，以便把低频干扰磁感线限制在磁阻很小的磁屏蔽层内部，使被保护电路免受低频磁场耦合干扰的影响。这种屏蔽方法一般称为低频磁屏蔽。传感器检测仪器的铁皮外壳就起低频磁屏蔽的作用。若进一步将其接地，又同时起静电屏蔽和电磁屏蔽的作用。

基于以上三种常用的屏蔽技术，因此在干扰比较严重的地方，可以采用复合屏蔽电缆，即外层是低频磁屏蔽层，内层是电磁屏蔽层，达到双重屏蔽的作用。例如，电容式传感器在实际测量时其寄生电容是必须解决的关键问题，否则其传输效率、灵敏度都要变低。必须对传感器进行静电屏蔽，而其电极引出线就采用双层屏蔽技术，一般称之为驱动电缆技术。用这种方法可以有效地克服传感器在使用过程中的寄生电容。

四、几种滤波电路的应用

1. RC 滤波器

当信号源为热电偶、应变片等信号变化缓慢的传感器时，利用小体积、低成本的无源 RC 滤波器将会对串模干扰有较好的抑制效果。但应该一提的是，RC 滤波器是以牺牲系统响应速度为代价来减少串模干扰的。

2. 交流电源滤波器

电源网络吸收了各种高、低频噪声，对此常用 LC 滤波器来抑制混入电源的噪声。

3. 直流电源滤波器

直流电源往往为几个电路所共用，为了避免通过电源内阻造成几个电路间相互干扰，应该在每个电路的直流电源上加上 RC 或 LC 退耦滤波器，用来滤除低频噪声。

4. 光电耦合技术

光电耦合器是一种电—光—电的耦合器件，它由发光二极管和光电三极管封装组成，其输入与输出在电气上是绝缘的，因此这种器件除了用于做光电控制以外，现在被越来越多地用于提高系统的抗共模干扰能力。当有驱动电流流过光电耦合器中的发光二极管时，光电三极管受光饱和。其发射极输出高电平，从而达到信号传输的目的。这样即使输入回路有干扰，只要它在门限之内，就不会对输出造成影响。

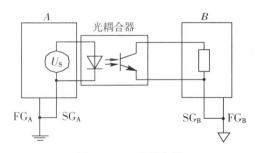

图 8 - 13　光耦合器

5. 脉冲电路中的噪声抑制

若在脉冲电路中存在干扰噪声，可以将输入脉冲微分后再积分，然后设置一定幅度的门限电压，使得小于该门限电压的信号被滤除。对于模拟信号可以先用 A/D 转换，再用这种方法滤除噪声。

我们在使用这些抗干扰技术时要根据实际情况进行选择。切不可盲目使用，否则不但达不到抗干扰的目的，可能还会有其他不良影响。

任务三　传感器的可靠性

一、基本概念

1．可靠性

可靠性是指元器件、装置在规定的时间内、规定的条件下，具有规定功能的概率。

可靠性的经典定义着重强调四个方面：

（1）概率

元器件、装置特性变化具有随机性，只能根据大量实验和实际应用进行统计分析（概率表示一个事件发生的可能性）。

（2）性能要求

即指技术判断，性能变化是绝对的，关键是允许变化范围大小。

（3）使用条件

包括环境条件（如温度、湿度、振动、冲击等）和工作状态（如负载的轻重）。

（4）时间

元器件在一小时内保持规定性能当然比在十年内保持同样性能容易改变得多。其他条件不变，时间越长则可靠性越低。

2．失效

元器件、装置失去规定的功能称为失效。

3．寿命

元器件、装置失效前的一段时间。寿命是一个随机变量。

二、失效规律及数学描述

人们对于实验和使用中得到的数据进行统计，发现一般元器件及仪表装置的失效率和时间的关系如图 8 - 14 所示，通常称为浴盆曲线。

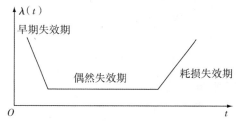

图 8 - 14　失效率和时间的关系曲线

曲线明显分为三个阶段。

1．早期失效阶段

这一阶段失效率较高，但失效率随时间的增加而下降。失效主要由一种或几种具有一定普遍性的原因造成。对于不同品种、不同工艺的元器件，这一阶段延续的时间和失效比例不同。

应采取措施：严格操作，加强对原材料、半成品和成品的检验可减少这一阶段的失效。进行合理的筛选，以使尽可能在使用前，把早期失效的元器件淘汰掉，可使出厂器件失效率达到或接近偶然失效期的较低水平。

2. 偶然失效阶段

在这一阶段，失效率较低，是元器件的良好使用阶段。元器件的失效率常常是由于多种（而每一种都不太严重）原因造成的。

3. 耗损失效阶段

在此阶段到来时，失效率明显上升，致使大部分元器件相继失效。

元器件的失效是由全体性的原因造成的。元器件设计和工艺选择应考虑到尽量延迟耗损（老化）期的到来。使用期间应尽快发现耗损期的到来，以便采取预防性措施（如整批更换元器件）来保证系统正常工作。

半导体器件由于它本身的特点，在没有（转动）潮、雾、核辐射等恶劣外界作用条件下正常工作时，早期失效阶段表现明显，偶然失效阶段时间较长，而且失效率常有缓慢下降的趋势，一般难以观察到明显的耗损失效阶段。

三、传感器的可靠性试验

1. 传感器的环境试验

环境试验是将传感器暴露在人工模拟（或大气暴露）环境中试验，来评价传感器在实际的运输、贮存、使用环境下的性能。

（1）环境试验及试验程序

环境试验可分为自然暴露试验和人工模拟试验两大类。

① 自然暴露试验

自然暴露试验是指传感器在各类典型的自然环境条件下进行暴露和定期测试，这种试验具有周期长、不同地区重复性差等缺点。

② 人工模拟试验

人工模拟试验是根据敏感元件及传感器在模拟运输、贮存、使用过程中遇到的环境条件进行试验。

③ 试验步骤

传感器环境试验有下列步骤：

A. 预处理

指样品在正式试验前进行的处理过程。一般指表面清洁、定位、预紧和稳定性处理，而这又通常在标准大气压下进行。

B. 初始检测

产品放在规定的大气压条件下（一般温度为 15～35 ℃，相对湿度为 45％RH～75％RH，气压为 86～106 kPa），进行电性能、机械性能测量和外观检查。

C. 试验

它是环境试验的核心，将产品暴露在规定的条件下，既可在工作条件下进行，也可在非工作条件下进行，还可以进行中间电器性能和机械性能的测量。

D. 恢复

试验结束后和再测量前，样品的性能要恢复稳定。恢复一般在标准大气压下进行，同时要确保样品在恢复过程中不能使其表面产生凝露。

E. 最后检测

最后检测与初始检测一样，是将样品放在标准（或规定的）大气压下进行电性能、机械性能测量和外观检查，其目的是对样品的试验结果做出评价。

（2）低温试验

进行低温试验的目的是确定敏感元件及传感器产品在低温条件下贮存或使用能否保持完好或正常工作。

① 低温试验类型

IEC 现行的低温试验有非散热样品的温度突变、温度渐变以及散热样品的温度渐变等三种。

② 低温试验的严酷等级

在各国标准中，低温试验条件（严酷等级）往往以试验温度和持续时间来规定，同时各国标准还规定了试验温度容许的误差（简称容差）。

③ 试验条件的选择和非散热样品的试验

如果产品在贮存或使用过程中会遇到低温条件，则必须考虑进行低温试验。

（3）温度变化试验

温度变化试验分为产品在贮存、运输、使用和安装过程中常遇到的温度变化，有自然温度变化和人类的实践诱发的温度变化两种类型。

（4）湿热试验

湿热试验的目的是评价产品在高温高湿条件下贮存和使用的适应性或耐温性。

2. 传感器的可靠性试验实例

敏感元件及传感器产品的可靠性试验与其他可靠性试验一样，包括环境试验和寿命试验两部分。这里讨论的是以半导体工艺制成非集成化的硅霍尔元件和微型硅霍尔元件，原则上也适用于霍尔元件。

（1）可靠性特征量和失效判据

硅霍尔元件是用半导体平面工艺制成的磁敏传感器件，它属于失效后不可修复的产品，其可靠性特征量是平均寿命、失效率、可靠寿命和可靠度等。

① 温度变化试验

如图 8 - 15 所示，保持在高温 80 ℃下 30 min，保持在低温－40 ℃下 30 min。

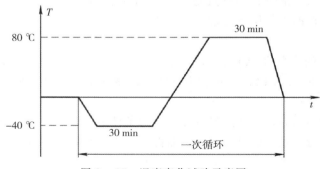

图 8 - 15　温度变化试验示意图

② 恒定湿热试验

霍尔元件处于非工作状态下，湿热试验温度为（40±2）℃，湿度为（95±3）％RE，试验持续时间为 72 h。

③ 高温贮存试验

元件处于非工作状态，试验温度为 120 ℃，试验持续时间为 48 h。

④ 振动试验

将非工作状态的霍尔元件固定于台上，引出线要加以保护。

⑤ 冲击试验

元件所处状态与振动试验相同。

（2）应力试验方法

硅霍尔元件的寿命试验应力为电应力。

（3）可靠性筛选

硅霍尔元件的可靠性筛选方法是将硅霍尔元件置于工作状态下，施加额定控制电流，筛选温度为（60±2）℃，筛选时间为 7 天。

四、常见故障形式及产生原因

1．常见故障形式

（1）状态性故障

是指传感器工作状态发生根本变化而不能正常运行。例：差压传感器中弹性膜片损坏。

（2）功能性故障

是指传感器的性能随时间缓慢变坏，而逐渐不能满足正常运行的要求。例：传感器的零漂。

（3）危险性故障

是指会引起潜在的或实际的不安全事件的故障。例：本质安全防爆系统中的防爆栅失灵。

2．产生故障的原因

（1）属于仪表设计制造方面的原因

主要包括：

① 元器件：选择不当，老化筛选不严。

② 设计：结构设计不合理，线路设计不合理，安装裕度小。

③ 加工工艺：不合理，焊接质量差，装配质量差。即由于仪表本身质量不好而引起的故障。

（2）属于操作方面的原因

主要包括：

① 误操作。

② 误调校。

③ 误检修。

④ 供电系统失电。

⑤ 主设备工艺事故导致仪表装置失控。

（3）属于外界环境方面的原因。

主要包括：气候、电气、机械、辐射、生物、化学等外界条件对仪表特性的影响或引起的故障。

项目小结

1. 信号的分类：信号可以分为连续时间信号和离散时间信号两大类。

2. A/D 转换原理：

采样：利用采样脉冲序列，从信号中抽取一系列离散值，使之成为采样信号 x (nTs) 的过程。

量化：把采样信号经过舍入或截尾的方法变为只有有限个有效数字的数，称为量化。

编码：将离散幅值经过量化以后变为二进制数的过程。

3. D/A 转换器：

一般先通过 T 型电阻网络将数字信号转换为模拟电脉冲信号，然后通过零阶保持电路将其转换为阶梯状的连续电信号。只要采样间隔足够密，就可以精确地复现原信号。为减小零阶保持电路带来的电噪声，还可以在其后接一个低通滤波器。

4. 传感器信号处理：

一般是通过补偿、滤波和噪声抑制等方法来提高传感器的信噪比和改善分辨率。

5. 干扰的三个要素：干扰源、传播途径和接收载体。

6. 干扰的分类：

按干扰的来源，可以将干扰分为内部干扰和外部干扰。外部干扰主要来自自然界的干扰以及周围电气设备的干扰。内部干扰是指系统内部的各种元器件、负载、电源等引起的各种干扰。

7. 干扰的引入和传播主要有：静电耦合、电磁耦合和阻抗耦合。

8. 干扰的抑制方法：

避免或减小干扰源的影响、合理地设计地线、减少公共耦合电源内阻的影响、减少传输通道长线的影响、减少分布参数的影响和屏蔽技术。

自我测评

问答题

1. 对传感器输出的微弱电压信号进行放大时，为什么要采用测量放大器？

2. 在模拟量自动检测系统中常用的线性化处理方法有哪些？

3. 检测装置中常见的干扰有几种？采取何种措施予以防止？

4. 屏蔽有几种形式？各起什么作用？

5. 接地有几种形式？各起什么作用？

6. 脉冲电路中的噪声抑制有哪几种方法？请简要表达它的抑制原理。

参考文献

［1］梁森. 传感器与检测技术项目教程［M］. 北京：机械工业出版社，2015.

［2］沈洁，谢飞. 自动检测与转换技术（第二版）［M］. 北京：清华大学出版社，2014.

［3］吴旗. 传感器及应用（第二版）［M］. 北京：高等教育出版社，2010.

［4］唐文彦. 传感器（第五版）［M］. 北京：机械工业出版社，2014.

［5］周润景. 传感器与检测技术（第二版）［M］. 北京：电子工业出版社，2014.

［6］吴建平. 传感器原理及应用（第三版）［M］. 北京：机械工业出版社，2015.